表面波
测试技术及方法

柴华友　李忠春　柴扬斐　安宏斌　编著

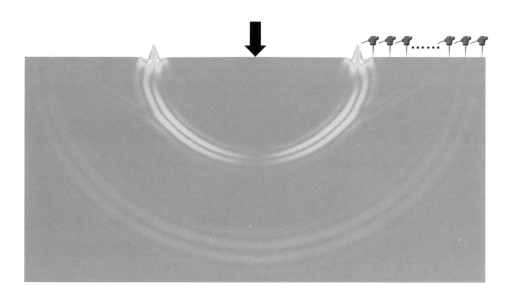

WUHAN UNIVERSITY PRESS

武汉大学出版社

图书在版编目(CIP)数据

表面波测试技术及方法/柴华友等编著.—武汉:武汉大学出版社, 2024.6(2024.12 重印)

ISBN 978-7-307-24077-3

Ⅰ.表… Ⅱ.柴… Ⅲ.表面波—测试技术 Ⅳ.O353.2

中国国家版本馆 CIP 数据核字(2023)第 202273 号

责任编辑:胡 艳 责任校对:鄢春梅 版式设计:马 佳

出版发行:**武汉大学出版社** (430072 武昌 珞珈山)

(电子邮箱:cbs22@ whu.edu.cn 网址:www.wdp.com.cn)

印刷:湖北云景数字印刷有限公司

开本:787×1092 1/16 印张:16.25 字数:374 千字 插页:1

版次:2024 年 6 月第 1 版 2024 年 12 月第 2 次印刷

ISBN 978-7-307-24077-3 定价:70.00 元

前　言

连续介质中质点振动通过介质内聚力会引起相邻质点振动，振动向外传播形成波，波所到之处又会引起质点振动，质点振动测量是研究波传播特性的重要手段。表面波，顾名思义，是沿表面传播的波，通过对表面波质点振动测试，可研究表面波传播特性，进而由波传播特性分析波载体几何及材料力学特性参数。对层状半无限体，当下伏半无限体剪切波速高于上覆各层介质剪切波速，表面源激发的表面波场由瑞利波主导，因此，瑞利波也俗称为表面波。虽然实际地基不是理想水平分层，但相对于测点布置空间尺度，地基可用水平层状半无限体模型近似，这样，在地基进行表面波测试可隐含表示层状半无限体中瑞利波测试。表面波测试并不等同于瑞利波测试，对路面系统或混凝土板件情形，表面波成分主要是泄漏板波或兰姆波，通过表面波测试可以研究泄漏板波或兰姆波传播特性。

表面波测试已广泛应用于地基动力学特性测试、松散地层沉积层序划分、场地土和场地类型分类、饱和砂土层的液化判别，地基加固效果检验、路基压实度检测，古墓遗址、洞穴、采空区等地下异质体探测，以及坝体、路面等裂缝检测。测试范围覆盖了工程地质、岩土工程勘察、工程物探等领域。目前，表面波测试已经被纳入众多行业及国家标准，例如《水利水电工程物探规程》（SL 326—2005）、《地基动力特性测试规范》（GB/T 5269—2015）、《城市工程地球物理探测标准》（CJJ/T 7—2017）以及《公路工程物探规程》（JTG/T 3222—2020）等。为规范测试过程，住房和城乡建设部还制定了中华人民共和国行业标准《多道瞬态面波勘察技术规程》（JGJ/T 143—2017）。

鉴于表面波测试在工程地质、岩土工程勘察、工程物探等领域的重要性，作者在已出版的《弹性介质中的表面波理论及其在岩土工程中的应用》及《岩土工程动测技术》基础上，结合近年来在数值模拟计算及信号处理方面的研究成果，撰写了这本系统介绍表面波测试技术及方法的专著。

本书具有以下特点：

（1）简洁性。为避免繁琐及枯燥的数学推导模糊章节重点，专门将一些数学推导放在附录，供感兴趣读者参考。

（2）条理性及系统性。由浅入深地依次介绍均匀半无限体和层状半无限体中瑞利波基本理论、表面波测试及分析方法、表面波测试影响因素及应用。

（3）可操作性。书中给出薄层法（thin layer method）、互谱分析（spectral analysis of surface waves，SASW）及多道分析（multichannel analysis of surface waves，MASW）MATLAB 代码，还给出数值模拟表面波测试 ANSYS/LS-DYNA 代码，读者可以重现书中结果，在此基础上开展更深入的研究工作。

（4）实用性。依托自主开发的表面波分析软件 SWCT 及现场测试结果，讨论了多道表面波测试分析影响因素。

由于作者水平有限，对表面波测试技术及分析方法尚理解不透，书中错误之处难免，恳请读者批评指正。

作　者

2024 年 5 月

目　　录

第1章　均匀半无限体中瑞利波 ································· 1

　1.1　简正瑞利波 ······································· 1

　1.2　竖向简谐点荷载下瑞利波位移响应 ············· 8

　1.3　竖向简谐面荷载下瑞利波位移响应 ············· 12

　1.4　表面源下瑞利波传播特性 ····················· 14

　1.5　脉冲荷载下位移响应 ························· 16

　　1.5.1　阶跃点脉冲 ··························· 16

　　1.5.2　兰姆点源 ····························· 18

　　1.5.3　其它形式荷载 ······················· 21

　1.6　阻尼对瑞利波传播影响 ······················· 28

　思考题1 ··· 29

　参考文献 ··· 30

第2章　层状半无限体中瑞利波 ··················· 31

　2.1　高阶模态瑞利波 ····························· 31

　　2.1.1　高阶模态形成机理 ··················· 31

　　2.1.2　高阶模态截止频率及位移结构 ········· 32

　2.2　简正瑞利波薄层分析法 ······················· 33

　2.3　典型分层介质中瑞利波 ······················· 37

　2.4　刚度缓变介质中瑞利波 ······················· 39

　2.5　瑞利波位移结构及层传输能量 ················· 42

　　2.5.1　位移结构 ····························· 42

　　2.5.2　层传输能量 ··························· 44

　　2.5.3　频散渐近机理分析 ··················· 46

　2.6　分层参数变化对频散曲线影响 ················· 48

　　2.6.1　阻尼比变化 ··························· 49

　　2.6.2　密度变化 ····························· 50

　　2.6.3　泊松比变化 ··························· 51

　　2.6.4　分层结构变化 ······················· 52

　2.7　表面源下瑞利波位移响应 ····················· 54

2.7.1　传递矩阵方法 ･･････････････････････････････････････ 55

2.7.2　薄层刚度矩阵法 ･･････････････････････････････････････ 55

2.7.3　位移特征函数表示的均匀半无限体位移响应 ･･････ 57

2.8　激发瑞利波相速度 ･･ 58

2.8.1　有效相速度 ･･ 58

2.8.2　激发模态相速度 ･･････････････････････････････････････ 60

2.8.3　激发瑞利波位移几何衰减 ･･････････････････････････ 60

2.8.4　模态相互干涉对有效相速度影响 ･･･････････････････ 61

2.8.5　层参数及层结构变化影响 ･･････････････････････････ 63

2.9　基阶模态频散近似分析方法 ･･････････････････････････････ 63

思考题 2 ･･ 65

参考文献 ･･･ 66

第 3 章　两点测试互谱分析方法 ･･････････････････････････････ 68

3.1　互谱分析方法 ･･ 68

3.1.1　信号互谱分析 ･･････････････････････････････････････ 68

3.1.2　折叠相位差 ･･ 70

3.1.3　展开相位差 ･･ 71

3.2　互谱分析验证 ･･ 73

3.2.1　均匀半无限体 ･･････････････････････････････････････ 73

3.2.2　层状半无限体 ･･････････････････････････････････････ 74

3.3　相位展开影响因素 ･･ 75

3.3.1　起始相位 ･･ 75

3.3.2　频率分辨率 ･･ 75

3.4　相位展开方法 ･･ 78

3.5　有效相速度数据筛选 ･･････････････････････････････････････ 83

3.5.1　近场影响 ･･ 83

3.5.2　测点布置影响 ･･････････････････････････････････････ 85

3.6　有效相速度分析模型 ･･････････････････････････････････････ 87

思考题 3 ･･ 87

参考文献 ･･･ 88

第 4 章　多道表面波测试分析方法 ･･････････････････････････ 89

4.1　多道测试分析 ･･ 89

4.1.1　波数域振幅谱 ･･････････････････････････････････････ 89

4.1.2　多道信号 $f-k$ 域分析 ･････････････････････････････ 92

4.2　层状介质中多模波场 ･･････････････････････････････････････ 96

    4.2.1　不同模态瑞利波可激性 ································· 96

    4.2.2　可激性对表面响应谱影响 ························· 98

  4.3　谱泄漏对 MASW 影响 ······························· 100

    4.3.1　空间截取窗口类型 ······························· 101

    4.3.2　陡变型谱 ··· 102

    4.3.3　高阶模态影响 ······································· 102

  4.4　空间假频 ··· 104

  4.5　浅层交界面折射波影响 ······························· 110

  4.6　几何衰减及材料衰减影响 ··························· 112

  4.7　SASW 与 MASW 方法比较 ························· 113

    4.7.1　测试原理 ··· 113

    4.7.2　测试仪器及传感器 ······························· 114

    4.7.3　测试布置 ··· 114

    4.7.4　频散数据 ··· 114

  思考题 4 ··· 114

  参考文献 ··· 115

第 5 章　多道表面波测试分析影响因素 ······················· 116

  5.1　多道表面波测试 ··· 116

    5.1.1　面波测试系统 ······································· 116

    5.1.2　检波器 ··· 117

    5.1.3　振源 ··· 117

    5.1.4　信号抽样时间 ······································· 118

  5.2　测点布置影响分析 ······································· 120

    5.2.1　最小偏移距影响 ···································· 120

    5.2.2　测点间距影响 ······································· 121

  5.3　干扰信号处理 ··· 122

    5.3.1　信号叠加 ··· 122

    5.3.2　干扰切除 ··· 123

  5.4　表面测试信号处理 ······································· 124

    5.4.1　衰减校正 ··· 124

    5.4.2　坏道剔除 ··· 127

  5.5　频率-波数分辨率影响 ································· 129

    5.5.1　相速度分辨率 ······································· 129

    5.5.2　波长域频散点疏密程度 ························· 129

    5.5.3　提高分辨率方法 ···································· 131

  5.6　频散数据处理及分析 ··································· 131

　　5.6.1　频散数据筛选 ································· 131

　　5.6.2　频散分析方法 ································· 131

　思考题 5 ··· 135

　参考文献 ··· 135

第 6 章　道路系统表面波测试 ···························· 136

　6.1　自由板中兰姆波 ··································· 136

　　6.1.1　兰姆波传播特性 ····························· 138

　　6.1.2　对称模态渐近特性 ··························· 138

　　6.1.3　反对称模态渐近特性 ························· 139

　6.2　瞬态荷载下自由板中波场 ··························· 140

　　6.2.1　竖向表面源 ································· 140

　　6.2.2　激发波场中兰姆波主导模态 ··················· 140

　6.3　软基础上板中波 ··································· 143

　6.4　道路系统中波 ····································· 146

　　6.4.1　道路系统分层结构 ··························· 146

　　6.4.2　道路系统中泄漏波 ··························· 147

　6.5　道路系统表面波测试 ······························· 148

　　6.5.1　稳态表面波测试 ····························· 148

　　6.5.2　SASW 测试 ································· 149

　　6.5.3　模拟 MASW 测试 ···························· 150

　思考题 6 ··· 151

　参考文献 ··· 151

第 7 章　浅部异质体对表面波场扰动 ······················ 152

　7.1　散射波理论 ······································· 152

　　7.1.1　Betti-Rayleigh 互换理论 ····················· 152

　　7.1.2　散射波位移表达式 ··························· 154

　7.2　半无限体中异质体对瑞利波传播影响 ················· 155

　　7.2.1　洞穴 ····································· 157

　　7.2.2　软质体 ··································· 158

　　7.2.3　硬质体 ··································· 159

　　7.2.4　洞穴衬砌 ································· 160

　7.3　绕射波传播特性 ··································· 161

　　7.3.1　洞穴 ····································· 162

　　　7.3.2　软质体 ·· 162

　　　7.3.3　硬质体 ·· 163

　　　7.3.4　洞穴衬砌 ·· 164

　　7.4　绕射波位移结构 ·· 164

　　　7.4.1　兰姆波 ··· 165

　　　7.4.2　多模瑞利波 ·· 165

　　　7.4.3　双层板波 ·· 166

　　7.5　表面波场谱扰动分析 ·· 168

　　　7.5.1　反射波与入射波干涉 ·· 168

　　　7.5.2　不同模态波干涉 ·· 168

　　　7.5.3　可激性及材料衰减影响 ·· 169

　　　7.5.4　异质体对谱扰动 ·· 169

　　　7.5.5　异质体埋深预估 ·· 172

　　7.6　异质体截面形状及长度影响 ·· 173

　　　7.6.1　截面拐点 ·· 173

　　　7.6.2　异质体截面长度及形状 ·· 175

　　7.7　异质体上方分层对波场的影响 ·· 177

　　　7.7.1　表面软层 ·· 177

　　　7.7.2　表面硬层 ·· 183

　　思考题 7 ··· 186

　　参考文献 ·· 187

附录 A　弹性介质中波薄层刚度矩阵 ·· 188

　　A1　弹性介质中平面 P-SV 波 ·· 188

　　A2　弹性介质中平面 SH 波 ··· 193

　　A3　半无限体中旁轴 P-SV 波刚度矩阵 ·· 194

　　A4　半无限体中旁轴 SH 波刚度矩阵 ··· 196

附录 B　柱坐标系谐波位移形式 ·· 197

附录 C　薄层法 MATLAB 代码 ·· 203

　　C1　层状半无限体中瑞利波频散、表面相对位移及位移分布 ························ 203

　　C2　瑞利波有效相速度 ··· 209

　　C3　层传输瑞利波能量 ··· 214

　　C4　自由层状板中波频散、表面相对位移及位移分布 ······························ 221

附录 D　表面波数值模拟及 ANSYS /LS-DYNA 代码 ················· 227

　　D1　ANSYS/LS-DYNA 数值模拟步骤 ·················· 228

　　D2　二维模型无反射边界 ························· 233

　　D3　层状半无限体波场模拟代码 ····················· 236

　　D4　均匀半无限体埋入源波场模拟代码 ················· 248

　　D5　半无限体含异质体波场模拟代码 ··················· 249

第1章 均匀半无限体中瑞利波

本章主要介绍均匀半无限体中瑞利波传播特性及位移响应，内容包括：

(1)均匀半无限体中简正瑞利波频率方程，瑞利波相速度与剪切波速及泊松比回归关系式，特征位移(即无量纲化位移随深度变化或称位移结构)表达式；

(2)简谐点和面荷载下表面位移响应表达式，并分析由表面位移计算的相速度与简正瑞利波相速度异同；

(3)阶跃荷载及兰姆点源下表面位移响应解析表达式；

(4)常用荷载脉冲时域及频域表达式；

(5)其它形式荷载下表面位移响应计算方法。

1.1 简正瑞利波

自由状态下以平面波阵面传播瑞利波称为简正瑞利波，如图 1-1 所示。简正瑞利波相速度及特征位移是计算动荷载下波场位移响应的重要参数。由于平面波阵面空间尺寸在传播过程不变，简正瑞利波相速度及特征位移与传播距离无关。利用自由边界及无限远处无反射波条件，由刚度矩阵特征值及特征向量可得到简正瑞利波相速度及特征位移。

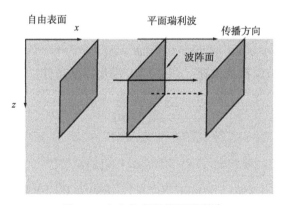

图 1-1 自由状态下简正瑞利波

均匀无限体中只有纵波(P 波)及剪切波(或称横波，简称 S 波)，P 波及 S 波统称体波。通过亥姆霍兹分解定理，从波动方程得到复相速度，由复相速度可以研究体波传播特性及衰减特性。均匀半无限体中，P 波及 S 波在自由表面发生反射，当入射角满足某临界条件，自由表面反射非均匀平面 P 波及 S 波[1]。非均匀 P 及 S 反射波相互干涉，形成新的类型波——瑞利波。

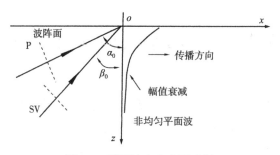

图 1-2　平面波在自由面反射

S 波可分解水平（沿 y 方向）偏振横波（SH）及竖直（xoz 平面）偏振横波（SV），SH 波可以与 P、SV 波振动解耦。在平面应变条件下，平面 P、SV 波在 y 方向位移均匀，质点位移只与坐标 x、z 有关。入射 P、SV 波传播方向及坐标方向如图 1-2 所示，P、SV 波传播方向矢量可分别表示为

$$\boldsymbol{n}_{\mathrm{P}} = l_x \boldsymbol{e}_x + l_z \boldsymbol{e}_z, \quad \boldsymbol{n}_{\mathrm{S}} = m_x \boldsymbol{e}_x + m_z \boldsymbol{e}_z \tag{1.1}$$

式中，$\boldsymbol{e}_x$，$\boldsymbol{e}_z$ 分别为 x 及 z 坐标单位矢量，l_x，l_z，m_x，m_z 分别是 P、SV 波传播方向与 x 及 z 轴夹角的方向余弦，即

$$l_x = \sin\alpha_0, \quad l_z = \cos\alpha_0, \quad m_x = \sin\beta_0, \quad m_z = \cos\beta_0 \tag{1.2}$$

引入位移标量势函数 φ 及矢量势函数分量 ψ（对平面应变问题，不需要考虑对 y 偏导的矢量势函数分量），由亥姆霍兹分解定理可知，波场 x、z 方向位移与位移势函数关系为

$$u_x = \frac{\partial \varphi}{\partial x} - \frac{\partial \psi}{\partial z}, \quad u_z = \frac{\partial \varphi}{\partial z} + \frac{\partial \psi}{\partial x} \tag{1.3}$$

势函数可取为[1,2]

$$\varphi = \varphi_0 \mathrm{e}^{\mathrm{i}\omega[t - (x \cdot l_x + z \cdot l_z)/c_{\mathrm{P}}]}, \quad \psi = \psi_0 \mathrm{e}^{\mathrm{i}\omega[t - (x \cdot m_x + z \cdot m_z)/c_{\mathrm{s}}]} \tag{1.4}$$

式中，c_{P} 及 c_{s} 分别为纵波及横波波速。当 l_x，m_x 满足以下条件：

$$c = \frac{c_{\mathrm{P}}}{l_x} = \frac{c_{\mathrm{s}}}{m_x} \tag{1.5}$$

式（1.4）可改写为

$$\varphi = \overline{\varphi}(z) \mathrm{e}^{\mathrm{i}(\omega t - kx)}, \quad \psi = \overline{\psi}(z) \mathrm{e}^{\mathrm{i}(\omega t - kx)} \tag{1.6}$$

式中，$\overline{\varphi}(z) = \varphi_0 \mathrm{e}^{\mathrm{i}\omega(-z \cdot l_z/c_{\mathrm{P}})}$ 及 $\overline{\psi}(z) = \psi_0 \mathrm{e}^{\mathrm{i}\omega(-z \cdot m_z/c_{\mathrm{s}})}$，$c$ 表示 P、SV 波在 x 方向视速度，波数 $k = \omega/c$。用位移势函数表示的运动方程为

$$\begin{cases} \nabla^2 \varphi = \dfrac{1}{c_{\mathrm{P}}^2} \dfrac{\partial^2 \varphi}{\partial t^2} \\[3mm] \nabla^2 \psi = \dfrac{1}{c_{\mathrm{s}}^2} \dfrac{\partial^2 \psi}{\partial t^2} \end{cases} \tag{1.7}$$

式中,拉普拉斯算子 $\nabla^2 = \dfrac{\partial^2}{\partial x^2} + \dfrac{\partial^2}{\partial z^2}$。将式(1.6)代入式(1.7)得

$$\begin{cases} \dfrac{\partial^2 \overline{\varphi}}{\partial z^2} - k^2\left(1 - \dfrac{c^2}{c_P^2}\right)\overline{\varphi} = 0 \\[3mm] \dfrac{\partial^2 \overline{\psi}}{\partial z^2} - k^2\left(1 - \dfrac{c^2}{c_s^2}\right)\overline{\psi} = 0 \end{cases} \tag{1.8}$$

式中,$\overline{\varphi}(z)$ 及 $\overline{\psi}(z)$ 解分别具有以下形式:

$$\overline{\varphi}(z) = Ae^{\tilde{\alpha}kz} + Be^{-\tilde{\alpha}kz}, \quad \overline{\psi}(z) = Ce^{\tilde{\beta}kz} + De^{-\tilde{\beta}kz} \tag{1.9}$$

其中,

$$\tilde{\alpha} = \sqrt{1 - (c/c_P)^2}, \quad \tilde{\beta} = \sqrt{1 - (c/c_s)^2} \tag{1.10}$$

当 $c < c_s < c_P$ 时,$\tilde{\alpha} > 0$,$\tilde{\beta} > 0$,式(1.9)中 $e^{\tilde{\alpha}kz}$ 及 $e^{\tilde{\beta}kz}$ 随 z 不断增加,直至趋于无穷。为了保证解有意义,这些项系数 A、C 必须取为零。这样,在 $c < c_s < c_P$ 条件下,式(1.3)水平向及竖直向位移为

$$u_x = k(-iBe^{-\tilde{\alpha}kz} + \tilde{\beta}De^{-\tilde{\beta}kz})e^{ik(ct-x)}, \quad u_z = -k(\tilde{\alpha}Be^{-\tilde{\alpha}kz} + iDe^{-\tilde{\beta}kz})e^{ik(ct-x)} \tag{1.11}$$

位移式(1.11)表示沿 x 方向传播、位移幅值随深度 z 呈指数快速衰减波,这种波能量无法传递到深处,主要集中于近表面,是一种表面波,称为瑞利波。

应力与位移关系为

$$\sigma_{zz} = \lambda(\varepsilon_{xx} + \varepsilon_{zz}) + 2\mu\frac{\partial u_z}{\partial z}, \quad \sigma_{zx} = \mu\left(\frac{\partial u_z}{\partial x} + \frac{\partial u_x}{\partial z}\right) \tag{1.12}$$

式中,λ 及 μ 为拉梅常数。将式(1.11)代入式(1.12),利用关系 $\lambda = (c_P/c_s)^2\mu - 2\mu$,可得

$$\sigma_{zz} = \mu k^2(\gamma Be^{-\tilde{\alpha}kz} + 2i\tilde{\beta}De^{-\tilde{\beta}kz})e^{ik(ct-x)}$$

$$\sigma_{zx} = \mu k^2(2i\tilde{\alpha}Be^{-\tilde{\alpha}kz} - \gamma De^{-\tilde{\beta}kz})e^{ik(ct-x)} \tag{1.13}$$

式中,

$$\gamma = 2 - \left(\frac{c}{c_s}\right)^2 \tag{1.14}$$

利用自由表面条件 $\sigma_{zz}|_{z=0} = 0$,$\sigma_{zx}|_{z=0} = 0$,式(1.13)系数满足以下关系:

$$\begin{cases} \gamma B + 2i\tilde{\beta}D = 0 \\ 2i\tilde{\alpha}B - \gamma D = 0 \end{cases} \tag{1.15}$$

要确保系数 B 与 D 有非零解,系数矩阵行列式为零,即

$$\begin{vmatrix} \gamma & 2i\tilde{\beta} \\ 2i\tilde{\alpha} & -\gamma \end{vmatrix} = 0 \tag{1.16}$$

由上式可得，瑞利波波速 c 满足：

$$\left(2 - \frac{c^2}{c_s^2}\right)^2 = 4\left(1 - \frac{c^2}{c_P^2}\right)^{\frac{1}{2}}\left(1 - \frac{c^2}{c_s^2}\right)^{\frac{1}{2}} \qquad (1.17)$$

式（1.17）两边项平方后为

$$\frac{c^6}{c_s^6} - 8\frac{c^4}{c_s^4} + c^2\left(\frac{24}{c_s^2} - \frac{16}{c_P^2}\right) - 16\left(1 - \frac{c_s^2}{c_P^2}\right) = 0 \qquad (1.18)$$

式（1.18）也可改写为

$$\left(\frac{c}{c_s}\right)^6 - 8\left(\frac{c}{c_s}\right)^4 + \left(\frac{c}{c_s}\right)^2(24 - 16\kappa^2) - 16(1 - \kappa^2) = 0 \qquad (1.19)$$

式中，$\kappa = c_s/c_P$。

式（1.17）或式（1.18）为均匀半无限体中瑞利波频率方程，它给出瑞利波速与纵波及剪切波速间关系。当选择纵波、剪切波速作为独立变量时，频率方程不含密度项，不需考虑密度参数变化对瑞利波速影响。由于纵波、剪切波速与拉梅常数 λ、μ 及密度 ρ 关系分别为 $c_P = \sqrt{(\lambda + 2\mu)/\rho}$，$c_s = \sqrt{\mu/\rho}$，当选择拉梅常数作为独立变量时，瑞利波波速与密度有关。土体经碾压、强夯、灌浆、化学置换等处理后，土体结构或化学成分发生改变，土体剪切波速发生变化，密度变化衡量剪切波速变化一个重要参数，密度变化与剪切波速变化间关系可通过实验数据回归确定。

多项式（1.18）或式（1.19）有多个根，一些根是由于有理化过程产生的增根，其中有一个根满足关系 $c < c_s < c_P$，这个根用符号 c_R 表示。对泊松比 $\nu = 0.25$ 特殊情形，利用关系式

$$c_P = c_s\sqrt{\frac{2(1 - \nu)}{1 - 2\nu}} \qquad (1.20)$$

可得 $c_P = \sqrt{3}c_s$，式（1.18）写为

$$\left(\frac{c}{c_s}\right)^6 - 8\left(\frac{c}{c_s}\right)^4 + \frac{56}{3}\left(\frac{c}{c_s}\right)^2 - \frac{32}{3} = 0 \qquad (1.21)$$

上式 3 个实根分别为 $\frac{c^2}{c_s^2} = 4$，$2 + \frac{2}{\sqrt{3}}$，$2 - \frac{2}{\sqrt{3}}$，只有最后一个根满足面波形成条件，由最后根得 $c_R = 0.9194c_s$。式（1.18）或式（1.19）求解较复杂，通过对不同泊松比计算的相速度值进行回归分析，瑞利波相速度可近似由下面回归式表示[1]：

$$c_R \approx \frac{(0.87 + 1.12\nu)c_s}{1 + \nu} \quad 或 \quad c_R \approx \frac{(0.864 + 1.14\nu)c_s}{1 + \nu} \qquad (1.22)$$

有学者给出精度更高的回归式[3]：

$$\frac{c_R}{c_s} \approx \frac{256}{293} + \nu\left\{\frac{60}{307} - \nu\left[\frac{4}{125} + \nu\left(\frac{5}{84} + \frac{4}{237}\nu\right)\right]\right\} \qquad (1.23)$$

对 $\nu = 0.25$，由式（1.22）及式（1.23）中 3 个回归关系计算的瑞利波速分别为

$c_R = 0.92c_s$，$c_R = 0.9192c_s$ 及 $c_R = 0.91958c_s$，与精确解 $c_R = 0.9194c_s$ 比较，误差分别为 $0.0006c_s$、$-0.0002c_s$ 及 $0.00018c_s$，可以看出 3 个回归关系均具有非常高精度。

土体泊松比变化范围一般为 $\nu = 0.3 \sim 0.45$，由式(1.22)可得相速度变化范围 $c_R/c_s = 0.928 \sim 0.948$，由此可见泊松比变化对相速度影响较小。

由式(1.15)可得 $D = \dfrac{i\gamma B}{2\tilde{\beta}}$，将式(1.11)重写为

$$u_x = i\tilde{A}\left(-e^{-\tilde{\alpha}kz} + \frac{\gamma}{2}e^{-\tilde{\beta}kz}\right)e^{ik(ct-x)}, \quad u_z = \tilde{A}\left(-\tilde{\alpha}e^{-\tilde{\alpha}kz} + \frac{\gamma}{2\tilde{\beta}}e^{-\tilde{\beta}kz}\right)e^{ik(ct-x)} \quad (1.24)$$

式中，$\tilde{A} = kB$。引入系数 $\hat{A} = -i\tilde{A}/\gamma$，还可得到位移的另一种表现形式：

$$u_x = \hat{A}\phi_x(z)e^{ik(ct-x)}, \quad u_z = -i\hat{A}\phi_z(z)e^{ik(ct-x)} \quad (1.25)$$

式中，$\qquad \phi_x(z) = (\gamma e^{-\tilde{\alpha}kz} - 2\tilde{\alpha}\tilde{\beta}e^{-\tilde{\beta}kz}), \quad \phi_z(z) = \tilde{\alpha}(\gamma e^{-\tilde{\alpha}kz} - 2e^{-\tilde{\beta}kz}) \quad (1.26)$

这里 $\phi_x(z)$ 和 $\phi_z(z)$ 分别反映了简正瑞利波水平及竖直向位移随深度变化，称为特征位移或位移结构。取式(1.24)实部，实位移为

$$\bar{u}_x = \frac{u_x}{\tilde{A}} = \left(e^{-\tilde{\alpha}kz} - \frac{\gamma}{2}e^{-\tilde{\beta}kz}\right)\sin k(ct-x)$$

$$\bar{u}_z = \frac{u_z}{\tilde{A}} = \left(-\tilde{\alpha}e^{-\tilde{\alpha}kz} + \frac{\gamma}{2\tilde{\beta}}e^{-\tilde{\beta}kz}\right)\cos k(ct-x) \quad (1.27)$$

其质点运动轨迹为

$$\frac{\bar{u}_x^2}{\left(e^{-\tilde{\alpha}kz} - \dfrac{\gamma}{2}e^{-\tilde{\beta}kz}\right)^2} + \frac{\bar{u}_z^2}{\left(-\tilde{\alpha}e^{-\tilde{\alpha}kz} + \dfrac{\gamma}{2\tilde{\beta}}e^{-\tilde{\beta}kz}\right)^2} = 1 \quad (1.28)$$

对 $\nu = 0.25$ 情形，$c_R/c_s = 2 - 2/\sqrt{3}$，由式(1.10)及式(1.14)得系数 $\tilde{\alpha}$、$\tilde{\beta}$ 及 γ，这样，式(1.27)实位移为

$$\frac{u_x}{\tilde{A}} = (e^{-0.8475kz} - 0.5773e^{-0.3933kz})\sin k(ct-x)$$

$$\frac{u_z}{\tilde{A}} = (-0.8475e^{-0.8475kz} + 1.4679e^{-0.3933kz})\cos k(ct-x) \quad (1.29)$$

在自由表面$(z=0)$，水平及竖直向位移分别为

$$\frac{u_x}{\tilde{A}} = 0.4227\sin k(ct-x), \quad \frac{u_z}{\tilde{A}} = 0.6204\cos k(ct-x) \quad (1.30)$$

表面质点位移椭圆轨迹长短轴之比为 $u_{z,\max}/u_{x,\max} = 1.47$，由于 $\sin[k(ct-x)] =$

$\cos[k(ct - x) - \pi/2]$，归一化水平向位移相位滞后于竖直向位移 $\pi/2$。质点位移矢量可表示为

$$\boldsymbol{u}(x,\ t) = u_x(x,\ t)\boldsymbol{e}_x + u_z(x,\ t)\boldsymbol{e}_z \qquad (1.31)$$

$x = 0$ 位置处归一化表面质点位移矢量长度及矢量方向随时间变化见图 1-3，即质点矢量轨迹为后退椭圆形状，图中周期 $T = 2\pi/\omega$。

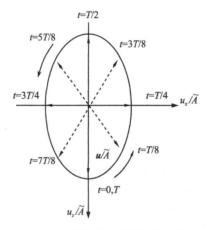

图 1-3　不同时刻表面位移矢量

利用回归式(1.22)，由式(1.26)得到不同泊松比情形下瑞利波水平向、竖直向位移随深度变化。用各自表面位移对位移归一化，用各自波长对深度归一化，归一化位移随归一化深度 z/λ_R（λ_R 为瑞利波波长）变化见图 1-4。

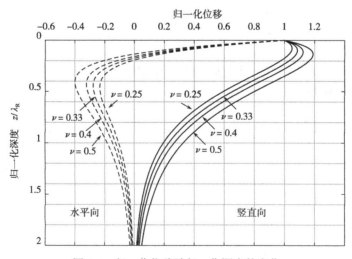

图 1-4　归一化位移随归一化深度的变化

由图 1-4 可以看出，在大约 $0.15\lambda_R$（$\nu = 0.5$）至 $0.25\lambda_R$（$\nu = 0.0$）深度水平向位移开始改变方向，这意味着瑞利波在表面质点轨迹为逆时针椭圆形，超过这个深度，质点轨迹为顺时针椭圆形。

简正瑞利波位移结构在研究瑞利波传播特性及表面波测试中具有重要意义，特别是对层状介质，由不同简正模态瑞利波位移结构可以了解各模态波在分层能量占比及在表面波场能量分配，得到简谐荷载下瑞利波位移响应，这些内容将在第 2 章讲述。

水平向及竖直向归一化特征位移 MATLAB 代码如下：

```
clc; % 清屏。
clear; % 清除内存。
gama = [1/4, 0.33, 0.4, 0.5]; % 泊松比。
pi2 = 2 * pi; % 2π。
hold on;
for j = 1: 4
c_rs = (0.864 + 1.14 * gama(j))/(1 + gama(j));      % 利用回归关系计算 c_R/c_S。
c_rs2 = c_rs^2;
c_rp = c_rs * sqrt((1 - 2 * gama(j))/2/(1 - gama(j))); % 计算 c_R/c_P。
c_rp2 = c_rp^2;
q = sqrt(1 - c_rp2);
s = sqrt(1 - c_rs2);
r = 2 - c_rs2;      % 计算 γ。
for i = 1: 301
    z(i) = (i - 1) * 0.01;      % 无量纲深度 z/λ_R。
    z0 = z(i) * pi2;
  w(i) = (r * exp(-q * z0) - 2 * exp(-s * z0))/(r - 2);      % 归一化竖直向位移。
  u(i) = (r * exp(-q * z0) - 2 * s * q * exp(-s * z0))/(r - 2 * s * q); % 归一化水平向位
移。
end
plot(w(:), z(:),'-k','LineWidth', 1);
plot(u(:), z(:),'--k','LineWidth', 1);
end
ax = gca;
ax. YDir = 'reverse'; % 设置坐标方向。
ax. XAxisLocation = 'top'; % 设置坐标轴位置。
```

1.2　竖向简谐点荷载下瑞利波位移响应

均匀半无限体剪切波速 $c_s=130\text{m/s}$，泊松比 $\nu=0.3$，密度 $\rho=1800\text{kg/m}^3$。半无限体在主频为 100Hz 竖直向 Ricker 子波面源（作用半径相对分析波场范围很小，近似为点源）作用下，激发的波场质点速度矢量幅值快照如图 1-5 所示，由不同时刻快照图可以看出表面源激发波场中各类型波。距振源较近波场中各类型波无法分离，见图 1-5（a），随着传播距离增加，由图 1-5（b）可以清楚看出波场中 P 波与 S 波开始分离，S 波与瑞利波（R 波）尚无法分离。由图 1-5（b）还可看出 P 波近表面振动速度幅值较小，在振源正下方幅值最大。P 波波阵面与 S 波波阵面之间还存在一种首波（或称 Schmidt 波，是一种锥面波），沿表面传播的 P 波也称直达波或擦射波。当传播距离增加到一定程度，S 波与 R 波分离，S 波在近表面振动较小，且在振源正下方附近，幅值也较小，见图 1-5（c）。

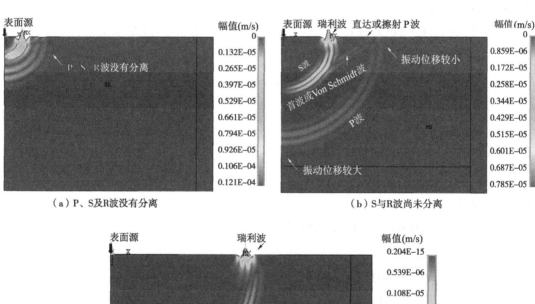

（a）P、S 及 R 波没有分离　　　　　　　　　（b）S 与 R 波尚未分离

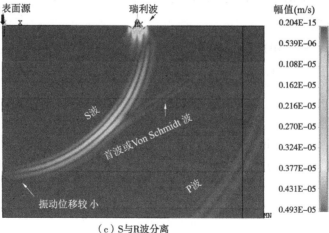

（c）S 与 R 波分离

图 1-5　3 个不同时刻波场质点速度幅值快照

半无限体($\nu=0.25$)在表面竖直简谐点荷载作用下，一个截面各类型波相对位移幅值分布如图1-6所示[4]。在距振源一定距离后，体波（纵波及剪切波）以球面波传播，波阵面位移矢量幅值是不均匀的，符号"+"和"−"表示约定位移正负，对剪切波，在剪切窗口内质点位移方向发生改变。体波近表面位移相对较小（参见图1-5），沿表面传播，体波质点振动以r^{-2}几何衰减，在半无限体内，体波质点振动几何衰减为r^{-1}。瑞利波以柱面波传播，近表面位移相对较大，水平向及竖向位移分布不同（参见图1-4），几何衰减为$r^{-1/2}$。

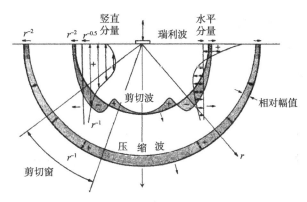

图1-6 表面竖向点源下半无限体中各类型波位移分布($\nu=0.25$)

由水平向及竖直向表面质点速度响应图（图1-7）可以看出，表面波场由直达体波及瑞利波组成，由于直达剪切波能量较小且传播速度与瑞利波接近，难以从表面波场识别出剪切波成分。相对竖直向直达纵波振动，直达纵波水平向（径向）振动对表面波场响应影响较大。

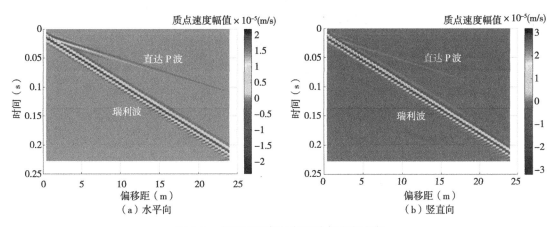

图1-7 水平及竖直向表面质点速度响应

对幅值为P的表面简谐点荷载，略去时间项$e^{i\omega t}$，在柱坐标系下，竖直向及径向（水

平向)表面位移分别用符号 u_z 及 u_r 表示，距振源 r 处表面波场质点位移为[5]

$$\begin{cases} u_z = -\dfrac{P}{2\pi\mu}\displaystyle\int_0^\infty \dfrac{k_\beta^2 k\xi}{F(k)} J_0(kr)\,\mathrm{d}k \\[3mm] u_r = \dfrac{P}{2\pi\mu}\displaystyle\int_0^\infty \dfrac{k^2(2k^2 - k_\beta^2 - 2\xi\xi')}{F(k)} J_1(kr)\,\mathrm{d}k \end{cases} \tag{1.32}$$

其中，
$$\xi^2 = k^2 - k_\alpha^2,\quad \xi'^2 = k^2 - k_\beta^2$$

$$k_\alpha^2 = \frac{\omega^2}{c_P^2},\quad k_\beta^2 = \frac{\omega^2}{c_s^2},\quad F(k) = (2k^2 - k_\beta^2)^2 - 4k^2\xi\xi' \tag{1.33}$$

式中，μ 为剪切模量，J_0 及 J_1 分别为第一类零阶及一阶贝塞尔函数。$F(k)=0$ 表达式与式 (1.17) 相同，当 $F(k)=0$，极点处位移对应瑞利波分量，通过回路积分，瑞利波竖直向及径向表面质点位移为[6]

$$\begin{cases} u_{z,\,R}(r,\,\omega) = \dfrac{-\mathrm{i}P}{2\mu}\tilde{\xi}\,k_R H_0^{(2)}(k_R r) \\[3mm] u_{r,\,R}(r,\,\omega) = \dfrac{\mathrm{i}P}{2\mu}\chi k_R H_1^{(2)}(k_R r) \end{cases} \tag{1.34}$$

其中，
$$\tilde{\xi} = \frac{(2\hat{k}^2 - 1)^2\sqrt{(\hat{k}^2 - \eta^2)}}{8\hat{k}[1 - (6 - 4\eta^2)\hat{k}^2 + 6(1 - \eta^2)\hat{k}^4]}$$

$$\chi = \frac{(2\hat{k}^2 - 1)^2\left[2\hat{k}^2 - 1 - 2\sqrt{(\hat{k}^2 - \eta^2)}\sqrt{(\hat{k}^2 - 1)}\right]}{8[1 - (6 - 4\eta^2)\hat{k}^2 + 6(1 - \eta^2)\hat{k}^4]}$$

$$\hat{k} = \frac{c_s}{c_R},\quad \eta = \frac{c_s}{c_P} = \sqrt{\frac{1 - 2\nu}{2(1 - \nu)}},\quad k_R = \frac{\omega}{c_R} \tag{1.35}$$

这里，$H_j^{(2)}(k_R r)$ $(j=0,\,1)$ 为第二类第 j 阶汉克尔函数，可表示为

$$H_j^{(2)}(k_R r) = J_j(k_R r) - \mathrm{i}Y_j(k_R r) \tag{1.36}$$

式中，$J_j(k_R r)$ 和 $Y_j(k_R r)$ 分别是第一类及第二类第 j 阶贝塞尔函数。

当 $r/\lambda_R \gg 1$，波传播距离远大于波长，即波场为所谓的远场，$J_j(k_R r)$ 和 $Y_j(k_R r)$ 可近似表示为

$$J_j(k_R r) \approx \sqrt{\frac{2}{\pi k_R r}}\cos\left(k_R r - \frac{\pi}{4} - \frac{j}{2}\pi\right),\quad Y_j(k_R r) \approx \sqrt{\frac{2}{\pi k_R r}}\sin\left(k_R r - \frac{\pi}{4} - \frac{j}{2}\pi\right) \tag{1.37}$$

在远场，式(1.34)可近似为

$$\begin{cases} u_{z,\,R}(r,\,\omega) \approx \dfrac{P}{\mu r}\sqrt{\dfrac{k_R r}{2\pi}}\,\tilde{\xi}\,\mathrm{e}^{-\mathrm{i}\left(k_R r + \frac{\pi}{4}\right)} \\[3mm] u_{r,\,R}(r,\,\omega) \approx \dfrac{P}{\mu r}\sqrt{\dfrac{k_R r}{2\pi}}\,\chi\,\mathrm{e}^{-\mathrm{i}\left(k_R r + \frac{3\pi}{4}\right)} \end{cases} \tag{1.38}$$

可以看出，在远场，瑞利波位移几何衰减近似于 $r^{-1/2}$。

由式(1.34)可得半无限体中瑞利波径向与竖直向位移谱比 H/V 为

$$\beta_{\mathrm{R}} = \frac{|u_{r,\mathrm{R}}|}{|u_{z,\mathrm{R}}|} = \frac{\chi}{\tilde{\xi}} \frac{|H_1^{(2)}(k_{\mathrm{R}}r)|}{|H_0^{(2)}(k_{\mathrm{R}}r)|} \qquad (1.39)$$

式中，符号"｜｜"表示复数模。对 $\nu=0.3$，利用回归关系式(1.22)，由式(1.39)可计算 H/V 谱比随无量纲传播距离 r/λ_{R} 变化，见图1-8。可以看出，当 $r/\lambda_{\mathrm{R}}>0.4$，H/V 基本不随传播距离变化。在远场，由式(1.38)可知 H/V 谱比为

$$\beta_{\mathrm{R}} \approx \frac{\chi}{\tilde{\xi}} \qquad (1.40)$$

远场 H/V 谱比随泊松比变化见图1-9，对 $\nu=0.3$，在远场，$\beta_{\mathrm{R}} \approx 0.657$。

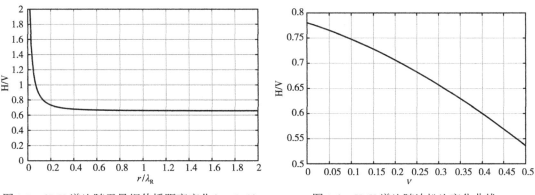

图1-8　H/V 谱比随无量纲传播距离变化($\nu=0.3$)　　　图1-9　H/V 谱比随泊松比变化曲线

瑞利波不仅主导表面波场，在总波场能量占比也很高，各类型波能量占比随泊松比变化见图1-10[6]。

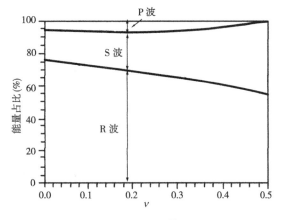

图1-10　竖直点源作用下均匀半无限体中 P、S 及 R 波能量占比

由图 1-10 可以看出，对泊松比 $\nu = 0.25$，波场中 P、S 及 R 波能量占比分别为 6.8%、25.8% 和 67.4%。对 $\nu = 0.0$，能量占比分别为 5.5%、18.5% 和 76%，而对完全不可压缩材料 ($\nu = 0.5$)，无 P 波存在，S 波和 R 波能量占比分别为 45.4% 和 54.6%。

1.3　竖向简谐面荷载下瑞利波位移响应

对面荷载，在作用面上取面元，面元荷载可看作点荷载，利用式(1.34)得到面元荷载瑞利波位移响应，积分后便可到面荷载下瑞利波位移响应。在表面波测试中，常用大锤或重锤敲击圆形或方形垫块，作用于土体表面荷载一般近似呈均匀分布或双曲线分布，如图 1-11 所示。前者常用于柔性垫块情形荷载模拟，其刚度相对土体较软，后者常用于刚性垫块情形荷载模拟，其刚度相对土体较高。

半径为 a 的圆盘形均布荷载下瑞利波竖直向表面位移为

$$u_{z,\ \mathrm{R}} = \frac{-\mathrm{i}P}{2\mu r}\tilde{\xi}\, k_{\mathrm{R}} H_0^{(2)}(k_{\mathrm{R}}r)\left[\frac{2J_1(k_{\mathrm{R}}a)}{k_{\mathrm{R}}a}\right] \tag{1.41}$$

式中，$P = \pi a^2 p$ 为作用面总荷载，p 为均布荷载幅值；$\dfrac{2J_1(k_{\mathrm{R}}a)}{k_{\mathrm{R}}a}$ 项为干涉因子，它描述圆盘不同位置点荷载产生位移相互干涉。以双曲线形式分布面荷载，式(1.41)干涉因子用 $\dfrac{\sin(k_{\mathrm{R}}a)}{k_{\mathrm{R}}a}$ 代替。

对矩形作用区域，假设短边及长边分别用符号 a、b 表示，x 坐标轴垂直长边，如图 1-12 所示。

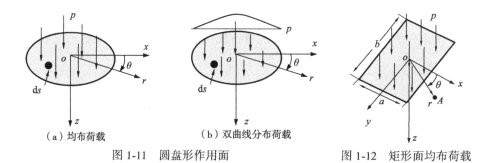

（a）均布荷载　　　　　　　　（b）双曲线分布荷载

图 1-11　圆盘形作用面　　　　　　　　　图 1-12　矩形面均布荷载

对均布荷载(柔性垫块)及双曲线分布荷载(刚性垫块)，位置 A 处瑞利波位移响应干涉因子分别为 $4\,\dfrac{\sin\left(\dfrac{k_{\mathrm{R}}b}{2}\sin\theta\right)}{k_{\mathrm{R}}b\sin\theta}\dfrac{\sin\left(\dfrac{k_{\mathrm{R}}a}{2}\cos\theta\right)}{k_{\mathrm{R}}a\cos\theta}$，$J_0\left(\dfrac{k_{\mathrm{R}}b}{2}\sin\theta\right)J_0\left(\dfrac{k_{\mathrm{R}}a}{2}\cos\theta\right)$。

利用极限关系式：

$$\lim_{x \to 0}\frac{J_1(x)}{x} = J_1'(x),\ _{x} = \frac{J_0(0)}{2} = \frac{1}{2},\ \lim_{x \to 0}\frac{\sin(x)}{x} = 1 \tag{1.42}$$

当作用面半径趋于零时，面荷载下瑞利波位移解趋于点荷载情形下解。

引入无量纲频率 $\bar{a} = \omega a / c_s$ 及无量纲传播距离 $\bar{r} = \omega r / c_s$，式(1.41)也可改写为

$$u_{z,\,R} = \frac{-\mathrm{i}P}{2\mu r}\,\tilde{\xi}\,\hat{k}\bar{r}H_0^{(2)}(\hat{k}\bar{r})\left[\frac{2J_1(\hat{k}\bar{a})}{\hat{k}\bar{a}}\right] \qquad (1.43)$$

在远场，利用式(1.37)，式(1.43)可近似为

$$u_{z,\,R} \approx \frac{P}{\mu r}\,\tilde{\xi}\,\sqrt{\frac{\hat{k}\bar{r}}{2\pi}}\,\mathrm{e}^{-\mathrm{i}(\hat{k}\bar{r}+\pi/4)}\left[\frac{2J_1(\hat{k}\bar{a})}{\hat{k}\bar{a}}\right] \qquad (1.44)$$

将竖直点荷载下 P、S 和 R 波辐射能量的积分表达式乘以适当的干涉因子平方可以计算在面荷载下各类型波能量分布。对不同泊松比，均布圆盘荷载下波场中 P、S、R 波能量分配比随无量纲频率变化见图 1-13。可以看出，随着 $\omega a / c_s$ 增加，瑞利波的相对能量快速减小。当 $\omega a / c_s$ 较大时，大部分能量由 P 波传输，对完全不可压缩的材料($\nu = 0.5$)，无 P 波存在，此时能量由 S 波和 R 波分配。

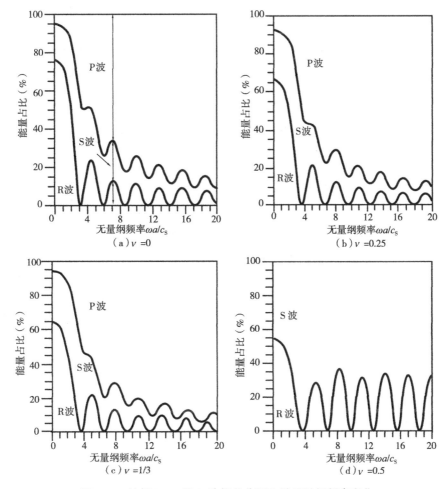

图 1-13　波场 P、S 及 R 波能量分配比随无量纲频率变化

竖向均布表面荷载下，半无限体瑞利波竖直向及径向位移随深度变化可表示为[1]

$$\begin{cases} u_{z,\,\mathrm{R}}(r,\ z,\ \omega) \\ u_{r,\,\mathrm{R}}(r,\ z,\ \omega) \end{cases} = -\frac{iqa\pi}{\tilde{\alpha}^2\mu}\hat{k}^4\,\tilde{\xi}\begin{cases} [\phi_z(z)]^2 J_1(k_\mathrm{R}a) H_0^{(2)}(k_\mathrm{R}r) \\ \phi_x(z)\phi_z(z) J_1(k_\mathrm{R}a) H_1^{(2)}(k_\mathrm{R}r) \end{cases} \quad r \geqslant a \qquad (1.45)$$

式中，$\tilde{\alpha}$，$\tilde{\beta}$，γ 见式(1.10)及式(1.14)；$\phi_x(z)$，$\phi_z(z)$ 同式(1.26)。

1.4 表面源下瑞利波传播特性

由简正瑞利波模型可建立瑞利波相速度与介质分层结构、层土性参数及频率间关系，这种模型分析有两方面意义：①已知介质分层结构及层土性参数得到瑞利波相速度随频率变化规律；②已知瑞利波相速度随频率变化规律反演介质分层结构及层土性参数。在工程中，后者更为重要。下面分析如何由瑞利波表面质点位移响应得到瑞利波相速度。频率 ω、波数 k 的谐波含有项 $\mathrm{e}^{i(\omega t - kr + \varphi_0)} = \mathrm{e}^{i[\omega t - \varphi(r,\ \omega)]}$，这里，$\varphi_0$ 表示初始相位，$\varphi(r,\ \omega) = kr - \varphi_0$，它表示波在位置 r 产生的滞后相位。波数可由表面质点位移相位 $\varphi(r,\ \omega)$ 对传播距离 r 偏导得到，即 $k = \partial\varphi(r,\ \omega)/\partial r$。

为了便于与时域位移符号区别，以下将频率域竖直向及径向位移分别用大写符号 $U_z(r,\ \omega)$ 及 $U_r(r,\ \omega)$ 表示。以式(1.32)竖直向位移为例，复位移可表示为

$$U_z(r,\ \omega) = \sqrt{\overline{A}_\mathrm{R}^2 + \overline{A}_\mathrm{I}^2}\ \mathrm{e}^{-i\varphi_z(r,\ \omega)} \qquad (1.46)$$

式中，$\overline{A}_\mathrm{R} = \mathrm{Re}[U_z(r,\ \omega)]$，$\overline{A}_\mathrm{I} = -\mathrm{Im}[U_z(r,\ \omega)]$，$\varphi_z(r,\ \omega) = \arctan(\overline{A}_\mathrm{I}/\overline{A}_\mathrm{R})$。

其中，$\mathrm{Re}[\ ]$ 及 $\mathrm{Im}[\ ]$ 分别表示复数的实部及虚部，$\arctan(\ )$ 为反正切，$\sqrt{\overline{A}_\mathrm{R}^2 + \overline{A}_\mathrm{I}^2}$ 及 φ_z 分别是位移振幅及相位。由于表面波场不仅有瑞利波成分，还有直达体波成分，由表面质点位移相位 φ_z 只能得到瑞利波与直达体波叠加后复合波波数，这里称之为表观波数，用符号 $k_{z,\,a}(r,\ \omega)$ 表示，表观相速度用符号 $c_{z,\,a}(r,\ \omega)$ 表示，分别计算如下：

$$k_{z,a}(r,\omega) = \frac{\partial\varphi_z(r,\omega)}{\partial r} = \frac{(\overline{A}_\mathrm{I})_{,r}\overline{A}_\mathrm{R} - (\overline{A}_\mathrm{R})_{,r}\overline{A}_\mathrm{I}}{\overline{A}_\mathrm{R}^2 + \overline{A}_\mathrm{I}^2},\quad c_{z,a}(r,\omega) = \frac{\omega}{\mathrm{Re}(k_{z,a})} \qquad (1.47)$$

式中，$(\ )_{,r}$ 表示对坐标 r 求导，当不考虑表面体波成分影响，表观相速度就是瑞利波相速度。以式(1.34)中瑞利波竖向位移为例，将位移改写为

$$U_{z,\,\mathrm{R}}(r,\ \omega) = \frac{-iP}{2\mu}\tilde{\xi}\,k_\mathrm{R}H_0^{(2)}(k_\mathrm{R}r) = \frac{P}{2\mu}\tilde{\xi}\,k_\mathrm{R}\sqrt{\overline{A}_\mathrm{R}^2 + \overline{A}_\mathrm{I}^2}\ \mathrm{e}^{-i(\varphi_z + \pi/2)} \qquad (1.48)$$

式中，$\qquad\qquad \overline{A}_\mathrm{R} = J_0(k_\mathrm{R}r),\qquad \overline{A}_\mathrm{I} = Y_0(k_\mathrm{R}r) \qquad (1.49)$

利用 Bessel 函数特性，由式(1.47)及式(1.49)得激发瑞利波竖直向相速度与简正瑞利波相速度 c_R 比值

$$\frac{c_{z,\,a}}{c_\mathrm{R}} = \frac{[Y_0(k_\mathrm{R}r)]^2 + [J_0(k_\mathrm{R}r)]^2}{[J_1(k_\mathrm{R}r)Y_0(k_\mathrm{R}r) - J_0(k_\mathrm{R}r)Y_1(k_\mathrm{R}r)]} \qquad (1.50)$$

类似地，可得瑞利波质点径向相速度 $c_{r,a}$ 与 c_R 比值

$$\frac{c_{r,a}}{c_R} = \frac{[Y_1(k_R r)]^2 + [J_1(k_R r)]^2}{[J_1(k_R r)Y_0(k_R r) - J_0(k_R r)Y_1(k_R r)]} \tag{1.51}$$

瑞利波竖直向及径向相速度比较见图 1-14，由远场贝塞尔函数表达式（1.37）可知，当 $r/\lambda_R \gg 1$ 时，有 $c_{z,a}/c_R \to 1$ 及 $c_{r,a}/c_R \to 1$。

由图 1-14 可以看出，激发瑞利波竖直向及径向相速度不同，且随无量纲传播距离变化，仅在 $r/\lambda_R > 1$ 条件下，两者趋于自由状态下简正瑞利波相速度。出现这种不一致性现象原因如下：瑞利波传播特性分析中常假设波阵面为平面，平面波阵面尺度不随传播距离变化，而表面源激发的瑞利波是以轴线经过振源中心柱面波阵面传播，波阵面径向及竖直向（深度方向）尺度随传播距离变化，见图 1-15。称简正瑞利波传播特性模型（理论分析模型见图 1-1）与表面源下瑞利波传播特性模型（表面波测试模型）不一致为模型不相容性。

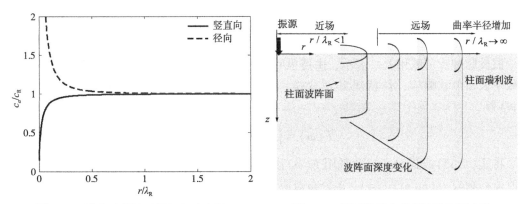

图 1-14　激发瑞利波无量纲相速度随
无量纲传播距离变化

图 1-15　测试模型中瑞利波波阵面变化

理想柱面波在深度方向无限延伸，径向半径随传播变化。对理想柱面波，几何衰减规律为 $r^{-1/2}$，通过质点振动位移几何衰减校正可以消除波阵面几何扩展影响。由于激发瑞利波波阵面在深度方向随传播距离变化，质点位移不再以 $r^{-1/2}$ 几何衰减。下面分析激发瑞利波几何衰减规律。由式（1.34）可知质点竖直向及径向位移随传播距离的变化分别与第二类零阶及第一阶汉克尔函数模 $|H_0^{(2)}(k_m r)|$ 及 $|H_1^{(2)}(k_m r)|$ 有关，几何衰减规律见图 1-16。可以看出径向位移几何衰减大于竖向位移，当传播距离 $r/\lambda_R > 0.4$ 时，激发瑞利波才趋于理想柱面波几何衰减规律。激发瑞利波径向及竖直向相速度及衰减不同且随无量纲传播距离变化，不同位置处径向及竖直向质点振动相位差以及幅值比不再保持不变，这会导致质点轨迹形状发生变化。

测试模型中还有体波影响，在体波影响下，由表面质点位移相位推导的表观相速度随无量纲传播距离 r/λ_R 出现振荡。泊松比越大，波场中体波能量占比越大（见图 1-10），表观相速度振荡幅度越强烈，见图 1-17[6]。

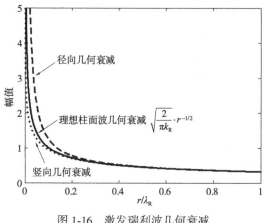

图 1-16　激发瑞利波几何衰减　　　　图 1-17　无量纲相速度随无量纲传播距离变化

1.5　脉冲荷载下位移响应

假设脉冲点荷载用 $f(t)$ 表示，由傅里叶变换得到脉冲荷载频率成分，然后利用简谐点荷载下表面位移响应，作傅里叶逆变换，得到脉冲荷载下表面位移响应。$f(t)$ 谱密度 $F(\omega)$ 为

$$F(\omega) = \int_{-\infty}^{\infty} f(t)\,\mathrm{e}^{-\mathrm{i}\omega t}\mathrm{d}t \tag{1.52}$$

将式（1.32）或式（1.34）荷载用 $F(\omega)$ 代替，得到不同频率简谐点荷载下表面波场或瑞利波位移响应 $U_j(r, \omega)$ （$j=1, 2$ 分布对应坐标 z 及 r），作傅里叶逆变换：

$$u_j(r, t) = \frac{1}{2\pi} \int_{-\infty}^{\infty} U_j(r, \omega)\,\mathrm{e}^{\mathrm{i}\omega t}\mathrm{d}\omega \tag{1.53}$$

得到脉冲荷载下表面位移响应，下面给出阶跃点脉冲及兰姆点源下表面位移响应解析式。

1.5.1　阶跃点脉冲

幅值为 P 阶跃脉冲点荷载可表示为

$$f(t) = PH(t) \tag{1.54}$$

式中，阶跃函数 $H(t) = \begin{cases} 1, & t \geq 0, \\ 0, & t < 0 \end{cases}$。

阶跃函数谱密度为

$$F(\omega) = P\left[\frac{1}{\mathrm{i}\omega} + \pi\delta(\omega)\right] \tag{1.55}$$

式中，冲激函数 $\delta(\omega) = \begin{cases} \infty, & \omega = 0, \\ 0, & \omega \neq 0 \end{cases}$。

当 $\nu = 1/4$ 时，由前面分析可知，$c_P = \sqrt{3}c_s$，$\dfrac{c_R^2}{c_s^2} = 2 - \dfrac{2}{\sqrt{3}}$ 或 $c_s = \gamma c_R$，这里

16

$\gamma = (3 + \sqrt{3})^{1/2}/2 \approx 1.088$。在表面位置 r 处，P 波及 R 波首至时间分别为 $t_P = r/c_P = r/(\sqrt{3}c_s)$，$t_R = r/c_R = \gamma r/c_s$，引入无量纲时间 $\tau = c_s t/r$，阶跃脉冲下半无限体表面竖向位移可表示为[4,6]

$$u_z(r,t) = \begin{cases} 0, \tau \leqslant 1/\sqrt{3} \\[2mm] \dfrac{P}{32\mu\pi r}\left\{6 - \left(\dfrac{3}{\tau^2 - 1/4}\right)^{1/2} - \left(\dfrac{3\sqrt{3}+5}{\frac{3}{4} + \frac{\sqrt{3}}{4} - \tau^2}\right)^{1/2} + \left(\dfrac{3\sqrt{3}-5}{\tau^2 + \frac{\sqrt{3}}{4} - \frac{3}{4}}\right)^{1/2}\right\}, \dfrac{1}{\sqrt{3}} < \tau < 1 \\[6mm] \dfrac{P}{16\pi\mu r}\left\{6 - \left(\dfrac{3\sqrt{3}+5}{\frac{3}{4} + \frac{\sqrt{3}}{4} - \tau^2}\right)^{1/2}\right\}, 1 \leqslant \tau < \gamma \\[6mm] \dfrac{3P}{8\pi\mu r}, \tau \geqslant \gamma \end{cases}$$

$$(1.56)$$

P、S 及 R 波首至无量纲时间分别为 $1/\sqrt{3}$、1 及 γ。径向位移为

$$u_r(r, t) = \begin{cases} 0, \tau \leqslant \dfrac{1}{\sqrt{3}} \\[3mm] \dfrac{P}{2\pi^2\mu r}\tau R_1(\tau), \dfrac{1}{\sqrt{3}} < \tau < 1 \\[3mm] \dfrac{P}{2\pi^2\mu r}\tau R_2(\tau), 1 \leqslant \tau < \gamma \\[3mm] \dfrac{P}{2\pi^2\mu r}\tau R_2(\tau) - \dfrac{P}{8\pi\mu r}(\tau^2 - \gamma^2)^{-1/2}, \tau \geqslant \gamma \end{cases}$$

$$(1.57)$$

式中，$R_1(\tau)$ 及 $R_2(\tau)$ 为积分项。由式(1.56)及式(1.57)得到的时域曲线及各类型波首至时间见图1-18。

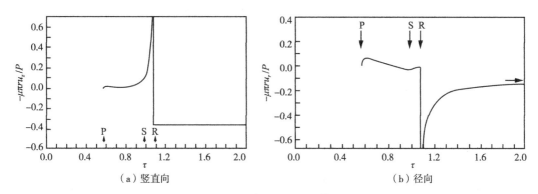

（a）竖直向　　　　　（b）径向

图 1-18　阶跃点脉冲下半无限体表面位移

1.5.2 兰姆点源

兰姆点源数学表达式为[5]

$$f(t) = \frac{Pq}{q^2 + t^2}, \quad -\infty < t < \infty \tag{1.58}$$

最大幅值位于 $t=0$。谱密度幅值为

$$F(\omega) = \int_{-\infty}^{\infty} f(t)\,e^{-i\omega t}\mathrm{d}t = P\pi e^{-q|\omega|} \tag{1.59}$$

由该式可以看出，式中参数 P 控制荷载幅值，q 控制荷载的频率分布。由式(1.58)，幅值位于 $t=t_M$ 脉冲及谱表达式为

$$f(t - t_M) = \frac{Pq}{q^2 + (t - t_M)^2}, \quad F(\omega) = P\pi e^{-(q|\omega| + i\omega t_M)} \tag{1.60}$$

兰姆源时域及频域谱幅值曲线如图 1-19 所示。兰姆点源激发的表面位移响应如图 1-20所示。

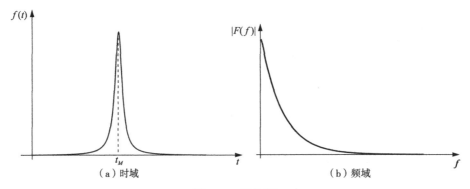

（a）时域　　　　（b）频域

图 1-19　兰姆源

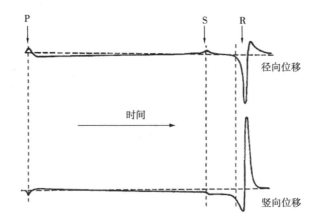

图 1-20　兰姆点源产生的表面位移($\nu = 1/4$)

在远场（$kr \gg 1$），瑞利波的竖直向及径向（水平向）位移近似表示为[5]

$$u_z \approx \frac{KP}{2\mu\,(2rc_R)^{1/2}q^{3/2}}\,(\cos\phi)^{3/2}\cos\left(\pi/4 - \frac{3}{2}\phi\right)$$

$$u_r \approx \frac{HP}{2\mu\,(2rc_R)^{1/2}q^{3/2}}\,(\cos\phi)^{3/2}\sin\left(\pi/4 - \frac{3}{2}\phi\right) \qquad (1.61)$$

式中，
$$\phi = \arctan\frac{t - t_M - \dfrac{r}{c_R}}{q}$$

$$H = -\frac{k_R(2k_R^2 - k_\beta^2) - 2\sqrt{k_R^2 - k_\alpha^2}\cdot\sqrt{k_R^2 - k_\beta^2}}{F'(k_R)}, \quad K = -\frac{k_\beta^2\sqrt{k_R^2 - k_\alpha^2}}{F'(k_R)} \qquad (1.62)$$

其中，$F(k)$ 见式（1.33），$F'(k)$ 表示 $F(k)$ 对波数 K 的导数。

取兰姆源参数 $P=1$，$q=1$，$t_M=1.6\times10^{-3}$ s，半无限体剪切波速 $c_s=180$ m/s，泊松比 $\nu=0.35$，密度 $\rho=1800$ kg/m³，由式（1.61）得到距振源 3m、4m、5m、6m、7m 位置瑞利波竖向及径向位移响应见图 1-21。

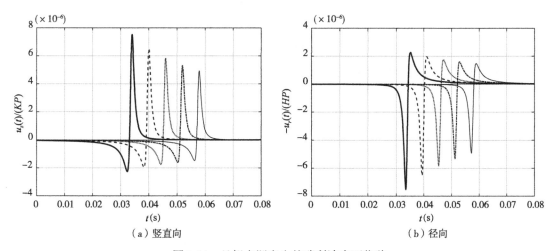

（a）竖直向　　　　（b）径向

图 1-21　兰姆点源产生的瑞利波表面位移

兰姆点源远场瑞利波位移响应 MATLAB 代码如下：

```
clc；   % 清屏。
clear；% 清除内存。
p0=1；q0=1.e-3；delt=4.e-5；t0=400*delt；% 设置 Lamb 源参数及离散时间间隔。
r0=2；deltr=1；   % 初始位置及空间间距。
gama=0.35；cs=180；pho=1800；   % 泊松比、剪切波速及密度。
kc=1；hc=1；mu=5.832*1.e7；% 假设 K=1，H=1，相当于得到竖向及径向位移分
```
别与参数 K，H 的比值，mu 为剪切模量。

```
cr=cs*(0.864+1.14*gama)/(1+gama);  % 利用回归关系由剪切波速计算瑞利波速。
m=2048;  n=5;  m0=2048;  m1=2048;     % 时间域离散点数及待计算位置数量。
deltf=1/(m*delt);     % 频率域离散点频率间隔 Δf=1/(NΔt)，N 及 Δt 分别为离散点
数量及时间间隔。
for i=1：m
        t(i)=(i-1)*delt;      % 离散点对应时间。
        f(i)=(i-1)*deltf;      % 离散点对应频率。
        tx=(t(i)-t0);          % 计算 t-t_M。
Force(i)=p0*q0/(q0^2+tx^2);       % Lamb 源离散序列。
end
% plot(t(1：m)*1.e3,Force(1：m))    % 画出 Lamb 源随时间变化。
% xlabel('time (ms)')
Fspectra=fft(Force,m);    % 作傅里叶变换。
% plot(f(1：100),abs(Fspectra(1：100)))    % 画出谱幅值。
% xlabel('Frequency(Hz)')
% for i=1：m   % 由谱解析式计算理论谱。
%       omga=2*pi*(i-1)*deltf
%     Fspectra(i)=p0*pi*exp(-complex(q0*abs(omga),omga*t0))
%end
for j=1：n
      r=deltr*j+r0;
        for k=1：m0
            t1(k)=(k-1)*delt;
          tx=t1(k)-t0;
                  phi=atan((tx-r/cr)/q0);       % φ=arctan[(t-t_M-r/c_R)/q]
    ur(k,j)=hc*p0*(cos(phi))^1.5*sin(pi/4-1.5*phi)/(2*mu*(2*r*cr)^
0.5*q0^1.5);% 计算 u_r(t)/H。
uz(k,j)=kc*p0*(cos(phi))^1.5*cos(pi/4-1.5*phi)/(2*mu*(2*r*cr)^0.5*
q0^1.5);  % 计算 u_z(t)/K。
    end
    hold on;
%分别绘制 u_z(t)/K 与 -u_r(t)/H。
    plot(t1(1：2000),uz(1：2000,j)/max(uz(1：2000,j)),'-k','LineWidth',2);
    plot(t1(1：2000),-ur(1：2000,j),'-k','LineWidth',2);
end
```

1.5.3 其它形式荷载

对其它复杂形式荷载，譬如，半正弦、包络余弦脉冲以及常用的 Ricker 子波脉冲，难以得到位移解析解，可采用数值积分或快速傅里叶变换(FFT)方法得到位移响应数值解。

1. 半正弦脉冲

冲击荷载随时间变化可近似用半正弦脉冲模拟，半正弦脉冲数学式为

$$f(t) = \begin{cases} P\sin\dfrac{\pi t}{T_d}, \ 0 \leqslant t \leqslant T_d \\ 0, \ t > T_d \end{cases} \tag{1.63}$$

式中，T_d 为半正弦脉冲持续时间，利用关系 $\sin\dfrac{\pi t}{T_d} = \dfrac{1}{2\mathrm{i}}(\mathrm{e}^{\mathrm{i}\pi t/T_d} - \mathrm{e}^{-\mathrm{i}\pi t/T_d})$，半正弦脉冲谱密度为

$$F(\omega) = [\cos(\omega T_d) + 1 - \mathrm{i}\sin(\omega T_d)]\dfrac{P\dfrac{\pi}{T_d}}{\left(\dfrac{\pi}{T_d}\right)^2 - \omega^2} \tag{1.64}$$

谱幅值为

$$|F(\omega)| = \dfrac{2P\dfrac{\pi}{T_d}}{\left(\dfrac{\pi}{T_d}\right)^2 - \omega^2}\cos\dfrac{\omega T_d}{2} \tag{1.65}$$

半正弦脉冲时域及频率域曲线如图 1-22 所示。

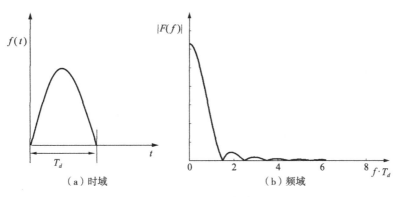

（a）时域   （b）频域

图 1-22　半正弦脉冲

2. 包络余弦脉冲

包络余弦脉冲函数为

$$f(t) = \begin{cases} \dfrac{1}{2} \left\{ 1 + \cos\left[\dfrac{2\pi}{T}\left(t - \dfrac{T}{2}\right)\right] \right\} \cos\left[2\pi f_0\left(t - \dfrac{T}{2}\right)\right], & 0 \leqslant t \leqslant T \\ 0, & t > T \end{cases} \quad (1.66)$$

谱密度为

$$F(f) = \frac{1}{2} \left\{ \frac{\sin[\pi T(f + f_M)]}{f + f_M} + \frac{\sin[\pi T(f - f_M)]}{f - f_M} + \frac{\sin[\pi T(f + 2f_M)]}{2(f + 2f_M)} \right.$$
$$\left. + \frac{\sin[\pi T(f - 2f_M)]}{2(f - 2f_M)} + \frac{\sin(\pi Tf)}{f} \right\} \quad (1.67)$$

式中，T 为脉冲持续时间，$f_M = 2/T$ 是峰值频率，谱集中在 f_M 附近，分布于 $[0, 2f_M]$，见图 1-23。

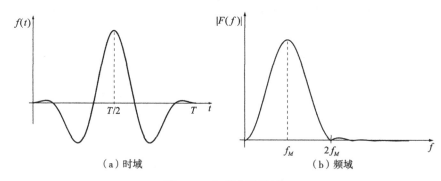

（a）时域　　　　　　　　　　（b）频域

图 1-23　包络余弦脉冲

3. Ricker 子波脉冲

在地震勘探中，子波指具有短时脉冲振动的波，Ricker 子波广泛用于地震勘探数值模拟，峰值位于 $t = 0$ 的 Ricker 子波脉冲函数为

$$f(t) = (1 - 2\pi^2 f_M^2 t^2) e^{-\pi^2 f_M^2 t^2}, \quad -\infty < t < \infty \quad (1.68)$$

式中，f_M 为峰值频率。谱密度为

$$F(f) = \frac{2}{\sqrt{\pi}} \frac{f^2}{f_M^3} e^{-\frac{f^2}{f_M^2}} \quad (1.69)$$

若取峰值时间为 t_M，则 Ricker 子波脉冲可表示为

$$f(t) = (1 - 2\pi^2 f_M^2 \hat{t}^2) e^{-\pi^2 f_M^2 \hat{t}^2}, \quad t \geqslant 0 \quad (1.70)$$

式中，$\hat{t} = t - t_M$，$f_M = 1/t_M$。谱密度为

$$F(f) = e^{-i2\pi t_M f} \frac{2}{\sqrt{\pi}} \frac{f^2}{f_M^3} e^{-\frac{f^2}{f_M^2}} \quad (1.71)$$

谱幅值 $|F(f)| = \dfrac{2}{\sqrt{\pi}} \dfrac{f^2}{f_M^3} e^{-\frac{f^2}{f_M^2}}$。Ricker 子波脉冲谱集中在 f_M 附近，分布于 $[0, 3f_M]$。见图 1-24。

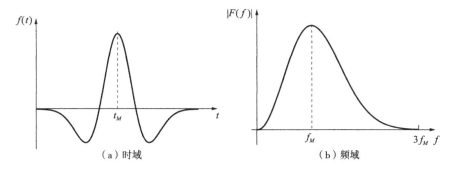

图 1-24 Ricker 子波脉冲

复杂形式荷载下半无限体表面位移响应可按以下方法计算。假设振源谱集中分布于有限频率范围 $[-\omega_B, \omega_B]$，以竖直向位移分析为例，式(1.53)傅里叶逆变换积分式可近似为

$$u_z(r, t) \approx \frac{1}{2\pi} \int_{-\omega_B}^{\omega_B} U_z(r, \omega) \mathrm{e}^{\mathrm{i}\omega t} \mathrm{d}\omega \tag{1.72}$$

由于沿实轴 ω 位移无奇异点，以上积分式可采用离散方法计算。上式离散式可表示为

$$u_z(r, t) \approx \frac{1}{2\pi} \sum_{m=-N/2}^{N/2} U_z(r, m\Delta\omega) \mathrm{e}^{\mathrm{i}m\Delta\omega t} \Delta\omega \tag{1.73}$$

式中，$\Delta\omega$ 为频率区间 $[-\omega_B, \omega_B]$ 离散间隔；N 为离散点数，$N\Delta\omega = 2\omega_B$。取时间域离散间隔 $\Delta t = 1/(N\Delta f)$，在离散时间 $k\Delta t$ 处，位移可表示为

$$u_z(r, k\Delta t) \approx \frac{1}{2\pi} \sum_{m=-N/2}^{N/2} U_z(r, m\Delta\omega) \mathrm{e}^{\mathrm{i}m2\pi\Delta f k\Delta t} \Delta\omega = \frac{\Delta\omega}{2\pi} \sum_{m=-N/2}^{N/2} U_z(r, m\Delta\omega) \mathrm{e}^{\mathrm{i}m2\pi k/N}$$

$$\tag{1.74}$$

利用谱的共轭特性

$$U_z\left[\left(\frac{N}{2} \pm m\right)\Delta f\right] = \overline{U_z\left[\left(\frac{N}{2} \mp m\right)\Delta f\right]}, \quad m = 0, 1, 2, \cdots, \frac{N}{2}-1 \tag{1.75}$$

式中，上横线符号表示复共轭，式(1.74)可表示为

$$u_z(r, k\Delta t) \approx \frac{\Delta\omega}{2\pi} \sum_{m=0}^{N-1} U_z(r, m\Delta\omega) \mathrm{e}^{\mathrm{i}2\pi mk/N} \tag{1.76}$$

利用式(1.34)，在频率 $\omega = m\Delta\omega$ 处，竖直向位移为

$$U_z(r, m\Delta\omega) = \frac{-\mathrm{i}F(m\Delta\omega)}{2\mu c_s} \hat{k} \tilde{\xi} \omega H_0^{(2)}\left(\frac{\hat{k}\omega r}{c_s}\right) \tag{1.77}$$

对兰姆源，频率 $\omega = m\Delta\omega$ 处竖直向位移为

$$U_z(r, m\Delta\omega) = \frac{-\mathrm{i}P\pi \mathrm{e}^{-(q|\omega|+\mathrm{i}\omega t_M)}}{2\mu c_s} \hat{k} \tilde{\xi} \omega H_0^{(2)}\left(\frac{\hat{k}\omega r}{c_s}\right) \tag{1.78}$$

利用式(1.76)，由式(1.78)可得

$$u_z(r,\ k\Delta t) \approx \frac{P\Delta\omega}{4\mu c_s}\hat{k}\ \tilde{\xi}\ \sum_{m=0}^{N-1}\mathrm{e}^{-(q\,|\,\omega\,|+\mathrm{i}\omega t_M+\pi/2)}\omega H_0^{(2)}\left(\frac{\hat{k}\omega r}{c_s}\right)\mathrm{e}^{\mathrm{i}2\pi mk/N} \qquad (1.79)$$

基于式(1.79)得到的兰姆源瑞利波竖直向位移数值解与基于式(1.61)解析解相吻合，数值解及解析解比较 MATLAB 代码如下，部分代码含义同前。

```
clc;
clear;
p0=1; q0=1.e-3; delt=4.e-5; t0=400*delt;
deltr=2;
gama=0.35; cs=180; pho=1800;
kc=1; mu=5.832*1.e7;
cr=cs*(0.864+1.14*gama)/(1+gama);
m=2048; n=1; m0=2048; m1=2048;
deltf=1/(m*delt);
for i=1: m
    t(i)=(i-1)*delt;
    f(i)=(i-1)*deltf;
    tx=(t(i)-t0);
Force(i)=p0*q0/(q0^2+tx^2);
end
%Fspectra=fft(Force, m);
for i=1: m
    omga=2*pi*(i-1)*deltf;
Fspectra(i)=p0*pi*exp(-complex(q0*abs(omga), omga*t0)); % 计算谱。
end
for j=1: n
  r=deltr*j;
    for k=1: m0
        t1(k)=(k-1)*delt;
        tx=t1(k)-t0;
            phi=atan((tx-r/cr)/q0);
        uz(k, j)=kc*p0*(cos(phi))^1.5*cos(pi/4-1.5*phi)/(2*mu*(2*r*
cr)^0.5*q0^1.5);
    end   % 基于式(1.61)得到兰姆点源作用下瑞利波理论竖直向位移。
    hold on;
    plot(t1(1: 2000), uz(1: 2000, j)/max(uz(1: 2000, j)),'-k','LineWidth', 2);
```

```
end
```
%利用数值积分，由式(1.77)计算位移。

k0=(1+gama)/(0.864+1.14 * gama); % 利用回归关系计算式(1.22)系数 $\hat{k}$。

etha=sqrt((1-2 * gama)/(2 * (1-gama))); % 计算 η。

sigma0=(2 * k0^2-1)^2 * sqrt(k0^2-etha^2); % 计算 $\tilde{\xi}$ 分子。

sigma1=8 * k0 * (1-(6-4 * etha^2) * k0^2+6 * (1-etha^2) * k0^4); % 计算 $\tilde{\xi}$ 分母。

sigma=sigma0/sigma1; % 计算 $\tilde{\xi}$。

c0=p0 * k0 * sigma/(4 * mu * cs); % $\tilde{\xi}/(4\mu c_R)$。

```
for i=1: m
    t2(i)=(i-1) * delt;
    u1(i)=0. ;
for k=1: m
    omga=2 * pi * deltf * (k-1);
    par1=omga * r/cr;
    if par1==0
        u1(i)=0;
    else
u1(i)=u1(i)+c0 * omga * besselh(0, 2, par1) * exp(complex(0, omga * t2(i))) * exp
(-q0 * abs(omga)-complex(0, (omga * t0+pi/2))) * 2 * pi * deltf;     % 积分得到位
移。
    end
    end
end
plot((1: m) * delt, real(u1(1: m))/max(real(u1(1: m))),'. g')
```

数值积分计算比较耗时，可以采用快速傅里叶变换(FFT)计算式(1.79)。

信号 $x(t)$ 的离散傅里叶变换为

$$\tilde{X}\left[\frac{n}{N\Delta t}\right]=\sum_{k=0}^{N-1} x(k\Delta t)e^{-i2\pi nk/N}, \quad n=0, 1, 2, \cdots, N-1 \tag{1.80}$$

逆变换为

$$x(k\Delta t)=\frac{1}{N}\sum_{n=0}^{N-1}\tilde{X}\left[n\Delta f\right]e^{i2\pi nk/N}, \quad k=0, 1, 2, \cdots, N-1 \tag{1.81}$$

这里，N 是信号离散点数，Δt 为离散点时间间隔，离散需满足抽样定理，即 $f_s=1/\Delta t>2f_B$，f_B 为信号中最大的频率成分，否则可能出现假频。离散点频率间隔 $\Delta f=1/(N\Delta t)$，$\tilde{X}[n\Delta f]$ 为频率 $f=n\Delta f$ 处幅值。离散谱也可由信号连续谱 $X(f)$ 得到，两者满足关系：

$$\widetilde{X}\left[\,n\Delta f\,\right] = \frac{X(f)\mid_{f=n\Delta f}}{\Delta t} \tag{1.82}$$

由式（1.77）给出的脉冲点源下竖直向位移响应离散谱，利用傅里叶逆变换式（1.81），在离散时间 $k\Delta t$ 的竖直向位移响应 $u_z(r,\ k\Delta t)$ 可表示为

$$u_z(r,\ k\Delta t) = \frac{1}{N}\sum_{n=0}^{N-1} U_z(r,\ n\Delta f)\,\mathrm{e}^{\mathrm{i}2\pi nk/N},\quad k = 0,\ 1,\ 2,\ \cdots,\ N-1 \tag{1.83}$$

式（1.83）可利用 FFT 方法计算。

频率域径向位移为

$$U_r(r,\ n\Delta f) = \frac{\mathrm{i}F(n\Delta f)}{2\mu c_s}\hat{k}\chi\omega H_1^{(2)}\!\left(\frac{\hat{k}\omega r}{c_s}\right),\quad n = 0,\ 1,\ 2,\ \cdots,\ \frac{N}{2}-1 \tag{1.84}$$

类似地，可计算离散时间 $k\Delta t$ 处径向位移响应 $u_r(r,\ k\Delta t)$。

取 Ricker 子波源主频 $f_M = 50\mathrm{Hz}$，半无限体参数同上，基于快速傅里叶变换方法得到的 Ricker 点荷载下表面距振源 5m、10m、15m、20m、25m 位置处竖直向及径向位移响应见图 1-25，MATLAB 代码如下：

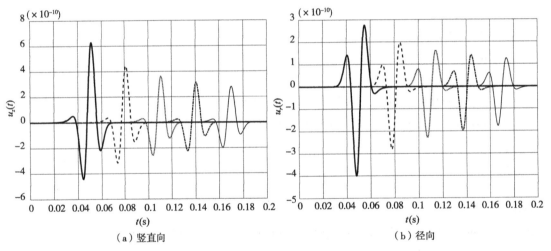

（a）竖直向　　　　　　　　　　　　　（b）径向

图 1-25　Ricker 子波点荷载下瑞利波表面位移

```
% Ricker 子波点源。
clc;
clear;
fm = 50;% 主频或峰值频率。
p0 = 1; delt = 1. e-4; t0 = 200 * delt;% 离散时间及峰值时间 t_m = 1/f_m。
gama = 0.35; cs = 180; pho = 1800; % 均匀半无限体泊松比、剪切波速及密度。
mu = cs^2 * pho; % 剪切模量。
```

```
cr=cs*(0.864+1.14*gama)/(1+gama);  % 利用回归关系计算瑞利波波速。
m=16384；n=5；     % m 为离散点数，n 为计算位置数量。
deltf=1/(m*delt);   % 频率域频率分辨率。
 for i=1：m
    t(i)=(i-1)*delt;
    f(i)=(i-1)*deltf;
    tx=(t(i)-t0);    % 计算 $\hat{t}$。
    t1=(pi*fm*tx)^2;    % 计算 $\pi^2 f_M^2 \hat{t}^2$。

 Force(i)=(1-2*t1)*exp(-t1);    % Ricker 子波时程变化 $f(t) = (1 - 2\pi^2 f_M^2 \hat{t}^2) e^{-\pi^2 f_M^2 \hat{t}^2}$。
 end
Fspectra=fft(Force，m);    % FFT 离散谱。
k0=(1+gama)/(0.864+1.14*gama);
etha=sqrt((1-2*gama)/(2*(1-gama)));
 sigma0=(2*k0^2-1)^2*sqrt(k0^2-etha^2);
 sigma1=8*k0*(1-(6-4*etha^2)*k0^2+6*(1-etha^2)*k0^4);
 sigma=sigma0/sigma1;
 xita=k0*(2*k0^2-1-2*sqrt(k0^2-etha^2)*sqrt(k0^2-1))/sqrt(k0^2-etha^2);
```

$$\text{xita}=\text{xita}*\text{sigma};   \% \ 计算 \chi = \frac{(2\hat{k}^2 - 1)^2 [2\hat{k}^2 - 1 - 2\sqrt{(\hat{k}^2 - \eta^2)} \sqrt{(\hat{k}^2 - 1)}]}{8[1 - (6 - 4\eta^2)\hat{k}^2 + 6(1 - \eta^2)\hat{k}^4]}。$$

```
c0=-p0*k0*sigma/(2*mu*cs);    % $-\tilde{\xi}/(2\mu c_R)$。
c1=complex(0，c0);    % $-i\tilde{\xi}/(2\mu c_R)$。
c2= complex(0，p0*k0*xita/(2*mu*cs));    % $\tilde{\xi}/\mu$。
hold on;
for j=1：n
    Rd(j)=j*5;    % 间隔 5m。
    r=Rd(j);
for k=1：m/2+1
    omga=2*pi*deltf*(k-1)+1.e-5;    % 增量 1.e-5 为避免出现零频率。
 par0=omga/cr;
 par1=par0*r;    % 计算宗量 $k_R r$。
    uz(k)=c1*omga*besselh(0，2，par1)*Fspectra(k);    % 竖直向位移。
```

```
        ur(k) = c2 * omga * besselh(1, 2, par1) * Fspectra(k);    % 径向位移。
end
    for k = m/2+2: m    % 计算共轭谱。
        uz(k) = conj(uz(m−k+2));
        ur(k) = conj(ur(m−k+2));
    end
    uz0(:, j) = ifft(uz);    % 傅里叶逆变换得到位移响应。
    ur0(:, j) = ifft(ur);
      plot(t, real(uz0(:, j)),'−r','LineWidth', 1);
      plot(t, real(ur0(:, j)),'−k','LineWidth', 1);
end
```

1.6 阻尼对瑞利波传播影响

土的特性影响因素可大致分为外部因素及土结构因素。最重要的外部因素是应变幅值，随着应变增加，不仅剪切模量出现退化，而且材料的阻尼比、空隙压力也增加。当应变小于某个门槛值时，剪切模量变化很小，土的特性近似可看作线弹性。在加载、卸载的循环作用下，能量有所耗损，这种耗损是由于土颗粒间摩擦以及在土-液体两相介质中液体流动耗损所致。

阻尼比是描述小应变情况下能量损耗重要参数。阻尼比是在稳态振动下得到，在某一给定的频率范围，阻尼比可近似用于瞬态振动能量损耗描述，不同类型波介质阻尼比是不同的。在阻尼的作用下，由相似原理，将弹性常数用复数表示为

$$\lambda^* + 2\mu^* = (\lambda + 2\mu)(1 + 2\mathrm{i}\xi_P), \quad \mu^* = \mu(1 + 2\mathrm{i}\xi_s) \tag{1.85}$$

式中，ξ_P 及 ξ_s 分别为纵波及剪切波阻尼比，"$*$"表示复数。由式(1.85)，纵波及剪切波复波速可表示为

$$c_P^* = c_P\sqrt{1 + 2\mathrm{i}\xi_P}, \quad c_s^* = c_s\sqrt{1 + 2\mathrm{i}\xi_s} \tag{1.86}$$

将式(1.18)中波速用考虑阻尼后复波速代替

$$\left(\frac{c^*}{c_s^*}\right)^6 - 8\left(\frac{c^*}{c_s^*}\right)^4 + c^{*2}\left(\frac{24}{c_s^{*2}} - \frac{16}{c_P^{*2}}\right) - 16\left(1 - \frac{c_s^{*2}}{c_P^{*2}}\right) = 0 \tag{1.87}$$

式中，$c^* = c\sqrt{1 + 2\mathrm{i}\xi_R}$，$\xi_R$ 为瑞利波阻尼比。

当 $\xi_P \ll 1$，$\xi_s \ll 1$，$\xi_R \ll 1$，由泰勒级数，相速度可近似表示为

$$c_P^* \approx c_s(1 + \mathrm{i}\xi_P), \quad c_s^* \approx c_s(1 + \mathrm{i}\xi_s), \quad c^* \approx c_R(1 + \mathrm{i}\xi_R) \tag{1.88}$$

不同类型波的阻尼比关系也可由下式近似表示为[2]

$$\frac{\xi_R(\omega)}{\xi_s(\omega)} = \frac{\dfrac{\xi_P(\omega)}{\xi_s(\omega)}\left[4(1-a)\dfrac{b}{a}\right] + 4(1-b) - (2-a)^3}{4(1-a)\dfrac{b}{a} + 4(1-b) - (2-a)^3} \tag{1.89}$$

式中，$a = c_R^2/c_S^2$，$b = c_R^2/c_P^2$。

复相速度与复波数关系为

$$c^* = \frac{\omega}{k^*} \tag{1.90}$$

复波数为

$$k^* = \frac{\omega}{\mathrm{Re}(c^*) + \mathrm{i}\mathrm{Im}(c^*)} = \frac{\omega[\mathrm{Re}(c^*) - \mathrm{i}\mathrm{Im}(c^*)]}{|c^*|^2} \tag{1.91}$$

波数的实部及虚部分别为

$$\mathrm{Re}(k^*) = \frac{\omega\mathrm{Re}(c^*)}{|c^*|^2}, \quad \mathrm{Im}(k^*) = -\frac{\omega\mathrm{Im}(c^*)}{|c^*|^2} \tag{1.92}$$

复波数情形下，沿 x 方向传播谐波位移表达式为

$$\mathrm{e}^{\mathrm{i}(\omega t - k^* x)} = \mathrm{e}^{[\mathrm{Im}(k^*)x]}\mathrm{e}^{\mathrm{i}[\omega t - \mathrm{Re}(k^*)x]} = \mathrm{e}^{(-\alpha x)}\mathrm{e}^{\mathrm{i}[\omega t - \mathrm{Re}(k^*)x]} \tag{1.93}$$

由式(1.93)，真实波速 c_a(即可以测量的速度)及衰减系数 α 分别为

$$c_a = \frac{\omega}{\mathrm{Re}(k^*)}, \quad \alpha = -\mathrm{Im}(k^*) \tag{1.94}$$

为确保式(1.94)有物理意义，复波数实部应大于零，虚部应小于零。利用式(1.92)，式(1.94)也可表示为

$$c_a = \frac{|c^*|^2}{\mathrm{Re}(c^*)}, \quad \alpha = \frac{\omega\mathrm{Im}(c^*)}{|c^*|^2} \tag{1.95}$$

◎ 思考题 1

1.1 简述瑞利波形成条件。

1.2 为何方程式(1.21)有增根？为何选择相速度小于剪切波速作为有效根？

1.3 在泊松比 $\nu = 0.25$ 情况下，假设已知均匀半无限体剪切波速 c_S，试给出瑞利波速。

1.4 理想的平面瑞利波是不存在的，为何还要研究平面瑞利波传播特性？

1.5 比较平面纵波、横波及瑞利波质点振动轨迹并给出三者相速度关系。

1.6 为何瑞利波表面质点运动呈后退椭圆形？

1.7 在泊松比 $\nu = 0.25$ 情况下，给出表面、0.1 倍波长深度、0.5 倍波长深度处质点轨迹及运动方向，分析不同深度质点轨迹及运动方向的异同。

1.8 在竖直向表面源作用下，均匀半无限体波场有哪些类型波？各类型波质点位移沿波阵面如何分布？

1.9　试说明在竖直向点源作用下均匀半无限体波场中瑞利波能量与泊松比关系。

1.10　地基经强夯处理后，土体密度提高，测试瑞利波速也提高，但式（1.21）无密度参数，是否与实际情形矛盾？

◎　**参考文献**

［1］柴华友，柯文汇，朱红西．岩土工程动测技术［M］．武汉：武汉大学出版社，2021.

［2］柴华友，吴慧明，张电吉，等．弹性介质中的表面波理论及其在岩土工程中的应用［M］．北京：科学出版社，2008.

［3］A V Pichugin. Approximation of the Rayleigh wave speed［EB/OL］. 2008. http：//people. brunel. ac. uk/~mastaap/draft06rayleigh. pdf.

［4］K F Graff. Wave motion in elastic Solids［M］. Ohio：Ohio State University Press，1975.

［5］W 伊文，等．层状介质中的弹性波［M］．刘光鼎，译．北京：科学出版社，1966.

［6］R Foinquinos，J M Roësset. Elastic layered half-Space subjected to dynamic surface loads［M］. In：Wave Motion in Earthquake Engineering. E Kausel，G Manolis（Eds.），WIT Press，Southampton，UK，2001.

［7］J D 阿肯巴赫．弹性固体中波的传播［M］．徐植信，洪锦如，译．上海：同济大学出版社，1992.

第2章　层状半无限体中瑞利波

层状半无限体中瑞利波有多个传播模态(或称模式),各模态瑞利波具有频散特性,不同模态瑞利波在波场能量占比及频散特性与分层结构及层物理力学特性参数有关,本章主要内容包括:

(1)分析层状半无限体中瑞利波高阶模态形成机理及截止频率;

(2)介绍薄层刚度矩阵法计算层状半无限体中简正瑞利波频散曲线、位移结构及层传输能量方法;

(3)分析瑞利波频散低频及高频渐近特征;

(4)给出竖直向点及面荷载下波场位移离散式;

(5)给出多模波场复合波及单个模态波有效相速度计算方法。

2.1　高阶模态瑞利波

水平层状半无限体是一种理想模型,在实际并不存在。从测试空间尺度来看,当场地在表面波测试区间分层厚度变化较小时,可近似采用水平分层模型。在有限频率范围内,瑞利波能量分布深度有限,当瑞利波能量在场地某一分层能量快速衰减并趋于零时,该层以下分层结构及层物理力学参数变化不影响分析频率范围瑞利波传播,该层对分析频率范围瑞利波影响等同于半无限体。因此,研究层状半无限体中简正瑞利波具有实际意义。

2.1.1　高阶模态形成机理

假设频率成分 f 瑞利波总能量用 $E(f)$ 表示,在层状半无限体中,能量 $E(f)$ 被分割成 N 个不等份,各份能量传播速度不同。假设第 i 份能量及传播速度分别用 $E_i(f)$ 及 $c_i(f)$ ($i=1$, 2 , $\cdots$, N)表示, N 、能量占比 $E_i(f) / E(f)$ 及 $c_i(f)$ 与频率、分层结构及层物理力学参数有关。按相速度由低往高排序(有些文献以位移结构变化形式排序),称传播速度最慢波为基阶模态瑞利波(一般将基阶编号约定为零阶,为了描述方便,本书将基阶编号为一阶),其它波为高阶模态瑞利波,依次称为二阶、三阶……在层状介质中,同一频率瑞利波有多模现象。图2-1给出了前三阶瑞利波相速度随频率变化,在频率 f_0 处,瑞利波有3个不同模态,总能量为3个模态瑞利波能量之和,即 $E(f_0) = E_1(f_0) + E_2(f_0) + E_3(f_0)$ 。同一模态瑞利波在不同频率处传播速度不同,这就是层状介质中瑞利波频散现象。

对频率成分相同且传播方向相同两谐波,当相位差满足一定条件时,两谐波相长干涉,质点位移最大,用入射波与界面反射波相长干涉可以解释分层介质中瑞利波多个模态现象[1]。

假设频率为 ω 的平面谐波从 A 点沿路径线 $\overrightarrow{ABCD}$ 斜入射到厚度为 H 固体层,如图 2-2 所示,图中虚线表示斜入射波的波阵面,它与传播路径线垂直。

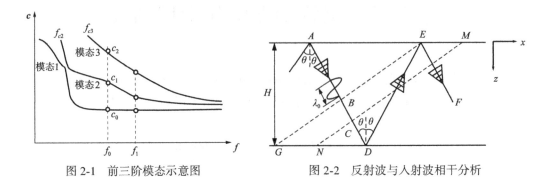

图 2-1　前三阶模态示意图　　　图 2-2　反射波与入射波相干分析

入射谐波在传播方向位移可表示为

$$R(t) = A_1 e^{i(\omega t - kl - \varphi_1)} \tag{2.1}$$

式中,φ_1 为 A 点初始相位,k 为波在传播方向 $\overrightarrow{ABCD}$ 上的波数,l 为波在该方向上的传播距离。斜入射波在下层面 D 点反射,D 点反射波在 E 点再次反射,沿 $\overrightarrow{EF}$ 方向传播,它会与稍后到达谐波波阵面 GBE 质点振动相互叠加。当平面谐波传播至位置 B,由式(2.1),B 点位移为

$$R_B(t) = A_1 e^{i(\omega t - k \cdot l_{AB} - \varphi_1)} \tag{2.2}$$

假设 $\overline{\varphi}$ 为波在 D 及 E 点反射产生相移,平面反射波在 E 点位移为

$$R_E(t) = A_2 e^{i[\omega t - k(l_{AB} + l_{BDE}) - \varphi_1 - \overline{\varphi}]} \tag{2.3}$$

A_2 表示波经 D 及 E 点反射后幅值。基于相长相干原理,当 E 点反射波与稍后到达的波阵面 GBE 相位差是 2π 的整数倍时,两波相长干涉,即

$$[k(l_{AB} + l_{BDE}) + \varphi_1 + \overline{\varphi}] - [kl_{AB} + \varphi_1] = kl_{BDE} + \overline{\varphi} = 2n\pi, \quad n = 1, 2, \cdots \tag{2.4}$$

由图 2-2 可知,$l_{BDE} = 2H\cos\theta$。波在传播方向相速度 c_0 与观测方向(x 方向)视相速度 c 关系为[2]

$$\sin\theta = \frac{c_0}{c} \tag{2.5}$$

利用波在传播方向波数 $k = \omega/c_0$,由式(2.4),得到频率方程(即 x 方向相速度 c 与频率 f 关系)为

$$4H\pi f \sqrt{\left(\frac{1}{c_0}\right)^2 - \left(\frac{1}{c}\right)^2} + \overline{\varphi} = 2n\pi, \quad n = 1, 2, \cdots \tag{2.6}$$

波在层上下界面会产生多次反射,入射波与不同次数反射波干涉可解释层状半无限体中瑞利波多模现象。

2.1.2　高阶模态截止频率及位移结构

瑞利波高阶模态存在截止频率,即只有高于截止频率,该模态才会出现。对含上覆固

体层半无限体，瑞利波各阶模态截止频率分别为[3]

$$f_{cn} = \frac{(n-1)c_{s1}}{2H}\left(1 - \frac{c_{s1}^2}{c_{s2}^2}\right)^{-\frac{1}{2}}, \quad n=1, 2, \cdots \tag{2.7}$$

式中，H 是层的厚度，c_{s1}、$c_{s2}(c_{s1} < c_{s2})$ 分别是层和半无限体的剪切波速，n 是模态阶次。

随着频率的增加，模态的数量也在不断增加。理论上，无限频率范围内有无限多个模态，由于高阶模态能量很小，表面波场一般由瑞利波前几阶模态主导。模态相速度随频率变化曲线称为模态的频散曲线，不同模态的频散曲线是不同的。在分层介质中，模态频散是分层系统的固有特性，这种因介质层几何尺寸变化(分层)产生的频散也称为几何频散，而由介质非弹性特性(如黏弹性)导致波传播频散现象为介质(固有)频散。

各模态瑞利波的水平向、竖直向位移随深度分布与层结构及层物理力学参数有关。软层具有陷波作用，瑞利波在软层振动位移较人，硬层具有屏蔽波作用，瑞利波在硬层振动位移较小。对浅部夹软层及硬层情形，位移随深度分布较复杂。对逐层剪切波速随深度递增情形，模态竖直向位移沿深度分布可用驻波来解释：下伏半无限体无限深处无反射回波，根据驻波形成条件，在下伏半无限体没有节点(质点位移为零)，各模态位移随深度呈指数衰减趋于零。在分层中，由于层交界面反射波与入射波干涉，沿深度方向产生一个或一个以上节点，位移方向在节点位置发生改变。节点的数量与模态的阶次对应，竖直向位移没有节点与基阶模态对应，一个节点与二阶模态对应，依次类推。不同模态瑞利波竖直向位移随深度变化见图 2-3。同一频率，高阶模态瑞利波相速度比低阶模态高，高阶模态的波长比低阶模态波长大，高阶模态穿透深度大，对深层土物理力学参数敏感，结合高阶模态有利于对深层结构及层物理力学参数分析。

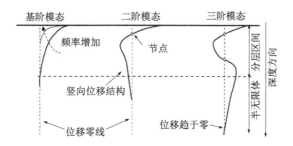

图 2-3 模态竖向位移随深度变化规律

2.2 简正瑞利波薄层分析法

利用自由状态及无限深处无反射波条件，由传递矩阵、刚度矩阵或广义反射-透射系数矩阵的行列式可得到各阶模态瑞利波频散。由于矩阵元素含有理式及指数函数，需采用搜索方法求行列式根。行列式多根搜索方法受初始值设置影响，存在搜索不收敛，甚至根遗漏等问题。由附录 A 可知，物理分层离散成厚度相对波长很小的薄层后，薄层刚度矩阵元素为代数式，但下伏半无限体刚度矩阵元素仍包含有理式及指数函数。为确保总刚度元素具有代数形式，可采用以下两种方法之一：（1）分层采用薄层离散，下伏半无限体采用旁轴波近似（见附录 A3）；（2）瑞利波位移在下伏半无限体呈指数衰减，在位移相对最大位移很小位置处对半无限体截断，并设置刚性边界，对分层及截断半无限体（底层）离散。第一种方法可以减少薄层数量，提高计算效率，但瑞利波用旁轴波近似误差较大，以下介绍第二种方法。

若在下伏半无限体中瑞利波位移相对最大位移很小位置设置一个人工刚性基，则人工边界对瑞利波传播影响可以忽略，如图 2-4 所示。由第 1 章可知，半无限体中瑞利波在深度为两倍波长处位移相对最大位移很小（参见图 1-4），人工刚性基位置应满足 $z_b \geq 2\lambda$ ，z_b 为层与下伏半无限体交界面至刚性基距离。对带刚性基水平层状介质在厚度方向进行薄层离散，将层状连续介质离散成有限自由度的薄层系统，如图 2-5 所示。这里不要混淆物理分层与薄层，物理分层是由材料特性参数差异形成的，薄层则是层离散单元。由于薄层不改变水平向质点位移的连续性，薄层法适合研究沿水平向传播波。

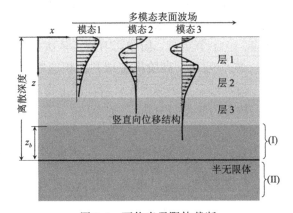

图 2-4　下伏半无限体截断

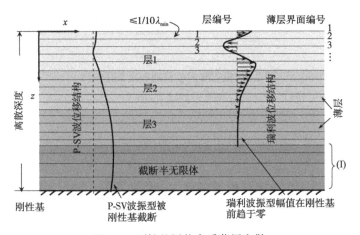

图 2-5　刚性基层状介质薄层离散

第 m 薄层刚度 $\boldsymbol{K}_m$ 见附录 A,利用边界位移连续条件以及薄层交界面外力矢量为相邻两薄层在该交界面外力矢量之和,将薄层刚度矩阵集成得到薄层总刚度矩阵。在自由状态下,外力为零,可得

$$\boldsymbol{K}\hat{\boldsymbol{U}} = (k^2 \tilde{\boldsymbol{A}} + k\tilde{\boldsymbol{B}} + \tilde{\boldsymbol{C}})\hat{\boldsymbol{U}} = \boldsymbol{0} \tag{2.8}$$

式中,$\hat{\boldsymbol{U}}$ 为离散系统按薄层面自由度排序的位移向量。由附录 A 可知式(2.8)可改写为

$$\left\{ \begin{bmatrix} \tilde{\boldsymbol{A}}_x & \tilde{\boldsymbol{B}}_{xz} \\ \boldsymbol{0} & \tilde{\boldsymbol{A}}_z \end{bmatrix} + \frac{1}{k^2} \begin{bmatrix} \tilde{\boldsymbol{C}}_x & \boldsymbol{0} \\ \tilde{\boldsymbol{B}}_{xz}^{\mathrm{T}} & \tilde{\boldsymbol{C}}_z \end{bmatrix} \right\} \begin{bmatrix} k\boldsymbol{\Phi}_x \\ \boldsymbol{\Phi}_z \end{bmatrix} = \boldsymbol{0} \tag{2.9}$$

式中,向量 $\boldsymbol{\Phi}_x = [u_1, u_2, \cdots, u_{N-1}, u_N]^{\mathrm{T}}$;$\boldsymbol{\Phi}_z = \mathrm{i}[w_1, w_2, \cdots, w_{N-1}, w_N]^{\mathrm{T}}$;$N$ 为薄层交界面数;上标 T 表示转折。对式(2.9)作适当变换,可得

$$\left\{ \begin{bmatrix} \tilde{\boldsymbol{A}}_x & \boldsymbol{0} \\ \tilde{\boldsymbol{B}}_{xz}^{\mathrm{T}} & \tilde{\boldsymbol{A}}_z \end{bmatrix} + \frac{1}{k^2} \begin{bmatrix} \tilde{\boldsymbol{C}}_x & \tilde{\boldsymbol{B}}_{xz} \\ \boldsymbol{0} & \tilde{\boldsymbol{C}}_z \end{bmatrix} \right\} \begin{bmatrix} \boldsymbol{\Phi}_x \\ k\boldsymbol{\Phi}_z \end{bmatrix} = \boldsymbol{0} \tag{2.10}$$

式(2.9)和式(2.10)是标准一次特征问题,给定频率后,得到矩阵元素,用矩阵分解方法,譬如 QZ 方法,就可以得到特征值及特征向量。由特征值计算波数,由特征向量确定位移随深度分布,即位移结构(也称振型位移或特征位移)。薄层法可避免层刚度矩阵行列式根搜索方法求解。

薄层法将层状连续介质(无穷多个自由度)用带刚性基一组薄层(有限个自由度)代替,薄层内位移由薄层面位移线性插值,当薄层厚度小于 1/10 波长,由层面位移线性插值得到的薄层内位移可以逼近真实瑞利波振型位移。薄层厚度越小,逼近程度越高,只要薄层厚度小于 1/10 波长,总有一部分特征值及特征向量对应于瑞利波模态相速度及振型位移,这些特征值需根据瑞利波位移衰减特点从计算的特征值中筛选出来。剩余部分特征值对应于因截断产生的 P、SV 波,这些波在最底层位移不是呈指数衰减趋于零,而是在刚性基处突降为零。

由薄层法计算有限频率范围的瑞利波频散及位移结构步骤如下:

(1)为确保瑞利波位移在下伏半无限体呈指数衰减,层状半无限中各模态瑞利波相速度应小于下伏半无限体瑞利波速。瑞利波在分层能量不同,能量越大的层材料力学参数对瑞利波速度影响越大,瑞利波能量不可能全部集中于最软层,各模态瑞利波相速度必大于最软层(剪切波速最小)介质瑞利波速。利用第 1 章式(1.22),由下伏半无限体及最软层剪切波速、泊松比计算最大及最小瑞利波速 $c_{\mathrm{R, max}}$、$c_{\mathrm{R, min}}$,假设最大及最小分析频率分别用符号 f_{max} 及 f_{min} 表示,则最大及最小波长近似为

$$\lambda_{\mathrm{max}} \approx \frac{c_{\mathrm{R, max}}}{f_{\mathrm{min}}}, \ \lambda_{\mathrm{min}} \approx \frac{c_{\mathrm{R, min}}}{f_{\mathrm{max}}} \tag{2.11}$$

(2)在下伏半无限体距其与层交界面 $z_b \geqslant 2\lambda_{\mathrm{max}}$ 处对半无限体截断,人工边界采用

刚性基，用刚性基层状介质代替层状半无限体研究分析频率范围瑞利波传播特性，见图 2-4。

（3）将带刚性基层状介质离散成薄层，取薄层厚度 $h \leqslant \lambda_{\min}/10$。利用高频（短波长）瑞利波能量集中浅部各层、低频（长波长）能量分布较深这一特点，自上而下逐渐增加薄层厚度，见图 2-5，这种变厚度离散方法不仅可以保证计算精度，而且可以提高计算效率。

（4）将频率区间离散，假设相邻离散点频率间隔用 Δf 表示，第 i 个离散点频率为 $f_i = f_{\min}+(i-1)\Delta f$。高阶模态存在低截止频率，相速度在低截止频率附近随频率变化较陡，即比值 $\Delta c/\Delta f$ 较大，低截止频率附近频率间隔应较小，否则截止频率总是被高估，对应的相速度被低估。图 2-6 给出频率间隔较大及较小情况下，离散点频率及相速度（空心圆点）与模态理论频散曲线比较。图 2-6（a）所示频率间隔较大，f_{c3} 为模态 3 理论截止频率，第 $i-1$ 离散点频率 $f_{i-1}<f_{c3}$，只能得到模态 1 及模态 2 相速度计算值，第 i 点对应的频率 $f_i>f_{c3}$，可得到模态 3 相速度计算值，用符号 A 表示。由计算相速度构筑频散曲线，A 点对应的频率及相速度易被误认为是模态 3 理论截止频率及对应相速度，减小频率间隔，可以提高截止频率计算精度，见图 2-6（b）。

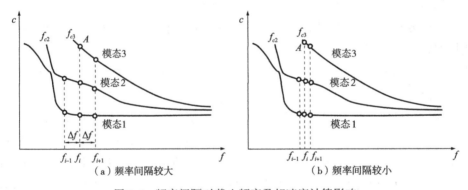

图 2-6　频率间隔对截止频率及相速度计算影响

（5）计算频率 f_i 处各薄层刚度矩阵，集成得到总刚度矩阵子矩阵 $\tilde{A}_x$，$\tilde{B}_{xz}$，$\tilde{C}_x$ 及 $\tilde{A}_z$，由这些子矩阵构筑矩阵 $K_A = \begin{bmatrix} \tilde{A}_x & \tilde{B}_{xz} \\ 0 & \tilde{A}_z \end{bmatrix}$ 和 $K_B = \begin{bmatrix} \tilde{C}_x & 0 \\ \tilde{B}_{xz}^{\mathrm{T}} & \tilde{C}_z \end{bmatrix}$。

（6）利用 MATLAB 中 eig 函数计算由矩阵 K_A 和 K_B 表示的标准一次特征值问题，得到特征值及特征向量。

（7）假设有 N 个薄层，共有 $2N$ 个自由度，由式（2.9）或式（2.10）可得 $4N$ 个特征波数 k_m（$m=1$，2，…，$4N$）及 $4N$ 个特征向量 $\boldsymbol{\Phi}_m = [k\boldsymbol{\Phi}_x, \boldsymbol{\Phi}_z]^{\mathrm{T}}$，其中有一半波数实部为负值，这些部分对应由远处向中心传播波。由于只考虑由中心向外传播的波，这些波数及相应的特征向量舍去。另外一半波数实部大于零且虚部小于零，这些波数对应于由中心向外传播的波。

（8）由第 m 个波数实部及虚部计算相速度 c_m 及衰减系数 α_m，即

$$c_m = \omega/\mathrm{Re}(k_m), \quad \alpha_m = -\mathrm{Im}(k_m) \qquad (2.12)$$

式中，符号 $\mathrm{Re}(\ )$ 及 $\mathrm{Im}(\ )$ 分别表示取复数的实部及虚部。只有满足 $\mathrm{Re}(k_m) \gg -\mathrm{Im}(k_m)$ 条件，该模态瑞利波才能存在(否则，波衰减很快，无法测量)。对弹性介质，虚部趋于零。

（9）将筛选后相速度按由小到大顺序进行排序，$c_1 < c_2 < \cdots < c_m$，相速度越低，模态阶次越低。

（10）重复以上步骤，计算有限频率区间 $[f_{\min}, f_{\max}]$ 不同频率点处各模态瑞利波相速度，由相速度随频率变化得到频散曲线，由特征向量 $\boldsymbol{\Phi}_x$，$\boldsymbol{\Phi}_z$ 得到简正瑞利波水平向及竖直向位移随深度变化，即振型位移。

薄层法属于一种离散方法，比较适合分析数赫兹至数千赫兹有限频率范围内瑞利波传播特性，相较于传递矩阵或刚度矩阵方法，薄层法具有以下优点：

（1）总刚度矩阵元素是波数代数式；

（2）是标准一次特征值问题，可以利用矩阵分解方法求解特征值及特征向量，借助于 MATLAB 等软件很容易实现；

（3）薄层法不仅可用于层状介质，也可用于剪切波速呈连续渐变的介质，适用范围广；

（4）可以用于动力模型更加复杂层状介质中瑞利波传播特性研究[4,5]。

2.3　典型分层介质中瑞利波

虽然分层结构具有多样性，但可归为三大类：剪切波速逐层递增(情形Ⅰ)；层间有剪切波速相对较小的软层(情形Ⅱ)；层间有剪切波速相对较大的硬层(情形Ⅲ)。不考虑层阻尼比，三种典型分层结构及层材料力学参数，见表2-1。对情形Ⅰ、Ⅲ，表层为最软层，对情形Ⅱ，第二层为最软层。以下采用薄层法计算瑞利波频散曲线以及表面竖向相对位移。

表2-1　　　　　　　**三种典型分层结构及层材料力学参数**[6]

分层编号	剪切波速（m/s）			层厚（m）	泊松比	密度（kg/m³）
	情形Ⅰ	情形Ⅱ	情形Ⅲ			
1	80（74.8）	180(168.3)	80(74.8)	2	0.35	1800
2	120(112.2)	120(112.2)	180	4	0.35	1800
3	180(168.3)	180	120(112.2)	8	0.35	1800
半无限体	360(336.5)	360	360	∞	0.35	1800

利用第 1 章回归关系式(1.22)，由层介质剪切波速计算层介质瑞利波速①，见表 2-1 中括号中数据。通过频散曲线与层介质瑞利波速比较，可了解各模态瑞利波频散曲线低频及高频渐近特性。

情形Ⅰ、Ⅲ分层前四阶，情形Ⅱ分层前 15 阶瑞利波频散曲线见图 2-7。图中带空心圆或实心圆线型表示有效相速度或表观相速度，有效相速度将在本章第 2.8 节介绍。由图 2-7 可以看出，基阶模态在低频极限(频率趋于零)以及高阶模态在截止频率处相速度趋近于下伏半无限体瑞利波速。随着频率增加，各模态相速度趋于最软层瑞利波速，高阶模态趋近速率慢于低阶模态。对情形Ⅲ，频散曲线有两个渐近趋势，先渐近于中间软层(第 3 层)介质瑞利波速，然后，再渐近于表层介质瑞利波速，频散曲线渐近机理将在第 2.5 节分析。

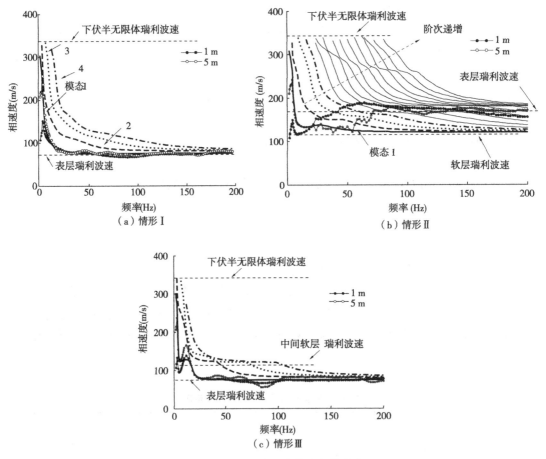

图 2-7　瑞利波前几阶模态频散曲线

由特征向量得到的表面竖直向相对位移见图 2-8。可以看出在 0~200Hz 分析频率范围，情形Ⅰ、Ⅲ基阶模态表面位移相对较大，表面波场由基阶模态瑞利波主导。对情

---

① 　介质瑞利波速指半无限体中瑞利波相速度。

形Ⅱ，在低频区域，基阶主导表面波场，随着频率增加，高阶模态影响较大，超过25Hz频率区间，表面波场由高阶模态瑞利波主导。对情形Ⅲ，高阶模态位移随频率出现不连续(间断)变化现象，譬如，模态3位移在45~70Hz频率范围(阴影区域)出现突降。

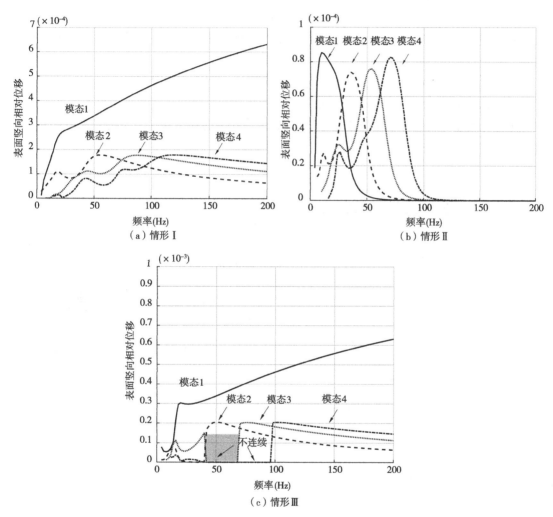

图 2-8　瑞利波前四阶模态表面竖直向相对位移

2.4　刚度缓变介质中瑞利波

以上瑞利波传播特性分析是基于水平分层、层内介质均匀且不同层之间剪切波速有跳跃变化假设。由于土围压随着深度递增，同一介质剪切波速会随深度递增，剖面剪切波速呈连续变化。在此情形下，无法采用层传递矩阵或刚度矩阵分析瑞利波传播特性，剪切波速(刚度)缓变介质中瑞利波传播特性有效分析方法就是薄层法,利用刚度不同薄层来逼近刚度缓变介质。用分段三次 Hermite 函数对表 2-1 中三种情形分层剪切波速插值后得到三种刚度缓变介质,刚度随深度分别呈递增、递减-递增(模拟夹软介质)及递增-递减-递增(模拟夹硬介质)变化。三种情形缓变介质刚度剖面、频散曲线及竖向相对位移分别见图 2-9~图 2-11,可以看出:

(1)对刚度递增缓变介质,表面波场由基阶模态瑞利波主导,高阶模态处于次要地位;

(2)对夹软介质缓变介质,随着频率增加,表面位移场由多个高阶模态瑞利波共同主导;

(3)对夹硬介质缓变介质,在大部分频率范围,表面波场由基阶模态瑞利波主导,高阶模态表面位移随频率出现不连续(间断)现象。

刚度缓变介质中瑞利波以上这些特性与分层介质中瑞利波相似,分层介质中瑞利波传播特性结论也适用于刚度缓变介质中瑞利波。

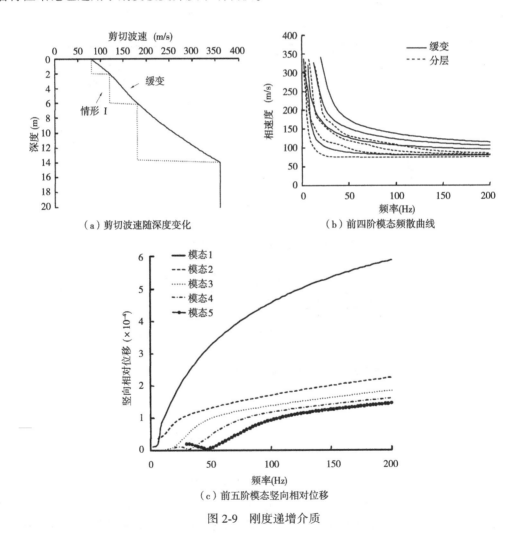

(a)剪切波速随深度变化

(b)前四阶模态频散曲线

(c)前五阶模态竖向相对位移

图 2-9　刚度递增介质

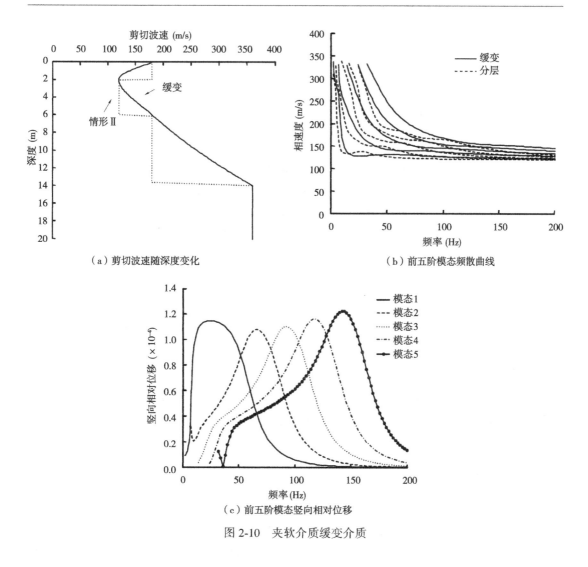

（a）剪切波速随深度变化

（b）前五阶模态频散曲线

（c）前五阶模态竖向相对位移

图 2-10 夹软介质缓变介质

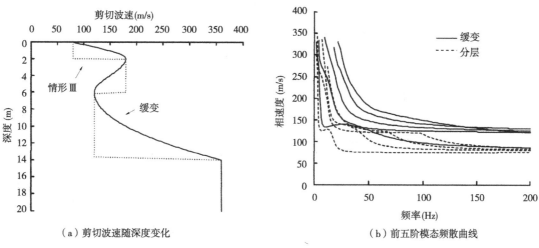

（a）剪切波速随深度变化

（b）前五阶模态频散曲线

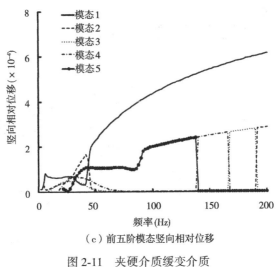

（c）前五阶模态竖向相对位移

图 2-11　夹硬介质缓变介质

2.5　瑞利波位移结构及层传输能量

层传输瑞利波能量相对总能量比例越大，则该层材料力学参数对瑞利波速影响越大。下面给出由位移结构计算层传输瑞利波能量方法，通过层传输能量分析有助于解释图 2-7 所示频散现象。

2.5.1　位移结构

情形Ⅰ 50Hz 处前四阶模态相对位移随深度及无量纲深度变化见图 2-12（a）。模态 1、2 在层 1 具有较大位移，在层 2 快速衰减，模态 3、4 在层 2 有较大位移。相对高阶模态，模态 1 在近表面振动幅值较大。由于不同模态波长不同，分析位移分布与深度/波长比值关系，比分析绝对深度更具普适意义。利用相速度计算各模态波长，然后以波长对深度作无量纲化处理。竖向相对位移随无量纲深度 z/λ 变化见图 2-12（b）。可以看出，模态 1 位移主要分布于一个波长深度，高阶模态位移分布深度大于一个波长，模态阶次越高，位移分布深度相对波长越大。

情形Ⅱ 50Hz 处前四阶模态相对位移随深度及无量纲深度变化分别见图 2-13（a）、（b）。模态 1 在层 1 位移比高阶模态位移小，各模态在软层位移幅值相对其它层大。模态位移分布深度与情形Ⅰ不同，由图 2-13 可以看出其位移分布于 1~2.5 倍波长深度，瑞利波位移分布于一个波长深度描述不适用于夹软层情形任一模态瑞利波。

情形Ⅲ 50Hz 处前四阶模态相对位移随深度及无量纲深度变化分别见图 2-14（a）、（b）。模态 1、2 位移主要分布于层 1，而模态 2、3 在层 1、2 位移相对于在层 3 位移可以忽略，位移分布于 2~6 倍波长深度范围。位移这种分布现象可以解释如下：在 50Hz 处，对低阶模态波（模态 1、2），波长小于硬夹层及以上分层厚度之和，硬夹层等效半无限体，

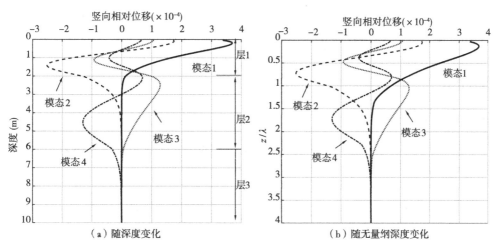

图 2-12 情形 I 瑞利波前四阶模态竖直向位移结构

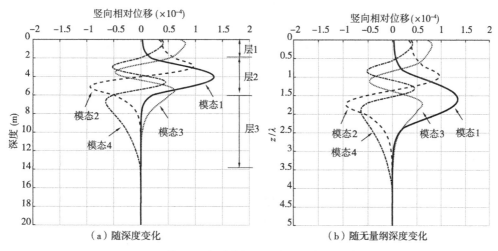

图 2-13 情形 II 瑞利波前四阶模态竖直向位移结构

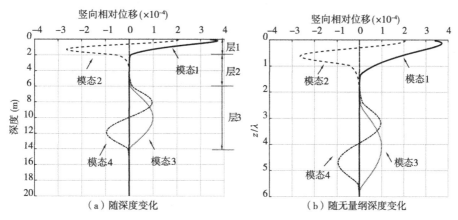

图 2-14 情形 III 瑞利波前四阶模态竖直向位移结构

硬夹层以下分层影响可以忽略；对高阶模态(模态 3、4)，波长较长，硬夹层及以上层类似一个等效层，层 3 为等效层与下伏半无限体之间软夹层，模态 3、4 位移主要分布在软层。这样，对不同波长波，情形Ⅲ分层系统分别等效于逐层剪切波速递增系统(见情形Ⅰ)及含软夹层系统(见情形Ⅱ)。

2.5.2　层传输能量

瑞利波第 m 阶模态相速度与该阶模态瑞利波在分层传输能量及分层剪切波速有关，加权式可近似表示为

$$c_{R, m}(f) \propto \frac{\sum_{i=1}^{N} E_{i, m}(f) c_{s, i} + E_{\infty, m}(f) c_{s, \infty}}{E_{T, m}(f)} \tag{2.13}$$

式中，$E_{i, m}(f)$、$E_{\infty, m}(f)$ 及 $E_{T, m}(f)$ 分别表示第 m 阶模态瑞利波在第 i 分层、下伏半无限体传输能量及总能量，$c_{s, i}$ 及 $c_{s, \infty}$ 分别表示第 i 分层及下伏半无限体剪切波速，N 为分层数量。

图 2-15 所示的分层系统剪切波速排序为 $c_{s, \infty} > c_{s, 3} > c_{s, 2} > c_{s, 1}$。频率 A 处瑞利波波长较小(频率较高)，能量集中于层 1，该频率瑞利波速度趋于层 1 剪切波速。频率 B 所示的瑞利波能量主要分布于层 1，但在层 2 也有分布，该频率瑞利波速度高于层 1 剪切波速，小于层 2 剪切波速。频率 C 所示的瑞利波能量分布于层 1 至层 3，瑞利波速度高于层 1 剪切波速，小于层 3 剪切波速。

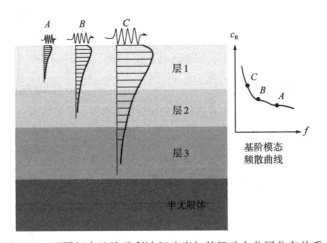

图 2-15　不同频率基阶瑞利波相速度与其振动在分层分布关系

对沿 x 方向传播的平面简正瑞利波，水平向及竖直向位移为

$$u = U(\omega, z) e^{i(\omega t - kx)}, \quad w = W(\omega, z) e^{i(\omega t - kx)} \tag{2.14}$$

式中，$U(\omega, z)$ 及 $W(\omega, z)$ 分别为水平向及竖直向位移在竖直向(z 方向)分布。

质点振动速度为

$$\dot{u} = \frac{\partial u}{\partial t} = i\omega U(\omega, z) e^{i(\omega t - kx)}, \quad \dot{w} = \frac{\partial w}{\partial t} = i\omega W(\omega, z) e^{i(\omega t - kx)} \tag{2.15}$$

位移对坐标 x 及 z 导数为

$$\frac{\partial u}{\partial x} = -ikU(\omega, z) e^{i(\omega t - kx)}, \quad \frac{\partial w}{\partial x} = -ikW(\omega, z) e^{i(\omega t - kx)}$$

$$\frac{\partial u}{\partial z} = \frac{\partial U(\omega, z)}{\partial z} e^{i(\omega t - kx)}, \quad \frac{\partial w}{\partial z} = \frac{\partial W(\omega, z)}{\partial z} e^{i(\omega t - kx)} \tag{2.16}$$

下面利用式(2.15)给出瑞利波在层传输能量计算方法。层坐标系统如图 2-16 所示，瑞利波沿 x 向传播，内力 $\sigma_x(z) e^{i\omega t}$ 及 $\sigma_{xz}(z) e^{i\omega t}$ 实部与对应的质点速度 $\dot{u}(z)$ 及 $\dot{w}(z)$ 实部乘积可得瑞利波在层传输功率。功率对时间积分得到一个周期能量，略去 x 向共同项 e^{-ikx}，在厚度 h 层内沿 x 方向波平均传输能量为[7]

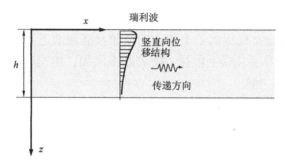

图 2-16   层坐标系统

$$E = -\frac{\omega}{2\pi} \int_0^h \int_0^{\frac{2\pi}{\omega}} \{ \mathrm{Re}[\sigma_x(\omega, z) e^{i\omega t}] \mathrm{Re}[\widetilde{U}(\omega, z) e^{i\omega t}]$$

$$+ \mathrm{Re}[\sigma_{xz}(\omega, z) e^{i\omega t}] \mathrm{Re}[\widetilde{W}(\omega, z) e^{i\omega t}] \} dt dz \tag{2.17}$$

式中，$\widetilde{U}(\omega, z) = i\omega U(\omega, z)$，$\widetilde{W}(\omega, z) = i\omega W(\omega, z)$。注意，这里 $U(\omega, z)$ 及 $W(\omega, z)$ 可以是复数。项 $\widetilde{U}(\omega, z) e^{i\omega t}$ 可写为

$$\widetilde{U}(\omega, z) e^{i\omega t} = \{ \mathrm{Re}[\widetilde{U}(\omega, z)] + i\mathrm{Im}[\widetilde{U}(\omega, z)] \} [\cos(\omega t) + i\sin(\omega t)] \tag{2.18}$$

由式(2.18)得

$$\mathrm{Re}[\widetilde{U}(\omega, z) e^{i\omega t}] = \mathrm{Re}[\widetilde{U}(\omega, z)] \cos(\omega t) - \mathrm{Im}[\widetilde{U}(\omega, z)] \sin(\omega t) \tag{2.19}$$

类似地，将 $\mathrm{Re}[\widetilde{W}(\omega, z) e^{i\omega t}]$ 重组，这样，式(2.17)可重写为

$$E = -\frac{1}{2} \int_0^h \{ \mathrm{Re}[\sigma_x(\omega, z)] \mathrm{Re}[\widetilde{U}(\omega, z)] + \mathrm{Im}[\sigma_x(\omega, z)] \mathrm{Im}[\widetilde{U}(\omega, z)]$$

$$+ \mathrm{Re}[\sigma_{xz}(\omega, z)] \mathrm{Re}[\widetilde{W}(\omega, z)] + \mathrm{Im}[\sigma_{xz}(\omega, z)] \mathrm{Im}[\widetilde{W}(\omega, z)] \} dz \tag{2.20}$$

只要知道简正瑞利波位移，由式(2.16)得到应变分量，利用应力分量与应变分量关

系，便可得到层传输瑞利波能量。第 m 阶模态总能量为

$$E_{T,m}(f) = \sum_{i=1}^{N} E_{i,m}(f) + E_{\infty,m}(f) \qquad (2.21)$$

第 m 阶模态在第 i 层能量透射率

$$\eta_{i,m}(f) = \frac{E_{i,m}(f)}{E_{T,m}(f)} \qquad (2.22)$$

利用以上计算方法，层传输瑞利波能量计算的 MATLAB 代码见附录 C。

2.5.3 频散渐近机理分析

情形 I 瑞利波前四阶模态在分层及下伏半无限体能量透射率随频率变化见图 2-17。在低频区，模态 1 在第 3 层及半无限体能量占比较大，模态阶次越高，在第 3 层及半无限体能量占越大，这是由于高阶模态能量分布较深的缘故。当频率趋于低频极限或趋于截止频率(对高阶模态)，波能量集中于下伏半无限体。各模态瑞利波在层 1 能量透射率随频率增加并趋于 1。层能量分布规律揭示出相速度低频及高频渐近趋势：在低频极限情况下，相速度趋于下伏半无限体介质瑞利波速，随着频率增加，相速度趋于层 1 介质瑞利波速，这与图 2-7(a)所示结果一致。

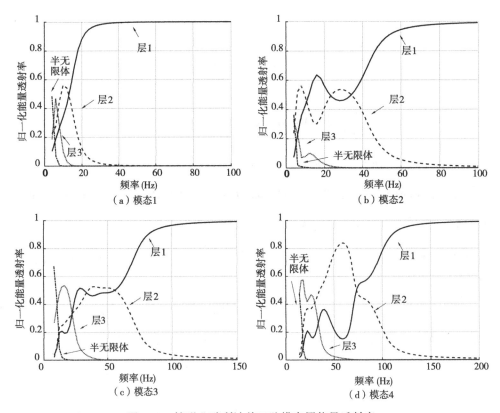

图 2-17　情形 I 瑞利波前四阶模态层能量透射率

情形Ⅱ瑞利波前四阶模态在分层及下伏半无限体能量透射率见图 2-18。不同于情形Ⅰ，在高频区域，各模态能量集中于层 2，即软夹层，因此，各模态相速度随频率增加渐近于软层介质瑞利波速，参见图 2-7(b)。

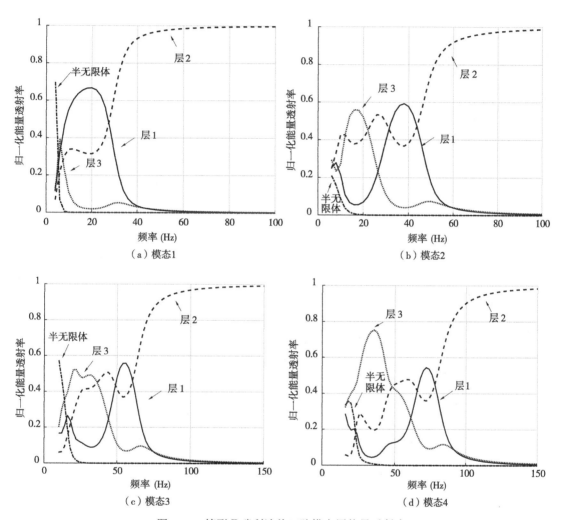

图 2-18　情形Ⅱ瑞利波前四阶模态层能量透射率

相较于情形Ⅰ、Ⅱ，情形Ⅲ瑞利波前四阶模态在层及下伏半无限体能量透射率随频率变化较复杂，见图 2-19。高频瑞利波各模态能量集中于层 1，即硬夹层以上各层中最软层，高频瑞利波各模态相速度渐近于硬夹层以上最软层剪切波速。在中间过渡频率区间，除模态 1 之外，高阶模态能量集中于层 3，即硬夹层以下最软层，这导致高阶模态相速度在中间频率区域渐近于硬夹层以下最软层剪切波速，见图 2-7(c)。

以上分析表明由各模态瑞利波在层能量透射率可以解释模态相速度低频及高频渐近规律。

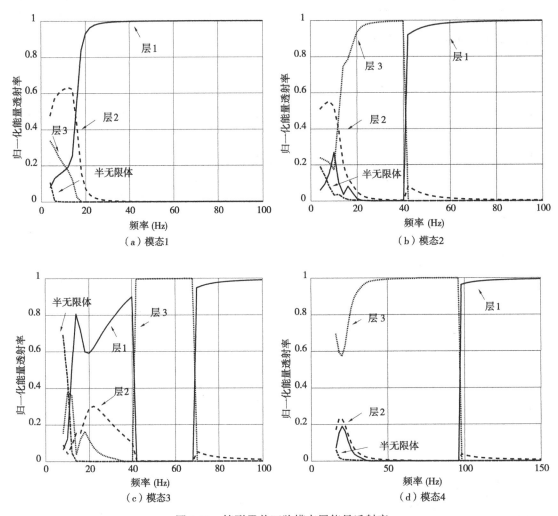

图 2-19　情形Ⅲ前四阶模态层能量透射率

2.6　分层参数变化对频散曲线影响

在低应变情况下，土动力本构模型可近似用线黏弹性描述，剪切波速、密度、泊松比、阻尼比为相互独立的土性参数。分层介质中瑞利波频散曲线与分层结构及层土性参数有关。基于层状介质瑞利波理论，由分层土性参数计算理论频散数据，调整分层土性参数，当理论频散数据与测试频散数据达到最佳匹配，得到分层土性参数，其中土剪切波速是一个很重要的参数。然而，当理论频散数据对参与优化土参数变化不敏感时，这些参数具有多解性(解不确定性)，为减少多解性，这些土参数可预设。下面分析分层介质瑞利波理论频散曲线对密度、泊松比、阻尼比参数变化敏感性。

在土体介质中，密度、泊松比、阻尼比变化范围一般不大，譬如，密度为 1700~

$2200kg/m^3$，泊松比为$0.3 \sim 0.45$，在小应变情况下，阻尼比为$0 \sim 0.05$。以表2-1分层介质为例，密度、泊松比、阻尼比变化见表2-2。

表 2-2　　　　　　　　　　　　　　　几种不同情形分层参数

情形 I 分层	剪切波速度(m/s)	厚度（m）	密度 ρ（kg/m³）		泊松比 ν		阻尼比 ξ	
			变化前	变化后	变化前	变化后	变化前	变化后
1	80	2	1800	1700	0.35	0.45	0	0.05
2	120	4	1800	1800	0.35	0.4	0	0.05
3	180	8	1800	2000	0.35	0.35	0	0.05
半无限体	360	∞	1800	2200	0.35	0.3	0	0.05
情形 II 分层	剪切波速度(m/s)	厚度（m）	密度 ρ（kg/m³）		泊松比 ν		阻尼比 ξ	
			变化前	变化后	变化前	变化后	变化前	变化后
1	180	2	1800	2000	0.35	0.35	0	0.05
2	120	4	1800	1800	0.35	0.4	0	0.05
3	180	8	1800	2000	0.35	0.35	0	0.05
半无限体	360	∞	1800	2200	0.35	0.3	0	0.05
情形 III 分层	剪切波速度(m/s)	厚度（m）	密度 ρ（kg/m³）		泊松比 ν		阻尼比 ξ	
			变化前	变化后	变化前	变化后	变化前	变化后
1	80	2	1800	1700	0.35	0.45	0	0.05
2	180	4	1800	2000	0.35	0.35	0	0.05
3	120	8	1800	1800	0.35	0.4	0	0.05
半无限体	360	∞	1800	2200	0.35	0.3	0	0.05

2.6.1 阻尼比变化

在小应变情况下，由第1章式(1.88)及式(1.95)可知瑞利波实际相速度(可观测)为

$$c = \frac{|(c_R^*)^2|}{\mathrm{Re}(c_R^*)} \approx c_R(1 + \xi_R^2) \tag{2.23}$$

对材料阻尼比 $\xi_R = 0 \sim 0.05$，c/c_R 比值范围为 $1 \sim 1.0025$，由此可知材料阻尼比变化对均匀半无限体瑞利波相速度影响很小，这是因为材料阻尼主要影响瑞利波在水平向衰减快慢，对瑞利波沿深度方向位移结构及层能量透射率影响不大。三种不同情形阻尼比变化前后瑞利波前几阶模态频散比较见图2-20，图中带空心圆或实心圆线型为距振源5m处参

数变化前后有效相速度。为了使相速度差异更加清晰，频率采用对数坐标。可以看出，阻尼比变化对相速度影响很小，这表明在简正瑞利波相速度计算时可以不考虑阻尼比。

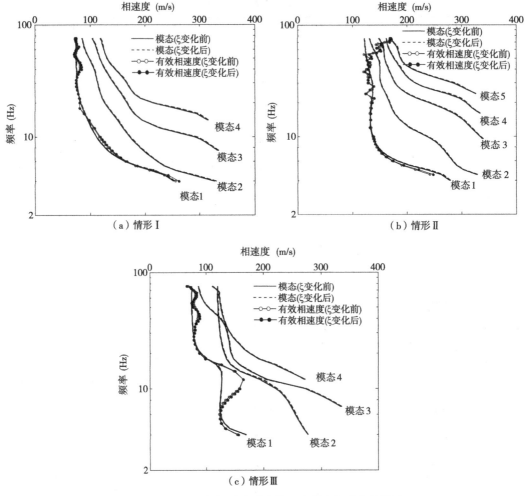

图 2-20　阻尼比变化对瑞利波前几阶模态频散曲线影响

2.6.2　密度变化

在层剪切波速不变的情况下，由关系式 $\mu = \rho c_s^2$ 可知剪切模量 μ 与密度成正比，层密度变化会影响层中瑞利波应变能及动能，瑞利波在层能量透射率变化会影响瑞利波速。三种不同情形密度变化前后瑞利波前几阶模态频散比较见图 2-21。可以看出，密度变化对频散曲线影响较小，在土性参数反分析中，该参数可根据土性预设，不参与优化分析。由低频及高频瑞利波层能量透射率渐近趋势可知，对低频波，能量集中于下伏半无限体，对高频波，瑞利波能量主要集中于最软层。在低频及高频极限情况下，密度变化对相速度影响可由层介质瑞利波速来分析，由第 1 章式（1.22）或式（1.23）可知，当选择剪切波速及泊松比作为独立参数，在低频及高频极限情况下，瑞利波相速度与密度参数无关。

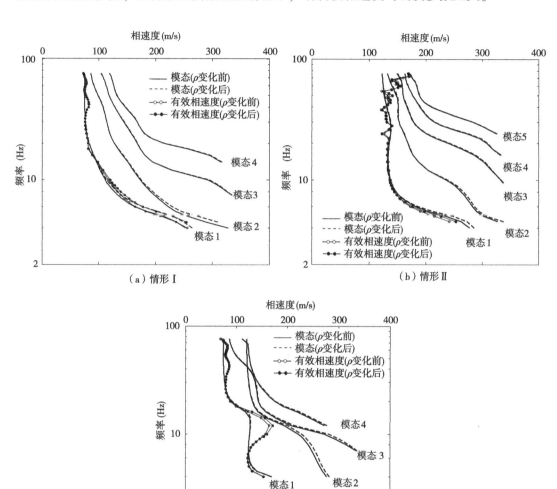

图 2-21　密度变化对瑞利波前几阶模态频散影响

2.6.3　泊松比变化

在剪切波速不变的情况下，由第 1 章式（1.20）及拉梅常数 λ 与泊松比 ν 关系式 $\lambda = 2c_s^2\rho\nu/(1-2\nu)$ 可知，泊松比变化会导致纵波速及拉梅常数 λ 变化，相应地，瑞利波应变能也发生变化。三种不同情形泊松比变化前后瑞利波前几阶模态频散曲线比较见图 2-22。泊松比变化对频散曲线影响程度虽然高于密度变化影响，但仍然较小。在低频及高频极限情况下，瑞利波能量分别集中于下伏半无限体及最软层介质，其它层泊松比变化影响可以忽略，由第 1 章回归式（1.22）或式（1.23）可分别分析下伏半无限体及最软层介质泊松比变化对相速度影响。

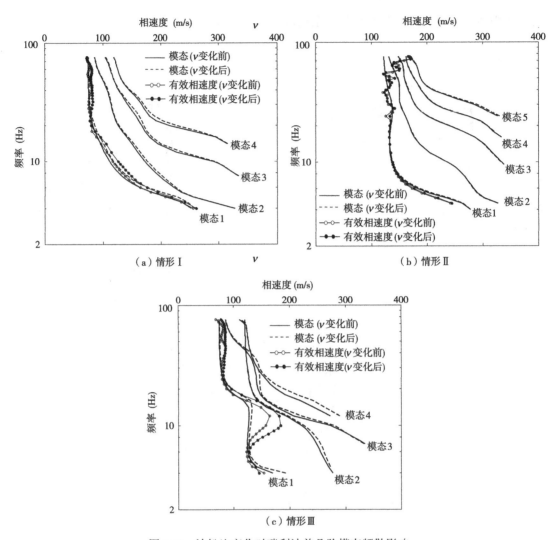

图 2-22　泊松比变化对瑞利波前几阶模态频散影响

通过以上分析，土参数变化对频散曲线影响程度由小到大可排序为：阻尼比<密度<泊松比，这些参数变化(在实际取值范围内)导致相速度相对变化不超过5%，即

$$\frac{|\tilde{c}_{R,m} - c_{R,m}|}{c_{R,m}} < 5\%$$

式中，$c_{R,m}$ 及 $\tilde{c}_{R,m}$ 分别为参数变化前后第 m 阶模态相速度。

2.6.4　分层结构变化

假设表 2-1 情形Ⅰ、Ⅱ及Ⅲ第 3 层与半无限体之间增加一夹层(即第 4 层)，新分层情形分别用Ⅰ₁、Ⅱ₁及Ⅲ₁表示，层参数见表 2-3。在 14m 之内，情形Ⅰ₁、Ⅱ₁、Ⅲ₁与情形Ⅰ、Ⅱ、Ⅲ分层参数相同。通过深部层结构及层参数变化对频散曲线影响，分析不同波长范围瑞利波频散对深部层结构及层参数变化敏感性。

表 2-3   层结构及层参数变化

分层	剪切波速（m/s）			层厚（m）	泊松比	密度（kg/m³）
	情形 Ⅰ₁	情形 Ⅱ₁	情形 Ⅲ₁			
1	80（74.8）	180（168.3）	80（74.8）	2	0.35	1800
2	120（112.2）	120（112.2）	180	4	0.35	1800
3	180（168.3）	180	120（112.2）	8	0.35	1800
4	120	120	180	4	0.35	1800
半无限体	360（336.5）	360	360	∞	0.35	1800

在频率域及波长域，情形Ⅰ与Ⅰ₁、情形Ⅱ与Ⅱ₁及情形Ⅲ与Ⅲ₁瑞利波前几阶模态频散曲线比较分别见图 2-23～图 2-25。由图可以看出，模态 1 频散曲线约在波长 16m 位置开始出现明显的分离，该临界波长与层剪切波速出现变化的深度（14m）接近。虽然情形Ⅰ和Ⅰ₁以及情形Ⅲ和Ⅲ₁同阶次高阶模态频散曲线在某临界波长内基本重合，但临界波长远小于 14m，模态阶次越高，临界波长越小。对情形Ⅱ和Ⅱ₁，同阶次高阶模态频散曲线差异较大。这说明深层剪切波速变化对高阶模态频散特性影响很明显。以上现象可用模态能量分布深度来解释：同样波长高阶模态能量分布深度要大于低阶模态能量分布深度，模态阶次越高，能量分布深度越深。这意味着，由频散数据分析分层结构及层参数时，结合高阶模态频散数据，可以降低分析过程深层结构及层参数多解性。

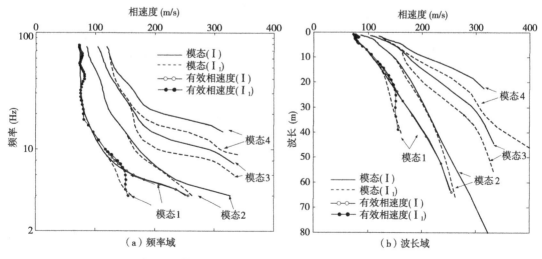

图 2-23　情形Ⅰ与Ⅰ₁瑞利波前四阶模态频散曲线比较

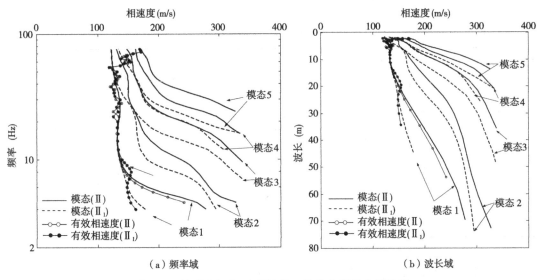

图 2-24　情形Ⅱ与Ⅱ₁瑞利波前五阶模态频散曲线比较

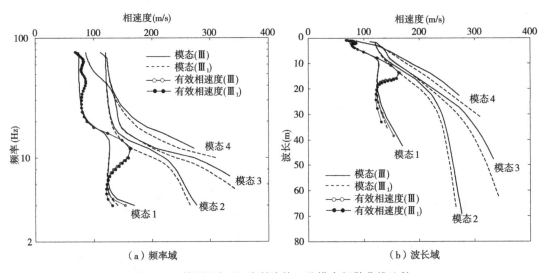

图 2-25　情形Ⅲ与Ⅲ₁瑞利波前四阶模态频散曲线比较

2.7　表面源下瑞利波位移响应

　　下面分析在表面点源或圆盘状面源作用下层状半无限体中瑞利波位移响应，采用柱坐标系。为了与直角坐标系下简正瑞利波水平向及竖直向位移符号 u，w 区别，柱坐标系下径向及竖直向位移分别用符号 u_r 及 u_z 表示。

2.7.1 传递矩阵方法

对一个幅值为 P、频率为 f 简谐点荷载，Harkride 利用 Haskell 传递矩阵方法给出了距点源 r 处层状介质中第 m 阶模态瑞利波表面竖向和径向位移表达式为[6]

$$\begin{cases} u_{zR,\,m} = -\,\mathrm{i}\,\dfrac{P}{2} A_m H_0^{(2)}(k_m r) \\[2mm] u_{rR,\,m} = -\,\mathrm{i}\,\dfrac{P}{2}\left(\dfrac{\dot{u}_0}{\dot{w}_0}\right)_m A_m H_1^{(2)}(k_m r) \end{cases} \tag{2.24}$$

式中，$\left(\dfrac{\dot{u}_0}{\dot{w}_0}\right)_m$ 为第 m 阶模态简正瑞利波表面水平向及竖直向质点速度比，参数 A_m 与分层土性参数及波数有关。均匀半无限体是层状半无限体特例，由附录 A 可知半无限体中简正瑞利波表面水平向及竖直向位移关系为

$$\left\{ \zeta \begin{bmatrix} r_\alpha & 1 \\ 1 & r_\beta \end{bmatrix} - \begin{bmatrix} 0 & 1 \\ 1 & 0 \end{bmatrix} \right\} \begin{bmatrix} u_0 \\ iw_0 \end{bmatrix} = 0 \tag{2.25}$$

式中，$\zeta = \dfrac{1 - r_\beta^2}{2(1 - r_\alpha r_\beta)}$，$r_\alpha = \sqrt{1 - \left(\dfrac{\omega}{k c_{P0}}\right)^2}$，$r_\beta = \sqrt{1 - \left(\dfrac{\omega}{k c_{s0}}\right)^2}$，$c_{P0}$ 及 c_{s0} 分别为半无限体纵波速及剪切波速。

由式（2.25）可得

$$\frac{u_0}{w_0} = \frac{\dot{u}_0}{\dot{w}_0} = \frac{\mathrm{i}(1 - \zeta)}{\zeta r_\alpha} = \frac{\mathrm{i}\zeta r_\beta}{1 - \zeta} \tag{2.26}$$

传递矩阵运算复杂，下面由薄层刚度矩阵法分别给出全场波（包含体波）及瑞利波位移响应离散表达式。

2.7.2 薄层刚度矩阵法

利用傅里叶-贝塞尔积分变换（见附录 B），在角频率 ω、幅值 q 及作用面半径 a 竖向简谐荷载作用下，刚性基层状介质第 n 薄层层面（用上标 n 表示）的竖向及径向质点位移响应离散解可表示为[8]

$$\begin{cases} u_z^n(r,\,\omega) = -\dfrac{iqa\pi}{2}\left\{ \displaystyle\sum_{m=1}^{\bar{N}} (\phi_z^{nm})^2 J_1(k_m a) H_0^{(2)}(k_m r)/k_m \right. \\[2mm] u_r^n(r,\,\omega) = \qquad\quad \left. \displaystyle\sum_{m=1}^{\bar{N}} \phi_x^{nm}\phi_z^{nm} J_1(k_m a) H_1^{(2)}(k_m r)/k_m \right. \end{cases} \quad r \geqslant a \tag{2.27}$$

式中，$\bar{N} = 2N$，是薄层自由度总数（每个薄层面有竖向及径向位移两个自由度）；N 为薄层数量；k_m 是第 m 阶简正模态波（包括瑞利波及体波）波数；ϕ_z^{nm} 及 ϕ_x^{nm} 是标准化后第 m 阶简正模态波在第 n 薄层面竖向及水平向位移。式（2.27）有 $M(\omega)$ 个模态波与瑞利波对应，这些模态波特征位移（振型位移）在下伏半无限体呈指数衰减并在人为设置的刚性基位置

趋于零，其余模态波则对应于 P-SV 波。只要刚性基位置满足振型位移趋于零，刚性基设置对瑞利波位移响应计算精度较小。对 P-SV 波，由于振型位移在下伏半无限体不随深度衰减，截断会导致误差。考虑到波几何扩散，截断位置对表面及浅部 P-SV 波响应计算精度影响相对较小。将瑞利波位移响应单列，第 m 阶模态瑞利波在第 n 薄层面竖直向及径向表面位移离散表达式为

$$\begin{cases} u_{zR,\,m}^{n}(r,\,\omega) \\ u_{rR,\,m}^{n}(r,\,\omega) \end{cases} = -\frac{iqa\pi}{2} \begin{cases} (\phi_{zR}^{nm})^2 J_1(k_m a) H_0^{(2)}(k_m r)/k_m \\ \phi_{xR}^{nm}\phi_{zR}^{nm} J_1(k_m a) H_1^{(2)}(k_m r)/k_m \end{cases} \quad r \geqslant a \tag{2.28}$$

式中，下标"R"表示位移对应于瑞利波。参考式（2.24）形式，式（2.28）也可写为

$$\begin{cases} u_{zR,\,m}^{n}(r,\,\omega) \\ u_{rR,\,m}^{n}(r,\,\omega) \end{cases} = -\frac{iqa\pi}{2} \begin{cases} A_m^n H_0^{(2)}(k_m r) \\ \left(\dfrac{\phi_{xR}^{nm}}{\phi_{zR}^{nm}}\right) A_m^n H_1^{(2)}(k_m r) \end{cases} \quad r \geqslant a \tag{2.29}$$

式中，$A_m^n = (\phi_{zR}^{nm})^2 J_1(k_m a)/k_m$。$M(\omega)$ 个模态瑞利波总位移为

$$\begin{cases} u_{zR}^{n}(r,\,\omega) \\ u_{rR}^{n}(r,\,\omega) \end{cases} = \begin{cases} \sum_{m=1}^{M(\omega)} u_{zR,\,m}^{n}(r,\,\omega) \\ \sum_{m=1}^{M(\omega)} u_{rR,\,m}^{n}(r,\,\omega) \end{cases} \quad r \geqslant a \tag{2.30}$$

式（2.28）汉克尔函数 $H_j^{(2)}(k_m r)$（$j=0,1$）可表示为

$$H_j^{(2)}(k_m r) = J_j(k_m r) - iY_j(k_m r) \tag{2.31}$$

式中，$J_j(k_m r)$ 和 $Y_j(k_m r)$ 分别是第一类及第二类第 j 阶贝塞尔函数。

当 $r/\lambda_m \gg 1$，即在远场时，贝塞尔函数 $J_j(k_m r)$ 及 $Y_j(k_m r)$ 可近似表示为

$$J_j(k_m r) \approx \sqrt{\frac{2}{\pi k_m r}}\cos\left(k_m r - \frac{\pi}{4} - \frac{j}{2}\pi\right),\quad Y_j(k_m r) \approx \sqrt{\frac{2}{\pi k_m r}}\sin\left(k_m r - \frac{\pi}{4} - \frac{j}{2}\pi\right) \tag{2.32}$$

代入式（2.28），远场瑞利波竖直向及径向位移响应分别为

$$\begin{cases} u_{zR}^{n}(r,\,\omega) \\ u_{rR}^{n}(r,\,\omega) \end{cases} \approx -\frac{iqa\pi}{2} \begin{cases} \sqrt{\dfrac{2}{k_m \pi r}}(\phi_{zR}^{nm})^2 J_1(k_m a)\,e^{-i(k_m r-\pi/4)}/k_m \\ \sqrt{\dfrac{2}{k_m \pi r}}\phi_{xR}^{nm}\phi_{zR}^{nm} J_1(k_m a)\,e^{-i(k_m r-3\pi/4)}/k_m \end{cases} \quad r \geqslant a \tag{2.33}$$

可以看出，远场位移几何衰减近似于 $r^{-1/2}$。

利用贝塞尔函数如下特性：

$$\lim_{x\to 0}\frac{J_1(x)}{x} = J_1'(x)\Big|_{,\,x} = \frac{J_0(0)}{2} = \frac{1}{2} \tag{2.34}$$

将圆盘荷载用 $P(\omega) = q\pi a^2$ 表示，当圆盘半径 $a \to 0$，可得在表面竖直向点荷载作用下，第 m 阶模态瑞利波在第 n 薄层面竖直向及径向位移：

$$\begin{cases} u_{zR,\,m}^{n}(r,\,\omega) \\ u_{rR,\,m}^{n}(r,\,\omega) \end{cases} = -\frac{iP(\omega)}{4} \begin{cases} (\phi_{zR}^{nm})^2 H_0^{(2)}(k_m r) \\ \phi_{xR}^{nm}\phi_{zR}^{nm} H_1^{(2)}(k_m r) \end{cases} \tag{2.35}$$

2.7.3 位移特征函数表示的均匀半无限体位移响应

对均匀半无限体，瑞利波只有一个简正模态，其特征位移函数见第 1 章式(1.26)，利用特征位移函数及瑞利波位移离散形式可得到均匀半无限体在点源及圆盘状面源作用下瑞利波位移响应另一种表达形式。用水平向及竖直向表面标准化位移 ϕ_{xR}^1、ϕ_{zR}^1 分别对 ϕ_{xR}^n、ϕ_{zR}^n 归一化，与式(1.26)归一化特征位移比较如图 2-26 所示。由此可见，当薄层厚度相对波长较小时，标准化位移 ϕ_{xR}^n、ϕ_{zR}^n 与特征位移函数 $\phi_x(\omega, z)$、$\phi_z(\omega, z)$ 随无量纲深度变化规律吻合很好，仅绝对幅值不同，这意味着离散解中标准化位移 ϕ_{xR}^n 及 ϕ_{zR}^n 可以分别用特征位移函数 $\phi_x(\omega, z)$ 及 $\phi_z(\omega, z)$ 表示。

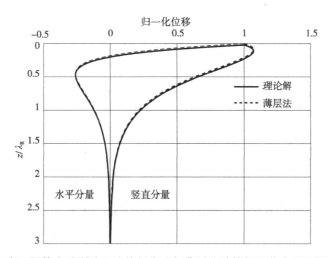

图 2-26　半无限体中瑞利波理论特征位移与薄层法计算标准化位移比较($\nu = 0.3$)

引入函数 $\tilde{\phi}_x(\omega, z)$ 及 $\tilde{\phi}_z(\omega, z)$，并表示为

$$\tilde{\phi}_x(\omega, z) = A\phi_x(\omega, z), \quad \tilde{\phi}_z(\omega, z) = B\phi_z(\omega, z) \tag{2.36}$$

式中，A 及 B 为待定参数，与频率有关。将式(2.35)标准化离散位移 ϕ_{xR}^n 及 ϕ_{zR}^n 分别用连续函数 $\tilde{\phi}_x(\omega, z)$ 及 $\tilde{\phi}_z(\omega, z)$ 代替，得到均匀半无限体瑞利波竖直向及径向位移另一种形式：

$$\begin{cases} u_z(r, z, \omega) \\ u_r(r, z, \omega) \end{cases} = -\frac{\mathrm{i}P(\omega)}{4} \begin{cases} [\tilde{\phi}_z(\omega, z)]^2 H_0^{(2)}(k_R r) \\ \tilde{\phi}_x(\omega, z)\tilde{\phi}_z(\omega, z) H_1^{(2)}(k_R r) \end{cases} \tag{2.37}$$

式(2.37)计算的表面竖直向及径向位移与第 1 章式(1.34)结果一致，由此可得系数 A 及 B 为

$$A = B = \frac{\hat{k}^2}{\bar{\alpha}}\sqrt{\frac{2}{\mu}\tilde{\xi}\,k_R} \tag{2.38}$$

式(2.38)有关参数见第 1 章式(1.10)及式(1.35)。

2.8　激发瑞利波相速度

与自由状态下层状介质中平面瑞利波相比，表面源激发瑞利波有以下两个不同点：①波阵面尺寸随传播距离变化，存在第 1 章所述模型不相容性；②从振源向外传播多个模态瑞利波相互叠加。下面先导出叠加波相速度，然后给出瑞利波单个激发模态传播特性，分析模型不相容性对激发瑞利波传播特性影响。这些分析有助于对第 3 章介绍的互谱分析方法及第 4 章介绍的多道表面波分析方法频散数据筛选。

2.8.1　有效相速度

假设某一频率处有两个模态，模态 1 与模态 2 质点振动位移分别用短划线及长划线表示，两模态波叠加后位移用实线表示，两模态波分别以相速度 c_1、c_2 从位置 r_1 传播至位置 r_2，如图 2-27 所示。两不同位置质点振动位移同相位点连线斜率就是两模态波叠加后波相速度，称为有效相速度（effective phase velocity）或表观相速度（apparent phase velocity）[6,9]。下面以波竖直向质点振动为例，分析多模波场有效相速度。

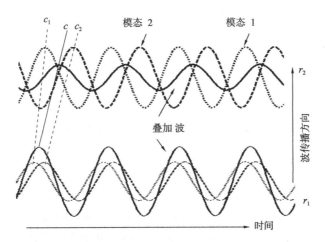

图 2-27　多模波场叠加波有效相速度

将式（2.28）及式（2.30）表示的瑞利波表面竖向位移（上标 $n=1$）重写为

$$u_z(r,\ \omega) = -\frac{iqa\pi}{2}(\overline{A}_{\mathrm{R}} - \mathrm{i}\,\overline{A}_{\mathrm{I}}) = \frac{qa\pi}{2}\sqrt{(\overline{A}_{\mathrm{R}}^2 + \overline{A}_{\mathrm{I}}^2)}\exp[-\mathrm{i}(\varphi_z + \pi/2)] \qquad (2.39)$$

式中，

$$\varphi_z = \arctan(\overline{A}_{\mathrm{I}}/\overline{A}_{\mathrm{R}}) \qquad (2.40)$$

$$\overline{A}_{\mathrm{R}} = \mathrm{Re}\left[\sum_{m=1}^{M(\omega)}(\phi_{z\mathrm{R}}^{1m})^2 J_1(k_m a)\frac{H_0^{(2)}(k_m r)}{k_m}\right] \qquad (2.41)$$

$$\overline{A}_{\mathrm{I}} = -\mathrm{Im}\left[\sum_{m=1}^{M(\omega)}(\phi_{z\mathrm{R}}^{1m})^2 J_1(k_m a)\frac{H_0^{(2)}(k_m r)}{k_m}\right] \qquad (2.42)$$

叠加波波数为表观波数或有效波数，它由相位对传播距离偏导得到，即

$$\hat{k}_{R}(r,\ \omega) = \frac{\partial \varphi_z(r,\ \omega)}{\partial r} = \frac{(\overline{A}_1)_r \overline{A}_R - (\overline{A}_R)_r \overline{A}_1}{\overline{A}_R^2 + \overline{A}_1^2} \tag{2.43}$$

在材料阻尼影响，各模态瑞利波波数及位移是复数，贝塞尔函数 $J_1(k_m r)$ 及汉克尔函数 $H_0^{(2)}(k_m r)$ 也是复数，式(2.43)求导困难，表观波数可用差分近似计算：

$$\hat{k}_z(r,\ \omega) = \lim_{\Delta r \to 0} \frac{\varphi_z(r + \Delta r,\ \omega) - \varphi_z(r,\ \omega)}{\Delta r} \tag{2.44}$$

有效相速度为

$$c_z(r,\ \omega) = \frac{\omega}{\mathrm{Re}[\hat{k}_z(r,\ \omega)]} \tag{2.45}$$

由图 2-20 可知，阻尼对相速度影响很小，在计算有效相速度可以不考虑阻尼，无阻尼情形下瑞利波波数及模态位移均是实数。利用式(2.31)，由式(2.41)及式(2.42)可得实部 $\overline{A}_R$ 及虚部 $\overline{A}_1$ 分别为

$$\overline{A}_R = \sum_{m=1}^{M(\omega)} (\phi_{zR}^{1m})^2 J_1(k_m a) \frac{J_0(k_m r)}{k_m} \tag{2.46}$$

$$\overline{A}_1 = \sum_{m=1}^{M(\omega)} (\phi_{zR}^{1m})^2 J_1(k_m a) \frac{Y_0(k_m r)}{k_m} \tag{2.47}$$

由式(2.43)、式(2.46)及式(2.47)，有效相速度可表示为

$$\hat{c}_z(r,\ \omega) = \frac{\omega}{\mathrm{Re}(\hat{k}_z)} = \frac{\displaystyle\sum_{l=1}^{M}\sum_{m=1}^{M} \hat{B}_{lm}[Y_0(k_l r)Y_0(k_m r) + J_0(k_l r)J_0(k_m r)]}{\displaystyle\sum_{l=1}^{M}\sum_{m=1}^{M} \hat{B}_{lm} c_m^{-1}[Y_0(k_l r)J_1(k_m r) - J_0(k_l r)Y_1(k_m r)]} \tag{2.48}$$

式中，系数 $\hat{B}_{lm} = (\phi_{zR}^{1l}\phi_{zR}^{1m})^2 (k_l k_m)^{-1} J_1(k_l a) J_1(k_m a)$，$c_m$ 是第 m 阶简正瑞利波相速度。利用薄层法计算竖直向有效相速度代码见附录 C。

类似地，径向位移相位可表示为

$$\varphi_r = \arctan(\widetilde{A}_1 / \widetilde{A}_R) \tag{2.49}$$

式中，

$$\widetilde{A}_R = \mathrm{Re}\left[\sum_{m=1}^{M(\omega)} \phi_{xR}^{1m}\phi_{zR}^{1m} J_1(k_m a) \frac{H_1^{(2)}(k_m r)}{k_m}\right] \tag{2.50}$$

$$\widetilde{A}_1 = -\mathrm{Im}\left[\sum_{m=1}^{M(\omega)} \phi_{xR}^{1m}\phi_{zR}^{1m} J_1(k_m a) \frac{H_1^{(2)}(k_m r)}{k_m}\right] \tag{2.51}$$

瑞利波径向有效相速度为

$$\hat{c}_r(r,\omega) = \frac{\displaystyle\sum_{l=1}^{M}\sum_{m=1}^{M} \widetilde{B}_{lm}[Y_1(k_l r)Y_1(k_m r) + J_1(k_l r)J_1(k_m r)]}{\displaystyle\sum_{l=1}^{M}\sum_{m=1}^{M} \widetilde{B}_{lm}\{c_m^{-1}[J_1(k_l r)Y_0(k_m r) - Y_1(k_l r)J_0(k_m r)] + r^{-1}[Y_1(k_l r)J_1(k_m r) - J_1(k_l r)Y_1(k_m r)]\}}$$

$$\tag{2.52}$$

式中，$\tilde{B}_{lm} = (\phi_{xR}^{1l}\phi_{xR}^{1m})(\phi_{zR}^{1l}\phi_{zR}^{1m})(k_l k_m)^{-1}J_1(k_l a)J_1(k_m a)$。

在远场，即传播距离远大于波长，由式(2.32)，式(2.48)及式(2.52)可分别近似为

$$\hat{c}_z(r, \omega) \approx \frac{\omega \sum\limits_{l=1}^{M}\sum\limits_{m=1}^{M} B_{lm}\cos[(k_l - k_m)r]}{\sum\limits_{l=1}^{M}\sum\limits_{m=1}^{M} B_{lm}k_m\cos[(k_l - k_m)r]} = \frac{\sum\limits_{l=1}^{M}\sum\limits_{m=1}^{M} B_{lm}\cos[(k_l - k_m)r]}{\sum\limits_{l=1}^{M}\sum\limits_{m=1}^{M} B_{lm}c_m^{-1}\cos[(k_l - k_m)r]} \quad (2.53)$$

$$\hat{c}_r(r, \omega) \approx \frac{\sum\limits_{l=1}^{M}\sum\limits_{m=1}^{M} \tilde{\tilde{B}}_{lm}\cos[(k_l - k_m)r]}{\sum\limits_{l=1}^{M}\sum\limits_{m=1}^{M} \tilde{\tilde{B}}_{lm}\{c_m^{-1}\cos[(k_l - k_m)r] + r^{-1}\sin[(k_l - k_m)r]\}} \quad (2.54)$$

式中，$B_{lm} = (k_l k_m)^{-1/2}\hat{B}_{lm}$，$\tilde{\tilde{B}}_{lm} = (k_l k_m)^{-1/2}\tilde{B}_{lm}$。

2.8.2　激发模态相速度

取式(2.48)及式(2.52)中任一模态 m，可分别得到第 m 阶模态瑞利波竖直向及径向相速度

$$c_{z,m}(r, \omega) = \tilde{\gamma}_z(k_m, r)c_m, \quad c_{r,m}(r, \omega) = \tilde{\gamma}_r(k_m, r)c_m \quad (2.55)$$

这里，系数 $\tilde{\gamma}_z(k_m, r)$ 及 $\tilde{\gamma}_r(k_m, r)$ 分别为

$$\tilde{\gamma}_z(k_m, r) = \frac{[Y_0(k_m r)]^2 + [J_0(k_m r)]^2}{[J_1(k_m r)Y_0(k_m r) - J_0(k_m r)Y_1(k_m r)]}$$

$$\tilde{\gamma}_r(k_m, r) = \frac{[Y_1(k_m r)]^2 + [J_1(k_m r)]^2}{[J_1(k_m r)Y_0(k_m r) - J_0(k_m r)Y_1(k_m r)]} \quad (2.56)$$

由式(2.56)可知，层状介质中瑞利波任一简正模态相速度对相应的激发模态相速度无量纲化后，无量纲相速度具有相同表达式。

由于简正瑞利波相速度仅与分层结构及层土性参数，通过用简正模态相速度及波长分别对激发瑞利波相速度及传播距离无量纲化，就可分析柱面与平面瑞利波传播特性差异，柱面瑞利波竖向及径向无量纲相速度随无量纲传播距离变化见图2-28。可以看出柱面波径向与竖直向相速度不同，前者大于后者。当 $r \geqslant \lambda_m$，两者趋于平面简正瑞利波相速度。由于无量纲化结果不受层结构及层土性参数影响，因而，这种结果也具有普适性。半无限体是层状半无限体特例，激发瑞利波无量纲相速度式(1.50)及式(1.51)分别与式(2.56)所示系数 $\tilde{\gamma}_z(k_m, r)$ 及 $\tilde{\gamma}_r(k_m, r)$ 相同。

2.8.3　激发瑞利波位移几何衰减

一般认为，以柱面波阵面传播的波几何衰减规律为 $r^{-1/2}$，这是基于柱面波在竖直向空间尺度无限延伸假设。然而，激发瑞利波在竖直向空间尺度随传播距离变化(见第1章图1-15)，从而导致激发瑞利波几何衰减不再是 $r^{-1/2}$。由式(2.28)可知第 m 阶模态瑞利波竖向及径向质点振动位移几何衰减分别与第二类及零阶第一阶汉克尔函数模及

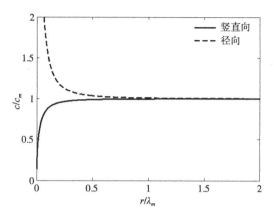

图 2-28 激发瑞利波第 m 阶模态无量纲相速度随无量纲传播距离变化

$\left| H_0^{(2)}(k_m r) \right|$ 及 $\left| H_1^{(2)}(k_m r) \right|$ 有关，几何衰减随无量纲传播距离变化见图 2-29，径向位移几何衰减大于竖向位移，当传播距离 $r/\lambda_m > 0.4$，两者趋于几何衰减规律 $r^{-1/2}$。层状介质中激发瑞利波任一模态位移随无量纲传播距离衰减规律与图 1-16 所示的均匀介质中瑞利波衰减规律相同。

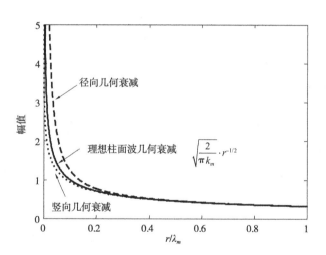

图 2-29 激发瑞利波第 m 阶模态位移几何衰减规律

2.8.4 模态相互干涉对有效相速度影响

有效相速度不仅与各简正模态相速度有关而且还与模态表面相对位移有关，以下以远场为例，分析不同模态瑞利波叠加对有效相速度影响。取瑞利波第 l 及 m 两模态，由式（2.53）可得[10]

$$\hat{c}_z(r, \omega) \approx \frac{B_{ll} + B_{mm} + 2B_{lm}\cos\left[\,(k_l - k_m)r\,\right]}{B_{ll}c_l^{-1} + B_{mm}c_m^{-1} + B_{lm}(c_m^{-1} + c_l^{-1})\cos\left[\,(k_l - k_m)r\,\right]} \tag{2.57}$$

式中，$B_{lm} = (B_{ll}B_{mm})^{1/2}$，其中 $B_{ll} = \dfrac{1}{k_l^3}\left[\,\phi_{z\mathrm{R}}^{1l}J_1(k_l a)\,\right]^2$，$B_{mm} = \dfrac{1}{k_m^3}\left[\,\phi_{z\mathrm{R}}^{1m}J_1(k_m a)\,\right]^2$。

由式(2.57)可知，第 l 与 m 阶模态瑞利波位移(取实部)可以用参数 B_{ll} 及 B_{mm} 表示为

$$\mathrm{Re}\left[\,u_{z,\,m}(r, 0, \omega)\,\right] = qa\sqrt{\frac{1}{2\pi r}}\,(B_{mm})^{1/2}\cos\left(k_m r + \frac{\pi}{4}\right)$$

$$\mathrm{Re}\left[\,u_{z,\,l}(r, 0, \omega)\,\right] = qa\sqrt{\frac{1}{2\pi r}}\,(B_{ll})^{1/2}\cos\left(k_l r + \frac{\pi}{4}\right) \tag{2.58}$$

由式(2.58)可得两模态波叠加位移幅值

$$A = qa\sqrt{\frac{1}{2\pi r}}\sqrt{B_{ll} + B_{mm} + 2B_{lm}\cos\left[\,(k_l - k_m)r\,\right]} \tag{2.59}$$

可以看出，当 $(k_m - k_l)r = \pm 2n\pi(n = 0, 1, \cdots)$ 的时候，两模态波相长相干，$A = qa\sqrt{\dfrac{1}{2\pi r}}\sqrt{B_{ll} + B_{mm} + 2B_{lm}}$。当 $(k_m - k_l)r = \pm(2n + 1)\pi$ 的时候，两模态波相消相干，$A = qa\sqrt{\dfrac{1}{2\pi r}}\sqrt{B_{ll} + B_{mm} - 2B_{lm}}$。利用式(2.59)，式(2.57)也可表示为

$$\hat{c}_z(r, \omega) \approx \frac{2\pi r\left(\dfrac{A}{qa}\right)^2}{B_{ll}c_l^{-1} + B_{mm}c_m^{-1} + B_{lm}(c_m^{-1} + c_l^{-1})\cos\left[\,(k_l - k_m)r\,\right]} \tag{2.60}$$

由式(2.59)可知，在两模态相长相干、相消相干位置相速度为

$$\hat{c}_z(r, \omega) \approx \frac{B_{ll} + B_{mm} \pm 2B_{lm}}{B_{ll}c_l^{-1} + B_{mm}c_m^{-1} \pm B_{lm}(c_m^{-1} + c_l^{-1})} \tag{2.61}$$

式中，符号"±"分别对应相长相干及相消相干。

当 $B_{ll} \gg B_{mm}$，即表面波场由第 l 阶模态瑞利波主导，式(2.57)近似为

$$\hat{c}_z(r, \omega) \approx c_l\frac{1 + 2(B_{mm}/B_{ll})^{1/2}\cos\left[\,(k_l - k_m)r\,\right]}{1 + (B_{mm}/B_{ll})^{1/2}(c_l c_m^{-1} + 1)\cos\left[\,(k_l - k_m)r\,\right]} \tag{2.62}$$

可以看出，有效相速度趋于主导简正模态相速度，式中余弦项会导致有效相速度出现微小振荡。

根据表 2-1 给出三种典型分层土性参数，由式(2.48)计算距源中心 $r = 1\mathrm{m}$ 及 $5\mathrm{m}$ 处有效相速度见图 2-7 中空心圆及实心圆。对情形 Ⅰ，竖向有效相速度见图 2-7(a)，对这种分层情形，在分析频率范围内，模态 1 起主导作用，见图 2-8(a)，在 $r = 5\mathrm{m}$ 处，有效相速度趋于基阶简正模态相速度且振荡很小，振荡现象可由式(2.62)解释。在 $r = 1\mathrm{m}$ 处，有效相速度与基阶简正模态相差较大，这是由于在 $r = 1\mathrm{m}$ 处，低频瑞利波波长较大，r/λ_1(简正模态 1 波长)较小，模型不相容性导致激发模态相速度低于相应简正模态相速度，见图 2-28。

对浅部夹软弱层的情形 II，不同频率范围，表面波场由单个不同模态或多个模态共同主导，这种情况下，激发模态间干涉强烈，在 $r = 1m$ 及 5m 处竖向有效相速度区别较大，竖向有效相速度曲线不同于其中任一简正模态频散曲线，见图 2-7(b)。虽然各简正模态瑞利波随频率增加在软层能量透射率增加且相速度渐近于软层介质瑞利波相速度，但有效相速度随频率增加则渐近于表面介质瑞利波相速度。这种现象可解释如下：在高频处，瑞利波模态很多，各模态能量在软层能量透射率不同，虽然一部分模态瑞利波在软层能量透射率较大，在表层能量透射率较小，但大部分模态在表层能量透射率较大，不同模态叠加波在表层能量仍然较大。

对浅部夹硬层的情形 III，在大部分频率范围，表面振动由基阶模态主导，有效相速度趋于基阶模态波相速度。在低频区域(10～20Hz)，高阶模态发挥较大的作用，可以看出，在这段频率区域，有效相速度与基阶模态区别较明显，见图 2-7(c)。

2.8.5 层参数及层结构变化影响

层阻尼比、密度及泊松比变化见表 2-2，参数变化前后距振源中心 $r = 5m$ 处有效相速度见图 2-20、图 2-21 及图 2-22，可以看出这些参数变化对有效相速度影响很小，按参数变化影响程度由小至大排序：阻尼比<密度<泊松比。

表 2-3 中情形 I_1、II_1 及 III_1 分层分别与表 2-1 中情形 I、II 及 III 分层在深度 14m 之内分层结构及层参数相同，14m 以下层结构不同，通过层结构变化前后有效相速度比较可分析深层结构及参数对有效相速度影响程度。距振源 $r = 5m$ 处有效相速度分别见图 2-23、图 2-24 及图 2-25，可以看出，在波长 15m 范围内，情形 I 与 I_1 分层中瑞利波有效相速度曲线基本吻合，14m 以下层结构对此范围内瑞利波有效相速度影响较小，当波长超过 15m，有效相速度差别增大。对情形 II 与 II_1 以及 III 与 III_1 分层中瑞利波有效相速度曲线也有类似现象。由于考虑了高阶模态影响，有效相速度比基阶模态相速度对深层结构及层参数变化敏感。

2.9 基阶模态频散近似分析方法

分层剪切波速剖面如图 2-30(a) 所示，各层泊松比及密度相同，泊松比及密度分别为 $\nu = 0.35$ 及 $\rho = 1800kg/m^3$。对剪切波速逐层递增层状介质，表面波场由基阶模态主导，不同频率处，基阶模态水平向及竖直向归一化位移随无量纲深度变化曲线见图 2-30(b)，图中 λ 为相应频率处基阶模态波长。与具有相同泊松比的半无限体中瑞利波位移曲线比较可以看出，层状介质中基阶模态瑞利波与均匀半无限体瑞利波能量随深度分布规律类似，能量集中于 1/2 波长深度内，分布于一个波长深度内，超过一个波长深度，能量随深度快速衰减。

根据剪切波速逐层递增场地中瑞利波位移分布特点，半波近似分析假设瑞利波速由半波长深度内分层剪切波速与层厚度加权后对总厚度平均。一旦知道基阶瑞利波频散曲线，

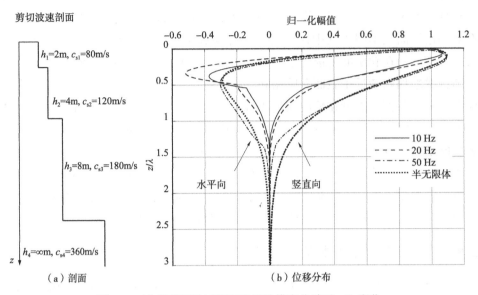

图 2-30　分层剪切波速剖面及基阶模态位移随 z/λ 变化

便可对频散曲线进行半波近似分析得到分层结构及层参数。半波分析过程如下：将相速度随波长频散曲线离散成 N 个频散点，相应地，分层介质也离散成 N 个薄层，如图 2-31 所示。假设 $\hat{c}_{\mathrm{R},\,n-1}$ 和 $\hat{c}_{\mathrm{R},\,n}$ （$n=1$，2，$\cdots$，N）分别为两相邻波长 λ_{n-1} 和 λ_n 对应瑞利波相速度，H_{n-1} 和 H_n 分别为第 $n-1$ 及 n 薄层下层面深度，深度与波长对应关系分别为 $H_{n-1}=\lambda_{n-1}/\tilde{\kappa}$ 和 $H_n=\lambda_n/\tilde{\kappa}$。对半波法，取 $\tilde{\kappa}=2$。

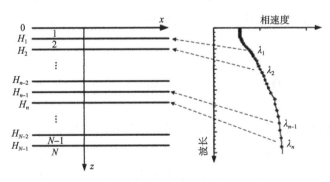

图 2-31　相速度近似分析

近似分析假设 $\hat{c}_{\mathrm{R},\,n-1}$ 和 $\hat{c}_{\mathrm{R},\,n}$ 与深度 H_{n-1} 和 H_n 之间剪切波速 $c_{\mathrm{s},\,n}$ 递推关系为

$$\hat{c}_{\mathrm{R},\,n}=\frac{H_{n-1}\hat{c}_{\mathrm{R},\,n-1}+(H_n-H_{n-1})c_{\mathrm{s},\,n}}{H_n} \tag{2.63}$$

由式（2.63）可得第 n 薄层剪切波速

$$c_{s,n} = \frac{H_n \hat{c}_{R,n} - H_{n-1} \hat{c}_{R,n-1}}{H_n - H_{n-1}} \tag{2.64}$$

这样，已知频散曲线，由式(2.64)便可得到各薄层剪切波速。

将式(2.63)改写为

$$\hat{c}_{R,n} H_n = H_{n-1}\hat{c}_{R,n-1} + \Delta H_n c_{s,n} = H_{n-2}\hat{c}_{R,n-2} + \Delta H_{n-1} c_{s,n-1} + \Delta H_n c_{s,n}$$
$$= H_1 \hat{c}_{R,1} + \Delta H_2 c_{s,2} + \cdots + \Delta H_m c_{s,m} + \cdots + \Delta H_n c_{s,n} \tag{2.65}$$

式中，$\Delta H_m = H_m - H_{m-1}$ ($m = 2, 3, \cdots, n$)。

由第 1 章式(1.22)或式(1.23)回归关系可知，第一个离散点瑞利波相速度近似于第一薄层剪切波速，即 $\hat{c}_{R,1} \approx c_{s,10}$。表面位置 $H_0 = 0$，$H_1 = \Delta H_1$，式(2.65)可近似为

$$\hat{c}_{R,n} \approx \sum_{i=1}^{n} \Delta H_i \frac{c_{s,i}}{H_n} \tag{2.66}$$

对剪切波速逐层递增的规则层状介质，分层参数对基阶模态频散数据影响频率区域如图 2-32 所示。浅层剖面参数会影响整个频域基阶模态频散数据，深层剖面参数只影响低频域频散数据。

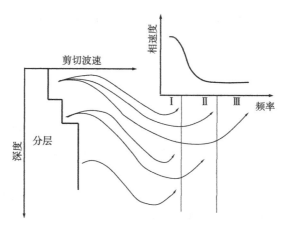

图 2-32 规则层状介质分层剪切波速对基阶模态频散曲线影响

已知层结构及层材料力学参数，将分层用薄层离散后，由式(2.66)计算瑞利波相速度，由近似关系 $\lambda_n = \tilde{\kappa} H_n$ 计算波长。半波法没有考虑到半波深度以下各层参数的影响，文献[11]提出了一种经验算法以便考虑半波深度以下各层参数影响。对非规则层状介质，表面波场受高阶模态影响，高阶模态能量不再集中于半波长深度内，半波近似分析方法不适合非规则层状介质瑞利波频散数据分析。

◎ **思考题 2**

2.1 实际地层是复杂的，在分析瑞利波传播特性时，采用层状半无限体假设是否成立？若成立，试分析成立条件。

2.2　如何理解层状半无限体中不同模态瑞利波，为何层状半无限体中瑞利波有多个模态？

2.3　为何高阶模态有低频截止频率？

2.4　简述简正瑞利波频散曲线低频及高频渐近特征。

2.5　为何高频瑞利波相速度渐近于软层剪切波速（或瑞利波速）？

2.6　为何高阶模态瑞利波高频渐近软层剪切波速比低阶模态瑞利波要慢？

2.7　不同模态频散曲线是否会有交叉现象？

2.8　层状介质简正瑞利波相速度与哪些参数有关？按参数变化对相速度影响程度大小对参数进行排序。

2.9　简述剪切波速逐层递增的规则层状介质中瑞利波基阶与高阶模态位移结构一般特征。

2.10　在多模波场中，若瑞利波某一模态表面位移较小，是否该模态瑞利波振动能量较小？

2.11　简述自由状态下层状半无限体中平面瑞利波与表面源激发瑞利波传播特性异同点。

2.12　试比较多模波场中瑞利波有效相速度与简正模态相速度。

◎ 参考文献

[1] W 伊文，等. 层状介质中的弹性波[M]. 刘光鼎，译. 北京：科学出版社，1966.

[2] 柴华友，柯文汇，朱红西. 岩土工程动测技术[M]. 武汉：武汉大学出版社，2021.

[3] 柴华友，吴慧明，张电吉，等. 弹性介质中的表面波理论及其在岩土工程中的应用[M]. 北京：科学出版社，2008.

[4] 柴华友，张电吉，卢海林，等. 层状饱和介质中瑞利波传播特性薄层分析方法[J]. 岩土工程学报，2015，37(6)：1132-1141.

[5] H Y Chai, Y J Cui, D J Zhang. Analysis of surface waves in saturated layered poroelastic half-Spaces using the thin layer method[J]. Pure and Applied Geophysics, 2018, 175(3)：899-915.

[6] K Tokimatsu, S Tamura, H Kojima. Effects of multiple modes on Rayleigh wave dispersion characteristic[J]. Journal of Geotechnical Engineering, ASCE, 1992, 118(10)：1529-1543.

[7] J P Wolf. Dynamic Soil-structure Interaction[M]. Prentic-Hall, Inc., Englewood Cliffs, 1985.

[8] E Kausel, R Peek. Dynamic loads in the interior of a layered stratum：An explicit solution [J]. Bulletin of the Seismological Society of America, 1982, 72(5)：1459-1481.

[9] S Foti. Multistation methods for geotechnical characterization using surface waves [D]. Torino：Politecnico di Torino, 2000.

［10］H Y Chai, T B Li, K K Phoon, et al. Spatial behaviour of Rayleigh waves in layered half-spaces under active surface sources［J］. Geophysical Prospecting, 2017, 65（4）: 992-1003.

［11］柴华友, 柯文汇, 陈健, 等. 规则层状弹性介质中基阶模态瑞利波频散曲线计算新方法［J］. 岩土力学, 2019, 40(12): 4873-4880/4889.

第3章 两点测试互谱分析方法

由波的运动学及动力学特性可以研究波传播速度，本章介绍基于表面两不同位置质点响应相位差谱计算瑞利波相速度方法，或称互谱分析方法（spectral analysis of surface waves，SASW），包括以下内容：

(1)互谱分析及测试方法；

(2)折叠相位展开方法；

(3)互谱分析影响因素及频散数据筛选。

3.1 互谱分析方法

3.1.1 信号互谱分析

由第2章可知，简谐波位移表达式具有复数形式，由复位移实部及虚部可得位移振幅谱及相位谱。谐波项为 $e^{i(\omega t - kr + \varphi_0)}$，略去时间项 $e^{i\omega t}$，位移一般可表示为

$$W(\omega, r) = A(\omega, r) \cdot e^{-i\varphi(\omega, r)} \tag{3.1}$$

式中，$A(\omega, r)$ 是振幅谱，与波几何衰减及材料衰减有关，相位谱可表示为 $\varphi(\omega, r) = kr - \varphi_0$，$k$ 及 φ_0 分别表示波数及初始相位。

假设近振源、远振源测点编号分别为 1、2，信号 1、2 互功率谱估计为[1]

$$G_{12}(\omega) = W_1(\omega, r_1) \cdot \overline{W_2(\omega, r_2)} \tag{3.2}$$

式中，上横线符号表示复共轭。由式(3.2)可得

$$G_{12}(\omega) = A_1(\omega, r_1) \cdot e^{-i\varphi_1} \cdot A_2(\omega, r_2) \cdot e^{i\varphi_2} \tag{3.3}$$

或写为

$$G_{12}(\omega) = A_1(\omega, r_1) \cdot A_2(\omega, r_2) \cdot e^{i(\varphi_2 - \varphi_1)} \tag{3.4}$$

将互功率谱估计复数表示为

$$G_{12}(\omega) = \mathrm{Re}[G_{12}(\omega)] + i\mathrm{Im}[G_{12}(\omega)] = A_{12} e^{i\varphi_{12}(\omega)} \tag{3.5}$$

式中，$\varphi_{12}(\omega) > 0$ 为测点 1 与测点 2 相位差，A_{12} 为互功率谱估计幅值。

$$\varphi_{12}(\omega) = \arctan\left\{\frac{\mathrm{Im}[G_{12}(\omega)]}{\mathrm{Re}[G_{12}(\omega)]}\right\}, \quad A_{12} = \sqrt{\{\mathrm{Re}[G_{12}(\omega)]\}^2 + \{\mathrm{Im}[G_{12}(\omega)]\}^2} \tag{3.6}$$

假设波在两测点间表观波数用符号 $\hat{k}(\omega, r)$ 表示，它随传播距离及频率变化，相位差与表观波数关系为

$$\varphi_{12}(\omega) = \int_{r_1}^{r_2} \hat{k}(\omega, r) \, \mathrm{d}r = \bar{k}(r_2 - r_1) = \frac{\omega D}{\bar{c}} \tag{3.7}$$

式中，$\bar{k}$、$\bar{c}$ 分别表示波在两不同位置间平均表观波数及平均表观相速度，$D = r_2 - r_1$。

由式(3.7)，波在两测点间平均表观相速度为

$$\bar{c} = \omega D / \varphi_{12}(\omega) = \frac{2\pi f D}{\varphi_{12}(\omega)} \tag{3.8}$$

若将相位角用角度单位表示，则平均表观相速度为

$$\bar{c} = \frac{360 f D}{\varphi_{12}(\omega)} \tag{3.9}$$

值得注意的是，对单一模态波场，在远场，表观波数与传播距离无关，表观相速度与测点距无关。对多模波场，互谱分析得到的是叠加波在两测点间表观相速度平均值，不仅与测点间距有关而且与测点相对振源位置有关。为了消除干扰对互谱分析影响，实测信号互谱分析步骤如下：

(1)计算信号 1、2 自功率谱估计及互功率谱估计。

$$G_{11}(\omega, r_1) = W_1(\omega, r_1) \cdot \overline{W_1(\omega, r_1)}$$
$$G_{22}(\omega, r_2) = W_2(\omega, r_2) \cdot \overline{W_2(\omega, r_2)}$$
$$G_{12}(\omega) = W_1(\omega, r_1) \cdot \overline{W_2(\omega, r_2)} \tag{3.10}$$

式中，G_{11}、G_{22} 及 G_{12} 分别为信号 1 和信号 2 自功率谱及互功率谱估计。

(2)为了消除噪音干扰，重复数次试验，将不同次功率谱估计平均，得到平均自功率谱估计 $\hat{G}_{11}(\omega)$、$\hat{G}_{22}(\omega)$ 及平均互功率谱估计 $\hat{G}_{12}(\omega)$，进而得到相干函数 $\gamma^2(\omega)$ 及相位差 $\varphi_{12}(\omega)$，即

$$\gamma^2(\omega) = \frac{|\hat{G}_{12}(\omega)|^2}{\hat{G}_{11}(\omega) \hat{G}_{22}(\omega)}, \quad \varphi_{12}(\omega) = \arctan\left\{\frac{\mathrm{Im}[\hat{G}_{12}(\omega)]}{\mathrm{Re}[\hat{G}_{12}(\omega)]}\right\} \tag{3.11}$$

式中，$\gamma^2(\omega) \leqslant 1$。相干值越大，表示信号来自同一振源的可能性越高，两测点相干函数小于某一临界值的频率点应丢弃。式(3.11)相干函数计算一般采用下述总体平滑或分段平滑方法：

①总体平滑：对每一个测点布置，进行 N 次实验，分别计算出 N 个独立样本记录 $x_k(t)$ 谱估计值 $G_k(f)$，$k = 1, 2, \cdots, N$，然后对 N 个谱估计平均

$$\hat{G}(f) = \sum_{k=1}^{N} \frac{G_k(f)}{N} \tag{3.12}$$

值得注意的是，功率谱估计叠加平均不同于信号叠加平均，总体平滑不影响频率分辨率。

②分段光滑：对测试信号的 l 个邻近频率分量的原始谱估计进行平均，则平滑后的谱估计 $\hat{G}_k$ 为[2]

$$\hat{G}_k = \frac{G_k + G_{k+1} + \cdots + G_{k+l-1}}{l} \tag{3.13}$$

$\hat{G}_k$ 对应于频率区间 (f_k, f_{k+l-1}) 中点上的平滑后谱估计。分段光滑会降低频率分辨率。譬如，对离散点 f_0，f_1，f_2，f_3 谱估计平均，假设离散点频率间隔为 Δf，平均后谱估计对应频率为 $(f_0+f_3)/2=f_0+3\Delta f/2$。对离散点 f_4，f_5，f_6，f_7 谱估计平均，平均后谱估计对应频率为 $(f_4+f_7)/2=f_0+11\Delta f/2$，分段光滑后频率间隔为 $4\Delta f$，频率分辨率降低。

3.1.2　折叠相位差

由于三角函数周期性，由反正切无法得到波在两测点间绝对相位差，下面以图 3-1 来说明这个问题。谐波在 r_1 与 r_2 位置振动相位分别用 $\varphi_1(f)$ 及 $\varphi_2(f)$ 表示，相位差用符号 $\varphi^w(f)$ 表示。波传播一个波长距离相位差为 360°（或 2π 弧度），位置 r_1 与 r_2 间距不足一个波长，因此，$\varphi^w(f)<360°$。表面位置 r_2 与位置 r_3 间隔 $r_3-r_2=3\lambda$，间距是波长整数倍，波在位置 r_3 与 r_1 相位差应为 $3\times360°+\varphi^w(f)$。然而，在象限图上无法考虑完整循环（完整振动循环指一个波长距离振动），得到相位差仍为 $\varphi^w(f)$。要确定绝对相位差，必须确定振动完整循环数。

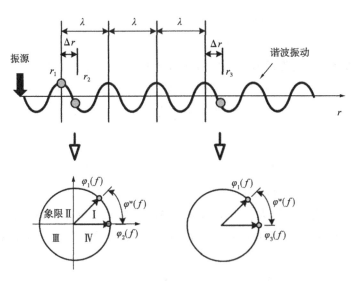

图 3-1　相位差与波长及测点间距关系示意图

根据 $\hat{G}_{12}(f)$ 实部和虚部所在的象限，当 $\hat{G}_{12}(f)$ 位于第一、二象限，由反正切计算测点间相位差位于（0°～180°），当 $\hat{G}_{12}(f)$ 位于第三、四象限，由反正切计算相位差位于（-180°～0°）范围，这样，计算的相位差随频率增加呈锯齿状，称为折叠相位差，测点 1 与测点 2 典型的折叠相位差及相干函数见图 3-2。

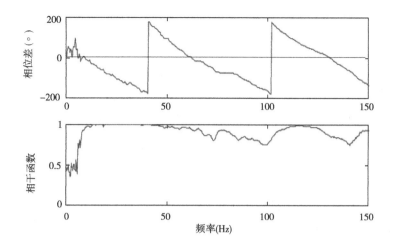

图 3-2 折叠相位差及相干函数

3.1.3 展开相位差

由式（3.9）可得相位差与测点距、频率及相速度关系式为

$$\varphi_{12}(\omega) = \frac{360Df}{\bar{c}} \qquad (3.14)$$

假设波速恒定，波在测点间实际相位差 $\varphi(\omega)$ 一般随频率逐渐递增。下面以 $\varphi_{21}(\omega)$（实际相位差小于零，相位差折叠方向与 $\varphi_{12}(\omega)$ 相反）为例说明不同频率处实际相位差与折叠相位差关系。当频率较低，由式（3.14）可知 $-180° < \varphi_{21}(\omega) < 0°$，互功率谱估计 $G_{21}(\omega)$ 实部和虚部位于第三或第四象限，根据所在象限，反正切计算折叠相位差 $-180° < \varphi_{21}^{w}(\omega) < 0°$，此时，$\varphi_{21}(\omega) = \varphi_{21}^{w}(\omega)$，见图 3-3（a）。随着频率增加，当互功率谱估计 $G_{21}(\omega)$ 位置由第三象限经负实轴（即第三象限与第二象限交界）进入第二象限，反正切计算相位 $\varphi_{21}^{w}(\omega)$ 由 $-180°$ 跳跃至 $180°$，见图 3-3（b）。随后，$G_{21}(\omega)$ 位于第二或第一象限，折叠相位由 $180°$ 递减趋于 $0°$。由于 $\varphi_{21}(\omega) < 0$，$\varphi_{21}(\omega) = -360° + \varphi_{21}^{w}(\omega)$，见图 3-3（c）。当 $\varphi_{21}(\omega) = -360°$，互功率谱估计 $G_{12}(\omega)$ 位于正实轴上，$\varphi_{21}^{w}(\omega) = 0$。当 $-540° < \varphi_{21}(\omega) < -360°$，互功率谱估计 $G_{21}(\omega)$ 再次位于第三或第四象限，由于 $-180° < \varphi_{21}^{w}(\omega) < 0°$，关系式 $\varphi_{21}(\omega) = -360° + \varphi_{21}^{w}(\omega)$ 仍满足，见图 3-3（d）。随着频率增加，在第三象限与第二象限交界处，$\varphi_{21}^{w}(\omega)$ 不断重复跳跃。根据频率 ω 之前形成的折叠数 m，测点 2 与测点 1 实际相位差 $\varphi_{21}(\omega)$ 与折叠相位差 $\varphi_{21}^{w}(\omega)$ 关系为

$$\varphi_{21}(\omega) = \varphi_{21}^{w}(\omega) - m \cdot 360° \qquad (3.15)$$

譬如，图 3-4 中 A 点折叠相位差前有一个折叠，那么 A 的实际相位为 $\varphi_{A}^{w}(\omega) - 360°$。$\varphi_{12}(\omega)$ 与 $\varphi_{21}(\omega)$ 相位差折叠方向相反，实际相位差与折叠相位差关系为

$$\varphi_{12}(\omega) = \varphi_{12}^{w}(\omega) + m \cdot 360° \qquad (3.16)$$

得到测点间绝对相位差后，由式（3.9）得到平均表观相速度。受干扰信号影响，折叠

相位差可能存在虚假折叠或折叠丢失，详见第 3.3 节分析。

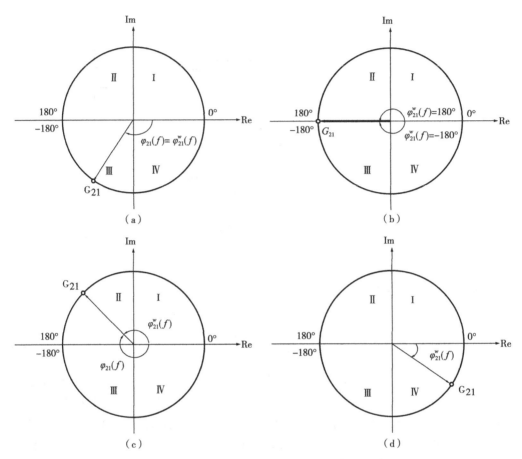

图 3-3　不同频率处折叠相位差与实际相位差间关系

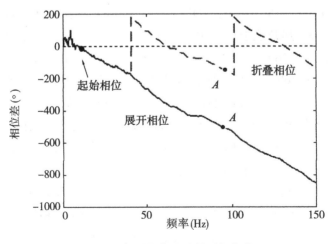

图 3-4　折叠相位差及展开相位差

3.2 互谱分析验证

3.2.1 均匀半无限体

均匀半无限体介质剪切波速 $c_s = 130\text{m/s}$、泊松比 $\nu = 0.3$ 及密度 $\rho = 1800\text{kg/m}^3$。竖向表面源为主频 100Hz Ricker 子波，源作用域半径为 0.1m。距振源 $r_1 = 8\text{m}$ 和 $r_2 = 16\text{m}$ 处数值模拟得到的质点速度时程曲线如图 3-5（a）所示。对模拟响应作傅里叶变换得到响应振幅谱，见图 3-5（b），响应谱幅值在 100~150Hz 频率区间较大。对两信号作互谱分析，折叠及展开相位差见图 3-5（c）。折叠相位差没有出现锯齿状毛刺，相位折叠频率位置容易判断及折叠数量容易统计。由式（3.9）计算的相速度曲线见图 3-5（d）。由第 1 章回归关系式（1.22）可知瑞利波相速度理论值约为 120.6 m/s，相速度计算值在频率大于 20Hz 范围内与理论值很接近，在小于 20Hz 频率出现振荡且相速度低于理论值。这是由于高频波实际相位差（即展开相位差）较大，由模型不相容性及体波引起的相位扰动值对实际相位差值影响较小，而低频波实际相位差较小，相位扰动值影响相对较大。4m 与 8m 位置响应互谱分析计算的相速度曲线见图 3-5（d）点线，除在频率范围 0~10Hz（灰色阴影部分）相速度计算值偏离理论值较大，相速度计算值与理论值吻合较好。

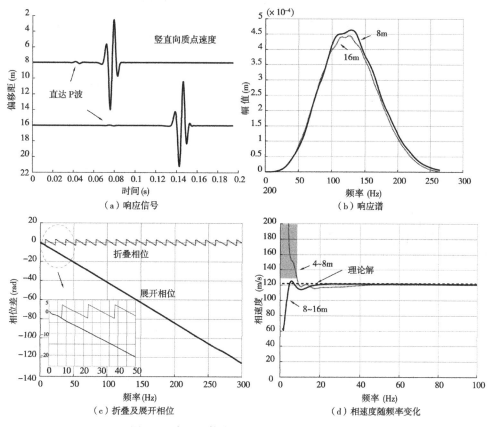

图 3-5 半无限体表面质点速度响应互谱分析

3.2.2 层状半无限体

层状半无限体分层结构及剪切波速如图 3-6 所示，分层泊松比及密度分别为 $\nu = 0.35$ 及 $\rho = 1800 \text{ kg/m}^3$，表面竖直向振源为主频 10Hz Ricker 子波。在这种分层结构中，表面波场由基阶模态瑞利波主导。由于层状介质瑞利波具有频散特性，表面质点速度响应曲线出现弥散现象，见图 3-7(a)。相对于均匀半无限体，分层半无限体表面响应除了受直达体波干扰外，还受层交界面反射及折射体波影响，距振源中心 8m 及 16m 处表面响应振幅谱出现振荡，见图 3-7(b)。两位置响应折叠相位差见图 3-7(c)，在频率小于 10Hz 范围，折叠相位差有锯齿状毛刺，这是由于在此频率范围，体波干扰相对较大。不同位置互谱分析计算的相速度曲线与基阶模态理论频散曲线比较见图 3-7(d)。可以看出，在频率大于 15Hz 范围，相速度计算曲线与理论曲线基本重合。

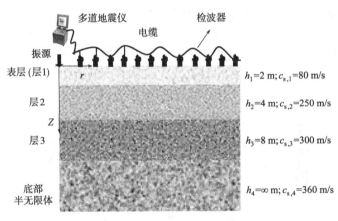

图 3-6 分层结构及层参数

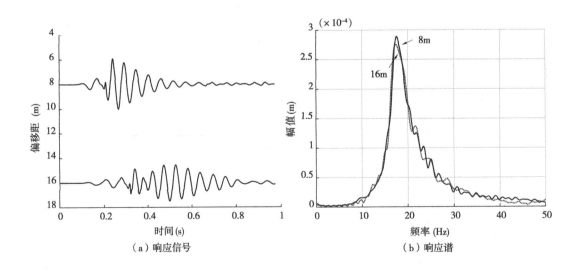

（a）响应信号   （b）响应谱

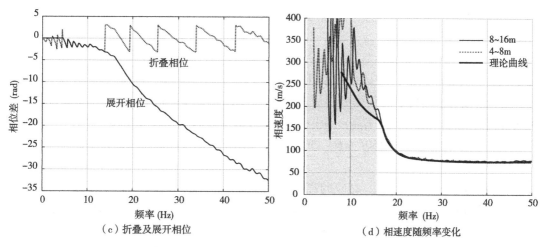

（c）折叠及展开相位　　　　　　　　　（d）相速度随频率变化

图 3-7　分层半无限体表面质点速度响应互谱分析

3.3　相位展开影响因素

折叠相位差展开需确定分析频率范围内相位折叠数量。瞬态信号有效能量集中分布于有限频率区间，在频率区间两侧，瑞利波有效能量小，信噪比较低。低信噪比会产生毛刺甚至虚假折叠，特别在低频域，由于实际相位差小，毛刺或虚假折叠对相速度计算影响较大。因此，需在低频域选择相干函数值较高点作为相位展开起始位置，并假设起始频率处折叠相位就是实际相位差，即认为小于起始频率的频率区间没有相位折叠。此外，频率分辨率也会影响相位折叠判断。

3.3.1　起始相位

由式（3.14）可知，当测点距较大，在低频区域，波在两点实际相位差仍然较大，小于起始频率的频域相位差仍可能存在相位折叠，但受信噪比、频率分辨率影响，起始频率前折叠往往无法识别，导致折叠遗漏。假设遗漏折叠数量用 N_0 表示，$\widetilde{\varphi}_{12}(\omega)$ 及 $\varphi_{12}(\omega)$ 分别表示遗漏折叠后展开相位差及实际相位差，则遗漏折叠后相速度为

$$\widetilde{c} = \frac{360fD}{\widetilde{\varphi}_{12}(\omega)} = \frac{360fD}{\varphi_{12}(\omega) - 360N_0} = \frac{\overline{c}}{1 - \varepsilon_N(\omega)} \tag{3.17}$$

式中，$\varepsilon_N(\omega) = 360N_0/\varphi_{12}(\omega)$。由于相位 $\varphi_{12}(\omega)$ 一般随角频率递增，这样，$\varepsilon_N(\omega)$ 随角频率递减，这意味，遗漏折叠对低频域相速度计算影响较大，导致相速度计算值偏大，在高频域，遗漏折叠对相速度计算影响相对较小。

3.3.2　频率分辨率

测点 2 与测点 1 折叠相位差 $\varphi_{21}^{w}(\omega)$ 在折叠处的相位从 −180° 突跳至 180°。假设相位折

叠对应频率理论值用 f_{wrap} 表示，见图 3-8，图中实线为理论折叠相位。离散信号序列得到相位谱是离散的，离散点的频率间隔与记录信号时间长度关系为

$$\Delta f = \frac{1}{N\Delta t} \qquad (3.18)$$

这里，N 为离散点数量，Δt 为信号抽样时间间隔。

假设与 f_{wrap} 相邻离散点频率分别用 f_m 及 f_{m+1} 表示，下标 $m = \mathrm{int}(f_{wrap}/\Delta f)$，符号 $\mathrm{int}(\ )$ 表示对计算值取整，$f_m = m\Delta f$，$f_{m+1} = (m+1)\Delta f$。相邻离散点实际相位差满足：

$$\varphi_{12}(f_{m+1}) = \frac{360 f_{m+1} D}{\bar{c}} = \frac{360 f_m D}{\bar{c}} + \frac{360 \Delta f D}{\bar{c}} = \varphi_{12}(f_m) + \frac{360 \Delta f D}{\bar{c}} \qquad (3.19)$$

在离散相位谱上，与 f_{wrap} 对应的离散点可能不会出现，相位折叠只能由 f_m 及 f_{m+1} 处折叠相位值判断。当 Δf 较大时，相邻离散点如图 3-8 中 A、B 所示，图 A 点相位大于 $-180°$，B 点相位小于 $180°$，A、B 两点相位变化无法形成明显的折叠特征（即相位跳跃），这样，A、B 两点相位不连续性可能被误认为是由干扰或瑞利波模态跳跃产生。当 Δf 较小时，相邻点如图 3-8 中 C、D 所示，C、D 两点相位分别接近 $-180°$ 及 $180°$，可以判断相位发生折叠。因此，在离散相位谱中，当频率间隔 Δf 较大时，可能会导致相位折叠数遗漏[3]。

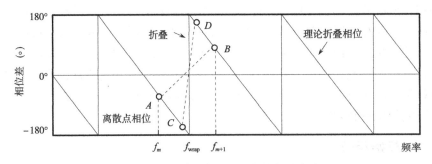

图 3-8　离散谱频率间隔对相位折叠影响

互谱分析可通过补零或细化方法提高频率分辨率（即减小频率间隔 Δf）。图 3-6 所示分层介质距振源中心 4m 与 8m 处质点速度响应记录时间长度为 0.9s，补零前折叠相位谱见图 3-9(a)。由于频率间隔较大（分辨率较低），箭头所示折叠处相位（弧度）绝对值小于 π。将信号补零，补零后时间长度是原始信号 8 倍，补零后折叠相位见 3-9(b)，可以看出折叠处相位绝对值接近 π，通过补零可提高相位折叠判断准确度。

在体波、高阶模态及背景噪音等影响下，相位可能出现一些异常毛刺，在毛刺位置，相位发生突变，容易被误判为折叠，从而导致折叠数量增加。图 3-9(b) 相位在 65Hz 及 120Hz 附近有毛刺，见图 3-10，相位展开需识别毛刺，剔除毛刺处相位数据。

利用关系 $\lambda = c/f$，可将相速度随频率变化转换成相速度随波长变化，由频率间隔可得波长间隔为

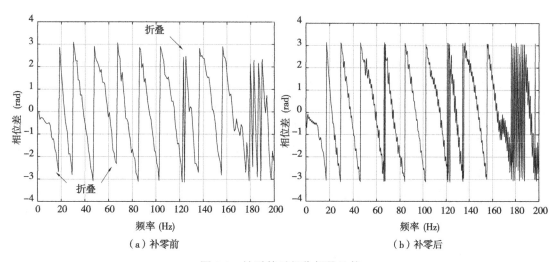

（a）补零前　　　　　　　　　　（b）补零后

图 3-9　补零前后相位折叠比较

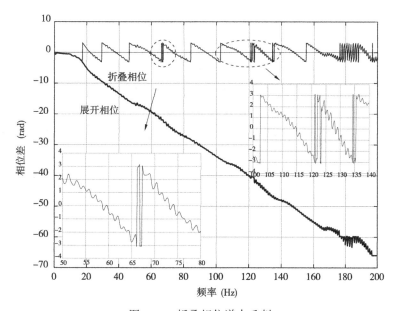

图 3-10　折叠相位谱中毛刺

$$\Delta \lambda \approx -\frac{c_R}{f^2}\Delta f = -\frac{\lambda^2}{c_R}\Delta f \qquad (3.20)$$

由此可见，在波长域，相邻频散点波长间隔 $\Delta \lambda$ 绝对值随波长递增，低频（波长较大）频散点比高频（波长较小）稀疏，利用三次样条函数可加密低频域频散点。

对多模波场，互谱分析得到的是各模态波叠加后有效相速度在两测点间的平均值，它不同于瑞利波简正模态相速度，在此情形下，互谱分析无法得到模态相速度。

3.4 相位展开方法

通过对两信号相干分析,可以剔除一些随机干扰信号对相位折叠的影响。在很多情况下,信号还受来自振源直达体波、层反射波或折射波、地表凸凹或地下异质体产生的散射波影响,这些波传播特性及传播方向不同于表面波,导致折叠相位谱出现毛刺,毛刺与表面波在两测点间相位差随频率变化形成的相位折叠往往难以区分,折叠相位在展开过程中可能会计入虚假折叠。此外,波能量集中分布于有限频率区间,相位展开无法从较低频率处开始,起始频率之前频率区间可能存在相位折叠。由于低频域信噪比较低,可能无法识别相位折叠,这样,展开相位与实际相位相比,会损失一个或多个 2π 弧度相位。为了选择合适相位展开起始点、确定有效相位折叠数量、剔除干扰产生毛刺,相位展开可采用以下步骤[4]:

(1)预估待测场地平均剪切波速。根据测试场地或邻近周围场地地勘或波速测试报告,得到场地分层结构、层厚度及剪切波速度,经厚度加权后平均剪切波速 $\bar{c}$ 为

$$\bar{c} = \frac{\sum_{m=1}^{M} c_{s,m} h_m}{\sum_{m=1}^{M} h_m} \tag{3.21}$$

式中,h_m 为第 m 层厚度,$c_{s,m}$ 为第 m 层剪切波速,M 为总层数。预估剪切波速 $\bar{c}$ 目的在于对计算的相速度进行校验,确定遗漏折叠数目。

(2)由互功率谱估计分布确定相位展开的频率范围。取互功率谱估计幅值与谱峰值比超过某一临界值的频率区间作为分析频率区间 (f_L, f_H),f_L 和 f_H 分别表示频率区间下限和上限,以保证分析频率区间信号有较高信噪比,同时避免谱泄漏对相位谱影响,临界值可取 5%~10%。如图 3-11 所示。

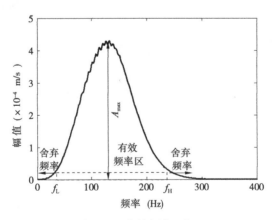

图 3-11 有效频率区间

（3）计算形成一个折叠所需平均频率。从频率下限 f_L 开始，沿频率增加方向计算相邻点 f_i 和 f_{i+1} 折叠相位差绝对值 $|\tilde{\varphi}(f_{i+1}) - \tilde{\varphi}(f_i)|$。若相位差绝对值大于设定临界值，则判断相位在频率 f_i 处产生折叠。相位差临界值受频率分辨率影响，这里取临界值为 1.6π，即

$$|\tilde{\varphi}(f_{i+1}) - \tilde{\varphi}(f_i)| \geqslant 1.6\pi \tag{3.22}$$

根据式（3.22）确定频率区间 $(f_\mathrm{L}, f_\mathrm{H})$ 内相位折叠处频率 $\tilde{f}_n$（$n = 1, 2, \cdots, N_w, N_w$）为频率区间 $(f_\mathrm{L}, f_\mathrm{H})$ 内相位折叠数量，由第一个折叠与最后折叠间的频率差，计算形成一个折叠所需平均频率值 $\Delta\overline{\tilde{f}}$，即

$$\Delta\overline{\tilde{f}} = \frac{\tilde{f}_N - \tilde{f}_1}{N_w - 1} \tag{3.23}$$

（4）剔除由非表面波产生的无效折叠。从频率下限 f_L 开始沿频率增加方向计算相邻折叠位置处频率差 $\Delta\tilde{f}_n$，即

$$\Delta\tilde{f}_n = \tilde{f}_{n+1} - \tilde{f}_n, \quad n = 1, 2, \cdots, N_w - 1 \tag{3.24}$$

若相邻折叠位置处频率差小于形成一个折叠所需平均频率达到某一临界值，由式（3.14）可知，在此频率范围，相速度变化异常，折叠是由干扰所致，判断 $\tilde{f}_{n+1}$ 处折叠为无效折叠，剔除无效折叠频率，重新统计有效相位折叠数量及折叠位置处频率。这里取判断依据为

$$\Delta\tilde{f}_n < 0.6\Delta\overline{\tilde{f}} \tag{3.25}$$

（5）确定起始频率点及其相位。由第一有效折叠位置沿频率减小方向，获得首次出现的正相位频率。取该正相位频率与第一有效折叠位置频率之间一负相位频率作为相位展开起始频率，用符号 f_0 表示起始频率，折叠相位用 $\tilde{\varphi}_{f_0}$ 表示。为了判断 f_0 处相位有无折叠数损失，由预估平均波速 $\bar{c}$、起始频率及测点距按下式预估实际相位 $\hat{\varphi}_{f_0}$（弧度单位），即

$$\hat{\varphi}_{f_0} \approx \frac{-2\pi f_0 D}{\bar{c}} \tag{3.26}$$

由预估实际相位 $\hat{\varphi}_{f_0}$ 计算起始相位损失折叠数 N_0 为

$$N_0 = \mathrm{int}\left(\frac{\hat{\varphi}_{f_0}}{-2\pi}\right) = \mathrm{int}\left(\frac{f_0 D}{\bar{c}}\right) \tag{3.27}$$

若 N_0 不为零，由损失折叠数 N_0 对起始频率 f_0 处相位 $\tilde{\varphi}_{f_0}$ 进行校正，校正后的实际起始相位 φ_{f_0} 由下式计算，即

$$\varphi_{f_0} = \tilde{\varphi}_{f_0} - 2\pi N_0 \tag{3.28}$$

（6）由起始频率开始沿频率增加方向对折叠相位展开。从起始频率 f_0 开始沿频率增加

方向计算任一频率 f 处（ $f < f_H$ ）实际展开相位 $\varphi(f)$ ，即

$$\varphi(f) = \tilde{\varphi}(f) - 2\pi k(f) \tag{3.29}$$

式中， $\tilde{\varphi}(f)$ 为 f 处折叠相位， $k(f) = m + N_0$ ， m 为频率 f 与频率 f_0 之间按步骤（4）统计的相位折叠数。

以前面数值模拟为例，假设表面测点范围距振源中心 $0.4 \sim 24\mathrm{m}$ ，测点间距 $0.4\mathrm{m}$ 。将数值模拟计算的各点质点速度响应存储成 12 个文本格式数据文件，每个数据文件有 5 列，每列数据对应一个测点质点速度响应，离散时间单独存储一个文本格式文件。根据以上步骤，取其中两个测点响应作互谱分析，互谱分析 MATLAB 代码如下：

```
clc;
clear;
fid = fopen('timefile. txt', 'r');    % 信号离散点对应时间文件。
t = fscanf(fid,'%12e', [1 inf]);      % 读取信号离散点对应时间。
fclose(fid);  % 关闭文件。
t = t';
FileName = {'surf1. txt';'surf2. txt';'surf3. txt';'surf4. txt';'surf5. txt';'surf6. txt';'surf7. txt';
    'surf8. txt';'surf9. txt';'surf10. txt';'surf11. txt';'surf12. txt'};    % 测点数据文件名数
组。
Nf = 12;  % 12 个数据文件。
for i = 1: Nf
    fid = fopen(char(FileName(i)),'r');
Dptemp = fscanf(fid,'%12e,%12e,%12e,%12e,%12e', [5 inf]);    % 每个文件 5 列
数据。
fclose(fid);
j0 = (i-1) * 5+1; j1 = i * 5;
Dp(j0: j1,:) = Dptemp(1: 5,:);
end
Dp = Dp';
[tmax, LenT] = max(t);  % 时间长度及离散数据序列长度。
n = 60; Dx = 0.4; Dt = (t(LenT) - t(1))/LenT;    % 算例中相邻点间距为 0.4m, 计算信
号离散点平均时间间隔。(注: LS-DYNA 计算结果相邻点时间步长略有不同)
%用柱面波几何衰减对信号进行几何衰减校正。
  for j = 1: n
    Dp(:, j) = Dp(:, j) * sqrt(j);
  end
  Nt = 1024 * 8; Nx = 256; pi2 = 2 * pi; Nx0 = 20; Nx1 = 40;    % 补零增加频率分辨率,
取第 20 及第 40 测点响应作互谱分析。
```

Lrec0 = 650；Lrec1 = 650；　% 对半无限体取信号离散序列长度 650，以消除来自人工边界反射波，注意无反射边界无法完全消除边界反射波。

%绘制选取质点速度响应信号曲线。

%　plot（t（1：Lrec0），2 * Dp（1：Lrec0，Nx0）/max（Dp（1：Lrec0，Nx0））+ Nx0 * Dx,'-k','LineWidth', 1）；

%　hold on；

%　plot（t（1：Lrec1），2 * Dp（1：Lrec1，Nx1）/max（Dp（1：Lrec1，Nx0））+ Nx1 * Dx,'-r','LineWidth', 1）；

%　set（gca,'YColor','k','YDir','reverse'）

%　Funstop1

Deltf = 1/（Nt * Dt）；　% 频率分辨率。

Deltk = 2 * pi/（Nx * Dx）；　% 波数分辨率。

Phcrit = 1.6 * pi；　% 设置临界相位差，超过这个值认为相位折叠。

Nph = 1000；　% 用于相位计算的频率域离散点数量，即最大分析频率为 Nph * Deltf。

f0 = 10；　% 预设起始频率，与 Nph * Deltf 一起构成分析频率范围。

Ndis = 1；Nch_delt = 20；Nch0 = 20；Ninc = 5；　% 可用于多个不同位置响应互谱分析，这里，Ndis = 1 只对第 20 测点与第 40 测点信号作互谱分析。

　for m = 1：Ndis

　　　Nx0 = Nch0+（m−1）* Ninc；Nx1 = Nx0+Nch_delt

FreSpec0 = fft（Dp（1：Lrec0，Nx0：Nx0），Nt）；　% 计算测点 1 谱密度。

FreSpec0 = FreSpec0'；

% plot（（1：Lrec0）* Deltf, abs（FreSpec0（1：Lrec0）））　%画谱图。

FreSpec1 = fft（Dp（1：Lrec1，Nx1：Nx1），Nt）；　% 计算测点 2 谱密度。

FreSpec1 = FreSpec1'；

FreSpec2 = FreSpec0. * conj（FreSpec1）；　% 计算互功率谱估计。

Spec_Re = real（FreSpec2（1,:））；Spec_Im = imag（FreSpec2（1,:））；　% 互谱实部与虚部。

Phiz = atan2（Spec_Im, Spec_Re）；　% 由反正切计算折叠相位。

Nf = fix（f0/Deltf）；fsign = −1；　% 起始点序号，fsign = −1 为负展开相位标识。

Ncycle = 0；Phi0（1：Nph）= 0；

for i = 2：Nph

if （Phiz（i）−Phiz（i−1））>= Phcrit　% 考虑到频率分辨率影响，折叠处相位差一般小于 2π，大于设定的临界值就认定为折叠。

　　　Ncycle = Ncycle+1；wrap_N（Ncycle）= i−1；

　end

end

Np_avg = （wrap_N（Ncycle）−wrap_N（1））/（Ncycle−1）；　% 计算相邻折叠之间平均离散点数量。

```
Np_avg = 0.6 * Np_avg;        % 设置离散点数量为平均值的 0.5~0.8 倍。
Ncycle0 = 1；mcyc = 0；
  for i = Ncycle0：Ncycle-1
    if（wrap_N(i+1)-wrap_N(i)）<Np_avg    % 判断相邻折叠是否小于设定离散点数，
若是，则认定折叠是干扰所致，否则，认定为瑞利波传播产生的折叠。
        wrap_N(i)= 0；
    end
end
  for i = Ncycle0：Ncycle
    if wrap_N(i)>0
        mcyc = mcyc+1；wrap_N(mcyc)= wrap_N(i)；    % 重新计算折叠。
    end
  end
  Ncycle = mcyc；
%沿频率减小方向，判断第一个折叠位置。
  while（wrap_N(Ncycle0+1)-wrap_N(Ncycle0)）<Np_avg
      Ncycle0 = Ncycle0+1；
  end
j = wrap_N(Ncycle0)
while Phiz(j)<0   % 判断第一折叠前相位小于零频率点。
      j = j-1；
end
  Nf = j+1；    % 相位展开起始位置。
  k = 0；
for i = Nf：Nph
if k<Ncycle && i>wrap_N(k+1)
      k = k+1；
end
  Phi0(i)= Phiz(i)+fsign * pi2 * k；    % 相位展开。
    if abs(Phi0(i)-Phi0(i-1))>pi    % 相邻点相位差异常且不是折叠点相位取前一个
离散点对应的相位或剔除该离散点。
        Phi0(i)= Phi0(i-1)；
    end
  end
    DL =（Nx1-Nx0）* Dx；f = Deltf *（Nf：Nph）；
      Cs0 = 130；Kcal0 = fix(Deltf * Nf *（Nx1-Nx0）* Dx/Cs0)；    % 预设平均波速（数
值模拟取半无限体剪切波速为 130m/s），计算可能损失的折叠数量。
```

```
            Cph = pi2 * DL * f. /( abs( Phi0( Nf: Nph)) + pi2 * Kcal0); Lwave = Cph. /f;    %
计算相速度及波长。
        end
% Funstop2
plot(( 1: Nph) * Deltf, Phiz( 1: Nph),'-k','LineWidth', 1);      % 绘制折叠相位。
hold on;
 plot(( 1: Nph) * Deltf, Phi0( 1: Nph),'-r','LineWidth', 1);      % 绘制展开相位。
   xlim([ 0, 300]);
% Funstop3
   plot( Cph, Lwave,'-k','LineWidth', 1)    % 绘制相速度-波长曲线。
   xlim([ 0., 200.]);
   ylim([ 0., 4]);
   set( gca,'XAxisLocation','top','YColor','k','YDir','reverse')
% FunStop4
   plot((( 1: Nph/2) + Nf) * Deltf, Cph( 1: Nph/2),'-k','LineWidth', 1);      % 绘制
频率-相速度曲线。
   xlim([ 0., 150.]);
   ylim([ 0., 400]);
```

3.5 有效相速度数据筛选

3.5.1 近场影响

近场影响主要体现在振源产生的直达体波及层反射或折射体波对表面波场干扰，体波属于固有的波动现象，无法通过对信号间相干函数分析剔除。直达剪切波与瑞利波传播时差很小，也难以分离并切除。对均匀半无限体，由第 1 章可知，直达体波导致有效（表观）相速度振荡，只有在远场（$r/\lambda \gg 1$），体波影响才可忽略。至于分层介质，表面波场不仅受直达波影响，而且还受层面反射波或折射波干扰，直达波及层面反射波或折射波在表面波场能量与分层结构及层参数有关。

假设体波导致互谱估计扰动用 $\Delta \hat{G}_{12}(\omega)$ 表示，由式（3.11）可知折叠相位扰动 $\Delta \varphi(\omega)$ 为

$$\Delta \varphi(\omega) = \arctan \left\{ \frac{\mathrm{Im}[\hat{G}_{12}(\omega) + \Delta \hat{G}_{12}(\omega)]}{\mathrm{Re}[\hat{G}_{12}(\omega) + \Delta \hat{G}_{12}(\omega)]} \right\} - \arctan \left\{ \frac{\mathrm{Im}[\hat{G}_{12}(\omega)]}{\mathrm{Re}[\hat{G}_{12}(\omega)]} \right\} \tag{3.30}$$

当 $|\Delta \hat{G}_{12}(\omega)| \ll |\hat{G}_{12}(\omega)|$ 时，上式可近似为

$$\Delta\varphi(\omega) \approx \arctan\left\{\frac{\mathrm{Im}[\hat{G}_{12}(\omega)] + \mathrm{Im}[\Delta\hat{G}_{12}(\omega)]}{\mathrm{Re}[\hat{G}_{12}(\omega)]}\right\} - \arctan\left\{\frac{\mathrm{Im}[\hat{G}_{12}(\omega)]}{\mathrm{Re}[\hat{G}_{12}(\omega)]}\right\} \quad (3.31)$$

利用泰勒级数，当 $\Delta x \to 0$，保留一阶小量，$\arctan(x_0 + \Delta x) \approx \arctan(x_0) + \dfrac{\Delta x}{1 + x_0^2}$，式(3.31)可近似为

$$\Delta\varphi(\omega) \approx \frac{\mathrm{Im}[\Delta\hat{G}_{12}(\omega)]\,\mathrm{Re}[\hat{G}_{12}(\omega)]}{|\hat{G}_{12}(\omega)|^2} \quad (3.32)$$

在体波影响下，相速度为

$$\hat{c} = \frac{360fD}{\varphi_{12}(\omega) + \Delta\varphi(\omega)} = \frac{\bar{c}}{1 + \varepsilon_b(\omega)} \quad (3.33)$$

式中，$\varepsilon_b(\omega) = \Delta\varphi(\omega)/\varphi_{12}(\omega)$。由于相位 $\varphi_{12}(\omega)$ 一般随角频率增加，$\varepsilon_b(\omega)$ 随角频率递减，体波导致相速度在低频域出现较大扰动，在高频域，$\varepsilon_b(\omega)$ 较小，体波对相速度扰动较小。由图 3-7(b)、(c)，可以看出直达体波、反射及折射波导致谱及折叠相位差叠加小振荡，在低频区间(<15Hz)，计算的相速度出现较大振荡，见图 3-7(d)中灰色阴影区域，在 42~50Hz 频率区间，虽然相位也有扰动，但由于相位扰动相对实际相位差较小，计算的相速度与理论值基本吻合。

对 SASW 互谱分析法，为了消除近场体波干扰，一些学者基于数值模拟及理论分析结果提出瑞利波频散数据筛选准则，这些准则给出有效波长与振源及测点布置间关系[5]。依据筛选准则，不同测点布置可得不同频率区间频散数据。将不同的测点布置频散数据按波长递增排列，在波长重叠区间，对频散数据平均，这样，可有效减小体波影响。不同数据筛选准则见表 3-1，表中 D 表示测点距，S 表示振源与最近测点距离。

表 3-1　　　　　　　　　　　　波长筛选与测点距及近振源距关系[5]

筛选准则来源	振源与最近测点距离 S	测点距 D	有效波长范围
Lysmer(1966)	$S > 2.5\lambda$	—	—
Heisey et al.(1982)	$\lambda/3 < S < 2\lambda$	$D = S$	$0.5D < \lambda < 3D$
Sanchez-Salinero et al.(1987)	$S > 2\lambda$	$D = S$	$\lambda < 0.5D$
Roësset et al.(1989)	$0.5\lambda < S < 2\lambda$	$0.5S < D < S$	$D/2 < \lambda < 4D$
Gucunski & Woods(1992)	—	$\lambda/2 < D < 4\lambda$	$D/4 < \lambda < 2D$
Tokimatsu et al.(1991)	$S + D/2 > 0.25\lambda$	$\lambda/16 < D < \lambda$	$D < \lambda < 16D$

这些筛选准则是针对一些具体分层结构得出的，由于实际层结构具有复杂性及多样性，数据筛选准则对有些分层结构中频散数据或过于严格或过于宽松。过于严格，易导致大量低频数据丢弃，低频数据包含深层介质土性参数信息，这样，分析深度大为降低，导致表面波测试效率降低。

半无限体介质中瑞利波相速度与剪切波速及介质泊松比的近似关系由第 1 章式 (1.22)或式(1.23)给出,通过不同测点距数值模拟响应互谱分析计算的相速度与理论瑞利波相速度比较,可以了解半无限体中近场对相速度影响。假设 λ_R 表示半无限体泊松比 $\nu=1/4$ 的瑞利波波长,按振源与最近测点距离与测点距相等准则选择测点位置,为分析测点与振源距离对互谱分析结果影响,两测点布置分别为 $\lambda_R/4 \sim \lambda_R/2$、$\lambda_R/2 \sim \lambda_R$、$\lambda_R \sim 2\lambda_R$ 及 $2\lambda_R \sim 4\lambda_R$。不同测点布置情形下计算的相速度与剪切波速之比随泊松比变化见图 3-12[6]。可以看出,不同测点距计算的相速度不同,测点按 $2\lambda_R \sim 4\lambda_R$ 布置计算的相速度趋于瑞利波速理论值。

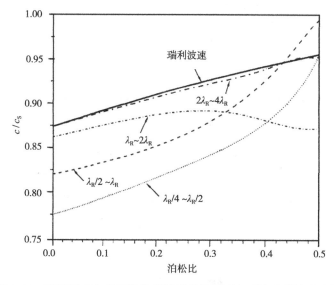

图 3-12 不同测点布置互谱分析计算的相速度与理论瑞利波速比较

3.5.2 测点布置影响

互谱分析测点布置要考虑以下一些因素影响:

(1)高频波在传播过程材料衰减较快,为了保证远振源测点高频波信号有较高的信噪比,一般采用小偏移距(S)、小测点距(D)布点方式,用小锤激振产生高频波;

(2)对低频波,由式(3.9)可知,若测点距较小,在两测点之间相位差较小,由前面分析可知,在此情况下相速度计算易受干扰影响,需增大测点距。由于低频波近场影响范围也较大,测点与振源距离也需增大,用重锤或落重激振产生低频波;

(3)由于瞬态振源包含丰富的频率成分,考虑到以上影响因素,根据测点布置,对频散数据筛选。为了能得到较大频率范围的频散数据,测试需采用不同测点距。测点常采用共中心布点或共振源布点方式布置,如图 3-13 所示。一般来说,共中心布置可正、反敲击,这种布置方式有以下两个优点:

①相速度由表面波在两测点间相位差确定的,若测点间传感器相频特性不一致,会引

入额外相位差。在测线正、反向敲击，传感器相频特性差异对频散数据影响相反，将正反敲击得到的相位差数据叠加可消除传感器间相频特性不一致引入的误差；

②表面波测试及分析是基于水平分层以及层介质均匀假设，当介质水平向不均匀或分层倾斜，通过正、反敲击可降低局部不连续性、水平向不均匀性及倾斜分层的影响。

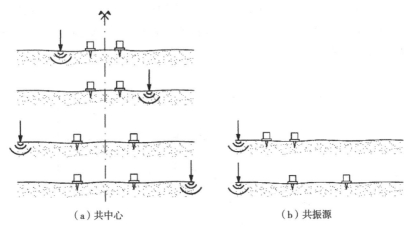

（a）共中心　　　　　　　　　　（b）共振源

图 3-13　瞬态表面波测试测点布置方式

不同测点距频散数据筛选后有重叠的波长区间，将不同测点距的频散曲线集合起来，通过平均、光滑得到较大频率范围的频散数据，见图 3-14。

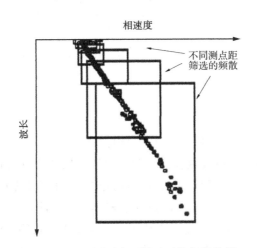

图 3-14　不同测点距筛选后的频散数据

表 3-1 所给出测点布置及数据筛选准则差异在于各自考虑的因素不同，采用数据筛选对测试分析有以下影响：

① 按照目前的数据筛选，低频范围数据获取需要有较大测点距，对场地尺寸要求较高。测距越大，场地的非均匀影响越大，得到的数据代表性就越差；

② 同一场地，对测试分析数据采用不同筛选准则，最终有效相速度-频率(波长)曲线也会不同[1]。

3.6 有效相速度分析模型

当不考虑直达波、层面反射波及折射波对有效相速度影响时(远场测试可以满足这一条件)，利用式(2.48)或式(2.52)，由分层参数计算瑞利波在两测点之间竖向及径向平均有效相速度理论值，基于这种模型可以对两测点信号互谱分析得到的平均有效相速度测试值进行分析。

对多个模态组成的一维和二维平稳随机波场(即随机波场的功率谱估计不随时间及位置变化或所有样本函数的均方值和相关值不随时间变化)，假设各个模态波传播特性互不影响，表面波在测点距 D 之间平均有效相速度 $\bar{c}$ 也可表示为[7]

$$\cos(2\pi fD/\bar{c}) = \frac{\sum_{m=1}^{M} P_m \cos(2\pi fD/c_m)}{\sum_{m=1}^{M} P_m} \tag{3.34}$$

式中，c_m、P_m 分别表示第 m 阶简正模态相速度及功率谱密度函数，可由传递矩阵计算。利用式(3.34)，竖向及径向平均有效相速度分别为

$$\bar{c}_z = \frac{2\pi fD}{\arccos\left[\dfrac{\sum_{m=1}^{M} A_m^2 c_m \cos(2\pi fD/c_m)}{\sum_{m=1}^{M} A_m^2 c_m}\right]} \tag{3.35}$$

$$\bar{c}_r = \frac{2\pi fD}{\arccos\left\{\dfrac{\sum_{m=1}^{M} [A_m (\dot{u}/\dot{w})_m]^2 c_m \cos(2\pi fD/c_m)}{\sum_{m=1}^{M} [A_m (\dot{u}/\dot{w})_m]^2 c_m}\right\}} \tag{3.36}$$

式中，参数 A_m 由传递矩阵计算，$(\dot{u}/\dot{w})_m$ 为第 m 阶简正瑞利波水平向与竖直向质点振动速度比，符号 arccos 表示反余弦。

◎ **思考题 3**

3.1 简述互谱分析(SASW)基本原理。

3.2 不同测点布置情况下互谱分析得到相速度是否一致？

3.3 互谱分析能否得到主导模态瑞利波相速度？说明原因。

3.4 为什么互谱分析得到的相位差随频率变化是折叠的？

3.5 如何由折叠相位差得到实际相位差？

3.6　虚假折叠或折叠遗漏对相速度计算有何影响？

3.7　为什么低频波相速度计算受干扰信号影响相对较大，而高频波相速度受干扰信号影响相对较小？

3.8　互谱分析法对测点布置有何要求？

3.9　测点距对振源选择有何影响？

3.10　为什么互谱分析得到的频散数据要筛选？

◎ **参考文献**

[1] 柴华友，吴慧明，张电吉，等．弹性介质中的表面波理论及其在岩土工程中的应用[M]．北京：科学出版社，2008.

[2] J S 贝达特，A G 皮尔索．随机数据分析方法[M]．第2版．凌福根，译．北京：国防工业出版社，1976.

[3] 柴华友，卢应发，刘明贵，等．表面波谱分析影响因素研究[J]．岩土力学，2004，25（3）：347-353.

[4] 柯文汇，柴华友，等．一种表面波互谱分析相位折叠识别及相位展开校正方法．ZL 201810495207.9[P]．2019-10-25.

[5] V Ganji, N Gucunski, S Nazarian. Automated inversion procedure for spectral analysis of surface waves[J]. Journal of Geotechnical and Geoenviromental Engineering, 1998, 124 (8): 757-770.

[6] R Foinquinos, J M Roësset. Elastic layered half-space subjected to dynamic surface loads [M]. In: Wave Motion in Earthquake Engineering. E Kausel, G Manolis (Eds.), WIT Press, Southampton, UK, 2001.

[7] K Tokimatsu, S Tamura, H Kojima. Effects of multiple modes on Rayleigh wave dispersion characteristic[J]. Journal of Geotechnical Engineering, ASCE, 1992, 118(10): 1529-1543.

第4章 多道表面波测试分析方法

对多个不同位置点测试信号振幅(功率)谱分析可提取瑞利波相速度随频率变化曲线,这就是所谓的表面波多道分析(multichannel analysis of surface waves, MASW), MASW 有频率-波数域方法(f-k)、时间-慢度方法(τ-p)、相移法等,f-k 域提取瑞利波频散数据方法较简单,是 MASW 众多分析方法中常用的一种,本章包括以下内容:

(1)f-k 域振幅谱极值与模态波数间关系;

(2)多模波场瑞利波可探测性;

(3)多道表面波测试影响因素;

(4)多道表面波测试测点布置方法;

(5)频散数据筛选。

4.1 多道测试分析

4.1.1 波数域振幅谱

对有 $M(\omega)$ 个简正模态瑞利波的多模波场,不考虑相同时间项 $e^{i\omega t}$,位移响应可表示为

$$U(\omega, x) = \sum_{m=1}^{M(\omega)} U_m(\omega, x) = \sum_{m=1}^{M(\omega)} A_m(\omega) e^{-ik_m(\omega)x} \tag{4.1}$$

式中,$A_m(\omega)$ 及 $k_m(\omega)$ 分别为第 m 模态位移幅值及波数。连续波场在空间区间 $[x_1, x_2]$ 傅里叶变换为

$$\hat{U}(\omega, k) = \int_{x_1}^{x_2} \left[\sum_{m=1}^{M(\omega)} A_m(\omega) e^{-ik_m(\omega)x} \right] e^{ikx} dx \tag{4.2}$$

第 m 阶模态振幅谱幅值为

$$|\hat{U}_m(\omega, k)| = \left| \frac{A_m}{k_m - k} \sqrt{2 - 2\cos[(k_m - k)D]} \right| \tag{4.3}$$

式中,符号"$|\quad|$"表示复数的模,波场空间长度 $D = x_2 - x_1$。利用洛必达法则(L'Hôpital's rule),在 $k = k_m$,谱最大幅值 $|\hat{U}_m(\omega, k)|_{max} = DA_m$。由 $\cos[(k_m - k)D] = 1$ 可知谱零点对应波数满足 $(k_m - k)D = \pm 2n\pi$($n = 1, 2, \cdots$),符号 $\pm$ 分别对应谱峰值左、右侧零点,右侧各零点波数与波数 k_m 比值 k/k_m 为 $(n\lambda_m / D) + 1$。空间长度 D 与 λ_m 比值越大,相邻零点间距越小,主瓣及旁瓣越窄。比值 $D/\lambda_m = 1$, 2, 5, 10 情形下,第 m 模态瑞利波归一化谱幅值见图 4-1。对单个模态的波场,由谱极大值可得到谐波的波数。对层状介

质，表面波场有多个模态瑞利波，同一频率，波数及能量相近两波谱相互叠加，无法得到相邻模态对应的极大值。假设 $D = 10\lambda_m$，波数为 k_m 谐波谱（实线）与另一波数为 $1.1k_m$ 谐波谱（虚线）叠加后谱（点线）见图 4-2，由此可见，叠加后谱极大值波数与两谐波波数不对应。随着空间长度与波长比 D/λ_m 增加，主、旁瓣变窄，两模态谱分离，容易识别，对波数及能量接近的不同模态波分离需较大传播距离。

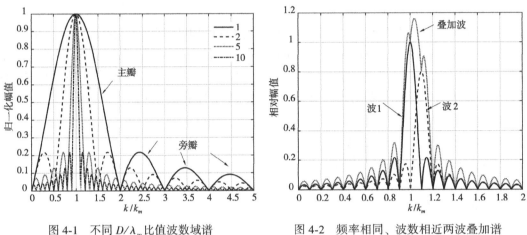

图 4-1　不同 D/λ_m 比值波数域谱　　　　图 4-2　频率相同、波数相近两波叠加谱

利用关系式 $c = \omega/k$ 或波长 $\lambda = 2\pi/k$，图 4-1 所示波数域谱可转换成相速度或波长域谱，转换后主瓣及旁瓣分布见图 4-3，可以看出，谱主瓣及旁瓣在相速度或波长增加方向分布较宽。

根据第 2 章介绍的模态频散曲线低频及高频渐近趋势，随着频率增加，波长变小，测试区间长度与波长比 D/λ 增大，主瓣及旁瓣变窄。在频率-相速度域，主瓣宽度（沿相速度方向分布）也随频率增加变窄，主瓣宽度随频率变化见图 4-4。当主瓣较窄时，易于人为判断谱极值位置。

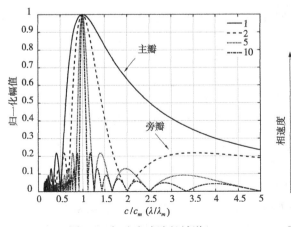
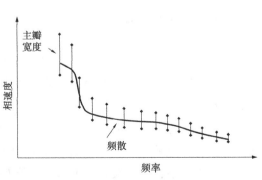

图 4-3　相速度或波长域谱　　　　　　图 4-4　瑞利波谱主瓣宽度随频率变化示意图

以上分析是基于位移响应，实际上，表面波测试常采用动圈式的电磁感应传感器，测量的是表面竖直向质点速度响应，质点速度谱与位移谱关系为

$$V_z = \frac{\partial u_z}{\partial t} = \mathrm{i}\omega U_z \tag{4.4}$$

由第 1 章可知，对均匀半无限体，位移响应谱与振源谱分布一致。对主频 100Hz Ricker 子波源位移响应谱与质点速度谱比较见图 4-5，可以看出，相对于位移响应谱，质点速度响应谱向频率增大方向偏移。

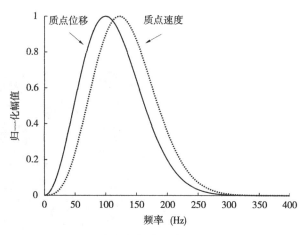

图 4-5　质点位移谱与质点速度谱比较

对有限空间长度 D 波场位移响应分析，相当于用空间长度为 D 窗口对整个波场信号截取。假设截断窗口空间函数用 $w(x)$ 表示，谱用 $W(k)$ 表示，则加窗口后信号可表示为

$$\widetilde{U}(\omega, x) = w(x) \cdot U(\omega, x) \tag{4.5}$$

加窗后波数域谱为

$$\hat{\widetilde{U}}(\omega, k) = \frac{1}{2\pi}W(k) * \hat{U}(\omega, k) = \frac{1}{2\pi}\int_{-\infty}^{\infty} W(\tau) \cdot \hat{U}(\omega, k - \tau)\mathrm{d}\tau \tag{4.6}$$

式中，符号"$*$"表示卷积，τ 表示积分变量。

受截断窗口函数谱 $W(k)$ 影响，截断后的信号谱 $\hat{\widetilde{U}}(\omega, k)$ 不同于连续信号原始谱 $\hat{U}(\omega, k)$。由冲激函数 $\delta(k)$ 特性可知，只有截断窗口函数谱接近冲激函数，即窗口长度无限时，$\hat{\widetilde{U}}(\omega, k)$ 才趋于 $\hat{U}(\omega, k)$。谱 $W(k)$ 与窗口空间宽度及窗口类型有关，常用窗有矩形、汉宁、哈明窗等。

对矩形空间窗口，主瓣较窄，在此情形下，由谱容易人为识别模态的能量脊线（能量极大值），但旁瓣较多，且能量较大，谱旁瓣容易与其它模态谱叠加，导致其它模态能量脊线误判。用汉宁或哈明窗对空间域响应 $U(\omega, x)$ 调制，可以有效消除旁瓣能量，但由于主瓣变宽，波数相近的波谱会相互叠加。控制主瓣宽度及旁瓣谱泄漏有效方法就是增加

分析信号空间长度。

4.1.2　多道信号 *f-k* 域分析

均匀半无限体材料力学参数如第 3 章所述，距振源 $0.4 \sim 24\text{m}$ 区域内间距 $\Delta x = 0.4\text{m}$ 表面各测点数值模拟响应见图 4-6(a)。切除无反射边界寄生的微弱反射波，对模拟响应信号作二维傅里叶变换(时间域补零至 8192 点，空间域补零至 256 点)，频率-波数域谱见图 4-6(b)。利用关系 $c = 2\pi f/k$，将谱转换至频率-相速度域，见图 4-6(c)，随频率增加，谱主瓣宽度减小，谱极值(亮度或灰度值最大)对应的相速度与瑞利波相速度理论值 $c_{\text{R}} = 120.6\text{m/s}$(点线表示)接近。

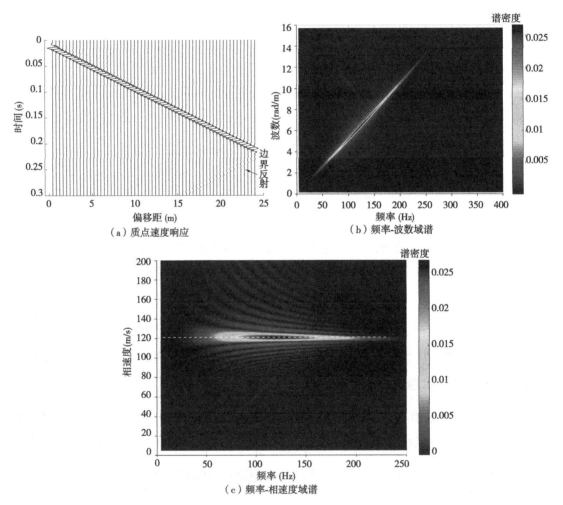

（a）质点速度响应　　　　　　　（b）频率-波数域谱

（c）频率-相速度域谱

图 4-6　均匀半无限体表面响应及响应谱

对第 3 章所述的层状介质，表面各测点质点速度响应阵列见图 4-7(a)，波形弥散明显。频率-波数域谱见图 4-7(b)，白色虚线为谱脊线，将谱转换至频率-相速度域，见图 4-

7(c)，白色虚线为谱脊线对应的频散曲线，点线为基阶模态理论频散曲线，频率越高，谱瓣宽度越窄。

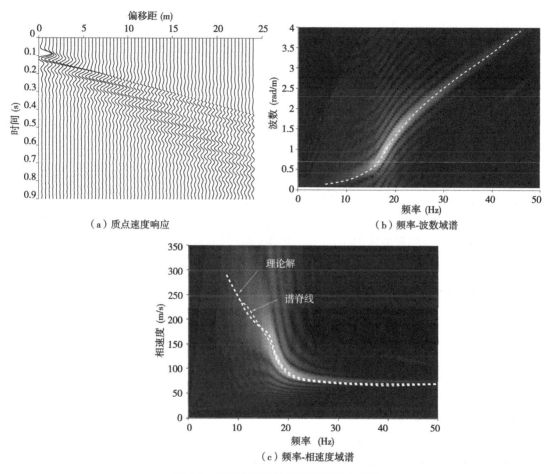

（a）质点速度响应　　　　　　　　　　（b）频率-波数域谱

（c）频率-相速度域谱

图 4-7　层状半无限体表面响应及响应谱

　　将前述数值模拟表面响应存储成文本格式数据文件，响应信号频率-波数或频率-相速度域谱计算 MATLAB 代码如下：

```
clc;
clear;
fid = fopen('timefile.txt', 'r');      % 读取数值模拟或测试信号离散点对应时间。
t = fscanf(fid,'%12e', [1 inf]);
fclose(fid);
t = t';
%读取数据文件。
FileName = {'surf1.txt';'surf2.txt';'surf3.txt';'surf4.txt';'surf5.txt';'surf6.txt';'surf7.txt';
```

```
                                 ′surf8. txt′;′surf9. txt′;′surf10. txt′;′surf11. txt′;′surf12. txt′};
Nf = 12;
for i = 1: Nf
    fid = fopen( char( FileName( i) ) ,′r′) ;
Dptemp = fscanf( fid,′%12e,%12e,%12e,%12e,%12e′, [ 5 inf] ) ;    % 数据文件有 5 列
数据，每列对应一个测点响应。
fclose( fid) ;
j0 = ( i−1) ∗ 5+1; j1 = i ∗ 5;
Dp( j0: j1,:) = Dptemp( 1: 5,:) ;
end
Dp = Dp′;
[ tmax, LenT] = max( t) ;    % 信号时间长度及离散点数量。
n = 60; Dx = 0.4; Dt = ( t( LenT) −t( 1) ) /LenT; Cr = 120.6;    % 本算例 60 个测点数据，
相邻测点距 0.4m，瑞利波速 120.6m/s，由最大时间间隔及离散点数量计算平均时间间
隔( 注: LS-DYNA 计算结果相邻点时间步长略有不同) 。
% 几何校正消除几何衰减影响。
    for j = 1: n
      Dp( :, j) = Dp( :, j) ∗ sqrt( j) ;
        end
% 施加汉宁或哈明窗。
%汉宁窗。
% X0 = ( n−1) ∗ Dx/2. ;
% x( 1: n) = pi ∗ ( ( 0: n−1) ∗ Dx−X0) ;
% w = 0.5+0.5 ∗ cos( x/X0) ;    %%%%哈明窗为 w = 0.54+0.46 ∗ cos( x/X0) 。
% for j = 1: n
% %        Dp( :, j) = Dp( :, j) ∗ w( j) ;
%        end
%        hold on
% 以与振源中心距离为横轴、时间为纵轴画响应阵列。
%    for j = 1: n
% plot ( 0.5 ∗ Dp ( 1: LenT, j) /max ( Dp ( :, 30) ) + j ∗ Dx, t ( 1: LenT) ,′ − k′,
′LineWidth′, 1) ;    %改变信号显示比例，取第 30 道信号最大值对各道信号进行归一
化处理。
%  end
%    set( gca,′YColor′,′k′,′YDir′,′reverse′)
%        Fun1Stop
```

ss。

```matlab
% LenT = 1000;
% 画响应等值线云图。
%    surf((1：n) * Dx, t(1：LenT), Dp(1：LenT, 1：n)/max(Dp(1：LenT, 1)));
%    colormap jet; shading interp; view(0, 90);
%       Fun2Stop
% 作二维傅里叶变换。
Nt = 1024 * 8; Nx = 512;      % 通过补零增加频率及波数分辨率。
Nstart = 1; Nend = 60; Nch = Nend-Nstart+1; Lrec = 1000;
Deltf = 1/(Nt * Dt);
Deltk = 2 * pi/(Nx * Dx)      % 波数分辨率。
FreSpec = fft(Dp(1：Lrec, Nstart：Nend), Nt);
FreSpec = FreSpec';
FreSpec2 = fft(FreSpec(1：Nch,:), Nx);
N0 = 5; N1 = 1000;
%频率-波数域谱。
%       surf((N0：N1) * Deltf, 2 * pi./((N0：Nx) * Deltk), abs(FreSpec2(N0：Nx, N0：N1)));
%       surf((N0：N1) * Deltf, ((N0：Nx) * Deltk), abs(FreSpec2(N0：Nx, N0：N1)));
% colormap jet;
% shading interp
% view(0, 90);
% xlim([0, 500]);
% ylim([0, 16]);
% % set(gca,'YDir','reverse')
% Fun3Stop
%将频率-波数域谱转换频率-相速度域谱。
Deltc = 1; Ncstep = 500;     % Deltc 为相速度间隔, Ncstep 为相速度步数。
Nc = 1000;
CfSpec(1：Ncstep, 1：Nc) = 0.;
for i = 1：Nc
for j = 1：Ncstep
    Kcal = 2 * pi * Deltf * i/(Deltc * j);     % 计算波数。
    Kinc = Kcal/Deltk;     % 对应的波数离散点数。
    Nk0 = fix(Kinc)+1;
    Nk1 = Nk0+1;
```

```
    if Nk1<=Nx && Nk0>0
CfSpec(j, i)= abs(FreSpec2(Nk0, i))+(Kinc+1-Nk0) * (abs(FreSpec2(Nk1, i))-abs
(FreSpec2(Nk0, i)));　% 利用频率-波数域谱通过插值计算频率-相速度谱。
    end
end
end
%    surf((N0:N1) * Deltf/120.6, (N0:Ncstep) * Deltc/120.6, abs(CfSpec(N0:
Ncstep, N0:N1)));　% 波长-相速度谱。
    surf((N0:N1) * Deltf, (N0:Ncstep) * Deltc, abs(CfSpec(N0:Ncstep, N0:
N1)));　% 频率-相速度。
colormap jet;
shading interp
view(0, 90);
xlim([0, 250]);
ylim([0, 200]);
% set(gca,'YDir','reverse')
%Fun4stop
```

注：该代码包含响应信号加窗处理以及响应信号阵列、等值线云图、频率-波数域谱、频率-相速度域谱及波长-相速度谱绘制。在一些代码前加或删除注释符号%，就可得到不同结果。

4.2　层状介质中多模波场

4.2.1　不同模态瑞利波可激性

可激性定义为一点瑞利波位移与简谐荷载幅值比值[1]。由第 2 章式(2.28)可知瑞利波可激性与特征位移函数 $\phi_x^m(z)$ 及 $\phi_z^m(z)$ 有关。由于表面波测试测量的是表面质点振动响应，本书中可激性主要指瑞利波在表面可探测性。不同模态、不同频率成分瑞利波能量沿深度分布不同，一些频率成分瑞利波总能量虽然较大，但在近表面能量较小，这些频率成分瑞利波可探测性低。对均匀介质，由第 1 章式(1.26)可知，表面($z=0$)水平向及竖直向特征位移为

$$\phi_x\big|_{z=0} = \gamma - 2\tilde{\alpha}\,\tilde{\beta}\ ,\ \phi_z\big|_{z=0} = \tilde{\alpha}(\gamma - 2) \tag{4.7}$$

表面特征位移与频率无关，这意味着不同频率瑞利波具有相同的可激性。

对层状介质，不同模态瑞利波可激性不同，同一模态波不同频率成分可激性也不同。三种典型分层介质参数见表4-1，情形Ⅰ中剪切波速逐层递增，情形Ⅱ及情形Ⅲ中第二层分别为硬层及软层，且与相邻上下层剪切波速差异较大，表中括号为由第 1 章式(1.22)计

算的层介质瑞利波速。

表 4-1　　　　　　　　　　　　　分 层 参 数

分层	层厚度(m)	剪切波速(m/s)			密度 (kg/m³)	泊松比
		I	Ⅱ	Ⅲ		
1	2	80(74.8)	120(112.2)	250	1800	0.35
2	4	250(233.7)	300	80	1800	0.35
3	8	300(280.4)	200(187.0)	300	1800	0.35
半无限体	∞	360(336.5)	360	360	1800	0.35

表 4-1 层状介质中瑞利波在 0~50Hz 频率范围内有多个高阶模态,分析此频率范围内各模态瑞利波可激性不失一般性,三种典型分层中前五阶瑞利波表面竖直向相对位移见图 4-8。

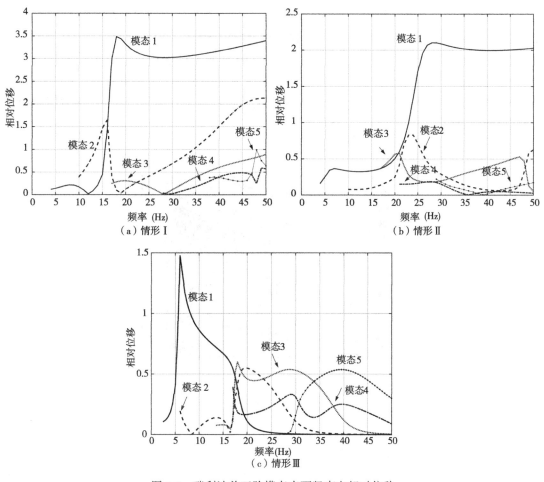

图 4-8　瑞利波前五阶模态表面竖直向相对位移

由图 4-8 可以看出，对情形 I，低频域（<15Hz）模态 1（基阶模态）瑞利波可激性较低，在 15Hz 附近，可激性跳跃增加，在 15~50Hz 频率范围，基阶模态可激性高于高阶模态可激性，这表明，在此频率范围，表面波场由基阶模态波主导。对情形 II，在图示频率范围，波场仍由基阶模态波主导，但低频（<20Hz）的基阶模态波可激性比高频低。对情形 III，在小于 15Hz 频率范围，基阶模态波可激性很高，当频率超过 15Hz 时，基阶模态波可激性快速降低，高阶模态波可激性增加，表面波场由高阶模态波主导。

4.2.2 可激性对表面响应谱影响

当瑞利波可激性较低，这些频率成分瑞利波在波场能量较低。受其它频率成分谱泄漏（主瓣及旁瓣）及波场体波影响，从谱图难以识别这些频率成分瑞利波。虽然瞬态振源包含丰富的频率成分，但能量仅集中分布于有限频率区间，波场不同频率瑞利波能量除了受可激性影响还受振源频率成分能量分布影响。下面以不同主频 Ricker 子波振源为例，分析表 4-1 分层介质中瑞利波可激性对表面波场响应影响。

对情形 I，由图 4-8(a) 可知，在小于 15Hz 频率范围，基阶瑞利波可激性较低，为确保在此频率范围瑞利波有较大能量，取 Ricker 子波源主频为 10Hz。距振源中心 0.4~24m 区域表面波场中相邻点间距 0.4m 竖直向质点速度响应见图 4-7(a)，频率-相速度域响应谱见图 4-9。可以看出，虽然振源主频为 10Hz，但表面波场瑞利波能量集中分布于 16~22Hz 频率范围，这是由于在振源主频附近基阶瑞利波可激性低，能量较弱。在 16~22Hz 频率范围，基阶瑞利波可激性远高于高阶瑞利波，波场由基阶瑞利波主导，谱脊线与模态 1 频散曲线较吻合。

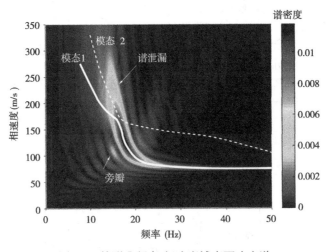

图 4-9 情形 I 频率-相速度域表面响应谱

对情形 II，主频 10Hz 与主频 20Hz 表面不同位置竖直向质点速度响应见图 4-10，频率-相速度域响应谱见图 4-11。由图 4-11 可以看出，不同主频振源激发瑞利波能量集中分布于 25~40Hz 频率范围，在此频率范围谱分布类似，谱脊线与基阶模态频散曲线比较接近。瑞利波能量分布频率范围与振源主频不一致，这是由于基阶瑞利波在 25～40Hz 频率范围具有相对较高的可激性所致，见图 4-8(b)。对主频 10Hz 振源，在 5～25Hz 频率范围有微弱能量分布，以模态 1、2 理论频散曲线为参照，这些谱分布并不对应模态 1 或 2 瑞利波。

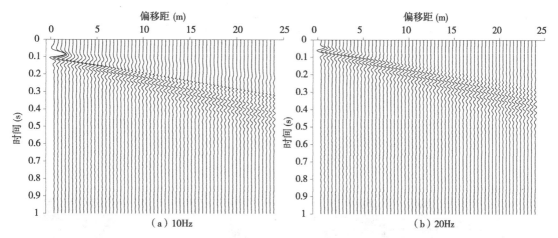

图 4-10 不同主频 Ricker 源作用下情形 Ⅱ 表面竖直向质点速度响应

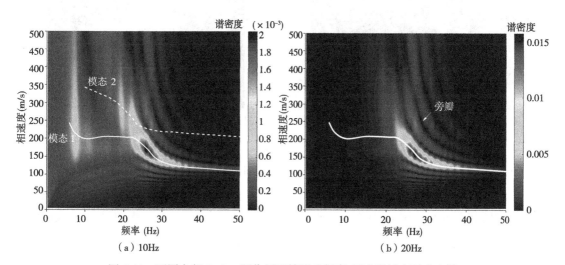

图 4-11 不同主频 Ricker 源作用下情形 Ⅱ 频率-相速度域表面响应谱

对情形 Ⅲ，主频 10Hz 及 20Hz 振源下表面不同位置竖直向质点速度响应见图 4-12。由图 4-8(c)可知，在小于 17Hz 频率范围，基阶瑞利波可激性相对较高，波场由基阶瑞利波主导，在大于 17Hz，高阶模态瑞利波可激性相对较高，波场由高阶模态瑞利波主导。以前五阶模态理论频散曲线为参照，主频 10Hz 源响应谱主要对应于低频基阶模态波，见图 4-13(a)，主频 20Hz 源响应谱除了有基阶模态波外，还有部分频率范围高阶模态波，见图 4-13(b)。

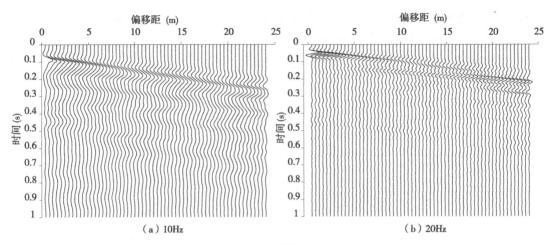

图 4-12　不同主频 Ricker 源作用下情形Ⅲ表面竖直向质点速度响应

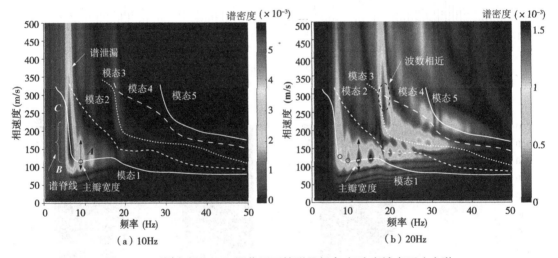

图 4-13　不同主频 Ricker 源作用下情形Ⅲ频率-相速度域表面响应谱

假设瑞利波可激性用 $\eta(f)$ 表示，则表面瑞利波质点位移 $U(f)$ 与振源谱 $S(f)$ 及可激性 $\eta(f)$ 比例关系为

$$U(f) \propto \eta(f)S(f) \tag{4.8}$$

以上分析表明，由于层状介质中瑞利波可激性随频率变化，为得到较宽频率范围瑞利波频散数据，需采用不同振源，以便能激发不同频率范围波。

4.3　谱泄漏对 MASW 影响

由 4.1 节可知，由有限空间区域谐波信号得到的振幅谱存在泄漏现象，谱泄漏导致谱出现一个主瓣及多个旁瓣，旁瓣易被误为高阶模态谱，此外，相邻模态主瓣及旁瓣相互叠加会改变谱分布。当主瓣较宽时，谱能量呈带状分布，谱脊线分辨率较低，这样，由谱云图人工提取频散数据误差范围也会增加。上述情形Ⅲ波场有高阶模态瑞利波，下面以情形Ⅲ为例，分析谱泄漏对 MASW 影响。

4.3.1 空间截取窗口类型

记录信号时间长度及测试空间长度有限，相当于利用时间及空间窗分别对激发波场响应截取。截取窗口有很多类型，常用的有矩形窗、汉宁及哈明窗等。图 4-14 所示是三种常用窗口频率-波数域谱图，谱主峰位于原点，矩形窗相对其它窗优点在于主瓣相对较窄，但缺点在于旁瓣较大。汉宁及哈明窗可有效消除旁瓣，但主瓣较宽。

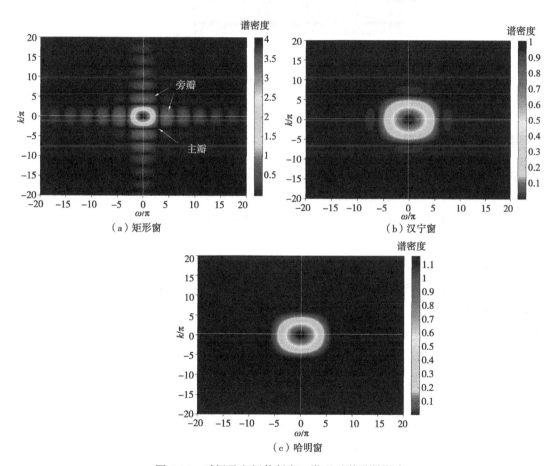

图 4-14　时间及空间截断窗口类型对谱泄漏影响

由于时间长度较长，频率方向相对波数方向谱泄漏可不考虑。对主频 20Hz Ricker 子波源作用下情形Ⅲ波场响应加汉宁空间窗，加窗后响应谱见图 4-15，与图 4-13(b)所示矩形窗谱相比，虽然汉宁窗可以消除旁瓣影响，但由于主瓣变宽，主瓣叠加更严重，影响模态区分及频散曲线提取(若无理论频散曲线作参照，难以由谱密度图灰度或亮度极大值提取正确频散曲线)。

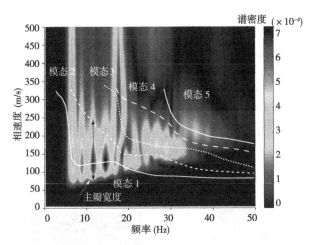

图 4-15　情形Ⅲ表面响应加汉宁空间窗后谱（主频 20Hz）

4.3.2　陡变型谱

由第 2 章可知，当基阶模态频率趋于低频极限（接近零）或高阶模态频率趋于截止频率，相速度渐近于底部半无限体介质瑞利波速。若半无限体剪切波速与上覆各层介质剪切波速差异较大，在低频极限及截止频率附近，瑞利波相速度随频率变化梯度较大，相速度呈跳跃式变化。

由图 4-1 可知测试区间长度 D 与波长 λ 比值影响谱泄漏。为了分析 D/λ 比值影响，利用关系式 $k = 2\pi/\lambda$ 将图 4-13 频率-波数域谱转换成频率-波长域谱，见图 4-16。以前四阶模态理论频散曲线作参照，图 4-16(a) 谱极值点 A 点上下区域为主瓣，主瓣在点 A 上方（即波长或相速度增加方向）分布宽度相对较大。在空间长度 D 不变的情况下，区域 BC（波长较大）各点 D/λ 比值较小，主瓣比 A 处宽。由于 BC 区域谱脊线随频率陡变，主瓣会在谱脊线沿波长增加方向延伸，泄漏谱延伸易被误判为谱脊线，导致计算相速度陡增。

图 4-16(b) 中模态 3 泄漏谱在波长增加方向沿谱脊线呈跳跃式延伸。在高频区域，瑞利波各模态趋于较弱层瑞利波速，由于相速度缓变且波长较小，D/λ 比值较大，主瓣较窄，峰值较易识别，人工提取频散数据精度相对较高。

4.3.3　高阶模态影响

对基阶瑞利波主导的波场，即使高阶模态与基阶模态瑞利波无法分离，由于高阶模态能量相对较小，它们对谱脊线变化影响不大。当测试区间长度较大时，高阶模态可以与基阶完全分离。

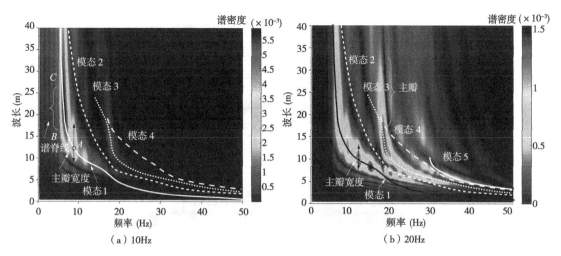

图 4-16 不同主频 Ricker 源作用下情形 Ⅲ 频率-波长域表面响应谱

对高阶模态主导的波场，不同频率区间主导模态阶次及数量不同。当相邻模态传播速度相近，模态间主瓣及旁瓣可能相互叠加，叠加导致谱脊线偏移，谱脊线对应的相速度高于低阶模态相速度，但低于高阶模态相速度。图 4-13（b）显示在 17～20Hz 频率区间（图中椭圆所示）模态 3 及模态 4 的相速度非常接近，这两种模态波相互叠加导致谱脊线相速度高于模态 3 相速度。已知分层参数情况下，以理论频散曲线作参照及各模态表面相对位移可以分析谱泄漏对谱分布影响，但在分层结构及参数未知情况下，由谱脊线提取频散数据则困难得多，也会影响分层结构及层参数分析。高阶模态对频散曲线提取影响主要体现在以下几方面：

（1）不同阶次模态影响频率范围不同，无法得到分析频率范围模态完整频散数据；

（2）不同频率区间谱脊线对应不同模态频散曲线，模态阶次识别存在困难。由于同一频率处高阶模态瑞利波相速度高于低阶模态，高阶模态能量分布深度相对更大，一旦将高阶模态误作为低阶模态，就会导致层结构划分错误及高估深层剪切波速；

（3）当相邻模态在相邻频率区间相速度相近，难以判断不同阶次模态存在，易将不同模态频散误作为单个模态频散。譬如，图 4-13（b）所示模态 2 在 20～25Hz 谱易被误作模态1 谱；

（4）相速度相近模态间谱相互叠加导致提取的频散为不同模态叠加后峰值相速度，它不同于其中之一模态频散。

在没有理论频散曲线参照情况下，由图 4-13（b）谱脊线提取频散数据曲线见图 4-17，提取的频散数据与实际相差较大，对复杂多模态波场频散数据提取方法及分析尚待发展。

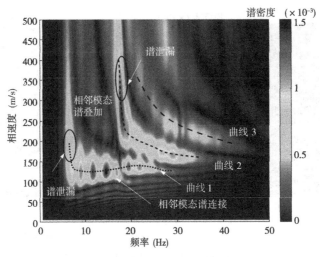

图 4-17　谱极值提取频散曲线模态识别错误

4.4　空　间　假　频

用符号 $u(x, t)$ 表示波场位移响应，其中，x 表示沿测线远离振源方向，t 表示时间。多道测试第 i 测点位置为 $x_i = S + i\Delta x$（$i = 0, 1, 2, \cdots, M-1$，M 为测点数），S 为振源与最近测点距离，Δx 为相邻测点距，如图 4-18 所示。第 i 测点响应信号可表示为 $u(x_i, t)$。

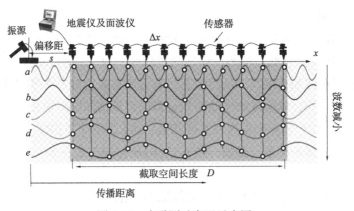

图 4-18　多道测试布置示意图

测点传感器输出的是连续电信号，也称模拟信号。面波或地震仪是常用记录多测点信号仪器，仪器每个记录通道（channel）包含信号模数转换器（简称 A/D 转换电路），通过模数转换器可对连续模拟信号抽样得到离散数字信号。假设 Δt 为抽样点时间间隔，第 i 点抽样后离散序列表示为 $u(x_i, t_j)$，这里 $t_j = j\Delta t$ （$j = 0, 1, 2, 3, \cdots, N-1$，$N$ 为测点信号抽样点数）。用符号 f_s 表示抽样频率，$f_s = 1/\Delta t$。在抽样过程，信号大于奈奎斯特频率 $f_{Nyq} = f_s/2$ 频率成分会以较低频率成分出现，与真实低频信号谱叠加，谱出现频率混叠（aliasing）或假频现象。

波场在 x 方向离散由测点数量 M 及间距 Δx 控制（图 4-18 中空心圆表示不同测点对不同频率成分波响应抽样点），空间抽样频率（波数）为 $k_s = 2\pi/\Delta x$（单位 rad/m）或 $k_s = 1/\Delta x$（单位 1/m）。当波场波数大于奈奎斯特波数（$k_{Nyq} = k_s/2$），空间抽样也存在空间假频现象。譬如，在频率范围 $[0, f_s/2]$，波数介于 $k_s/2 < k < k_s$ 正向波会以波数 $k - k_s$（波数范围 $-k_s/2 < k < 0$）虚假反向波形式出现，下面以不同空间抽样间隔情形下谐波谱变化说明空间假频现象。在时间 - 空间域中，简谐波同相轴线斜率倒数代表波相速度。假设谐波频率分别为 10Hz、50Hz、60Hz 及 100Hz，相速度为 2000m/s。取空间抽样间隔 $\Delta x = 10$m，相应的奈奎斯特波数 $k_{Nyq} = 0.05$（1/m），简谐波谱见图 4-19，无空间假频现象。

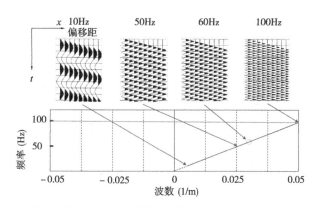

图 4-19 在空间抽样间隔 $\Delta x = 10$m 情形下不同频率成分谐波谱在波数–频率域位置

当空间抽样间隔 $\Delta x = 20$m 时，$k_{Nyq} = 0.025$（1/m），频率 60Hz 谐波信号波数大于 k_{Nyq}。由图 4-20 可以看出，相比抽样间隔 $\Delta x = 10$m 信号，抽样间隔 $\Delta x = 20$m 信号在传播方向抽样数量较少，信号阵列出现虚假负同相轴，即出现波传播方向与正向相反假象，谱位于负波数象限。

傅里叶分析引入负时间及负频率是为了函数系的完备性，只有数学意义，在岩土工程中没有明确物理意义。但负空间及负波数则有明确的物理意义，负空间表示相对参考位置与约定方向相反的空间。由正、反方向谐波项 $e^{i(\omega t \mp kx)} = e^{i\omega(t \mp c/x)}$ 可知，负波数表示沿约定正方向相反方向传播的波。若定义波由振源中心向外传播为正向波，由远处向振源中心传播的波为反向波或负向波，在无反向波情形下，将负波数方向谱（阴影部分）向右平移 k_s 可得 60Hz 信号波数，见图 4-20。

对波数位于范围 $k_s < k < k_s + k_s/2$ 波，谱位于 $[0, k_s/2]$ 范围，不同于实际波数，谱出现空间假频。

假频会导致出现多条虚假谱，一方面，当波场只有基阶模态波谱时，易将虚假谱误作

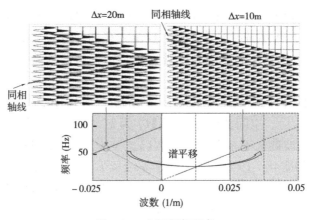

图 4-20　空间假频现象

为高阶模态谱；另一方面，当波场有多个模态波时，虚假谱会影响高阶模态波谱识别，甚至会与高阶模态波谱相互叠加。为避免假频现象，要求波场响应信号时间及空间抽样满足抽样定理，即

$$f_s \geqslant 2f_{max}, \quad k_s \geqslant 2k_{max} \tag{4.9}$$

这里，f_{max} 及 k_{max} 分别为波场最大频率及波数。在不考虑反向波影响情况下，由图4-20可知，空间抽样条件可放宽至 $k_s \geqslant k_{max}$。

锤击或落重激发波场的频率及波数范围较宽，在对波场响应信号抽样之前，需要根据抽样频率对模拟电信号低通滤波，低通滤波频率 f_{Lp} 应满足 $f_{Lp} < f_{Nyq}$，测点信号抽样过程见图 4-21。

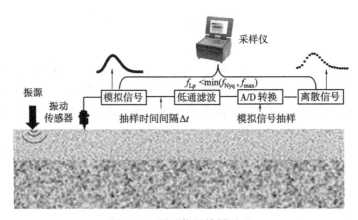

图 4-21　测试信号抽样过程

波场在 x 方向离散由人为布置测点数量 M 及间距 Δx 控制，一旦测点距与波场最大波数不满足抽样定理，就会产生空间假频。测试场地上分层结构及层参数决定瑞利波频散曲线，由第 2 章可知层状介质中各阶模态瑞利波相速度介于最软层与下伏半无限体瑞利波速之间，由波数、频率及相速度关系 $k = 2\pi f/c$ 可知，波场最大波数并不是独立的，而是与

信号最大频率成分及最软层瑞利波速或剪切波速有关。这意味着通过低通滤波方法也可达到消除空间假频目标。低通滤波消除空间假频方法步骤如下：

（1）根据待测试场地或附近场地勘探报告，了解最软层土性，按照有关规范中土性剪切波速度建议值范围，预估场地最软层剪切波速或根据波速测试资料得到最软层剪切波速，用符号 $c_{s,min}$ 表示；

（2）利用介质瑞利波速与剪切波速及泊松比回归关系式（1.22），取泊松比 $\nu = 0.35$，得最软层介质瑞利波速 $c_{R,min} \approx 0.935 c_{s,min}$；

（3）为避免空间假频，由测点距计算波场最大波数 $k_{max} = \pi/\Delta x$（波场有反向波）或 $k_{max} = 2\pi/\Delta x$（波场无反向波，将负波数谱向右平移 k_s）；

（4）由最大波数及最软层土的瑞利波波速计算避免空间假频临界频率 f_{crit}，$f_{crit} = k_{max} c_{R,min}/(2\pi)$；

（5）取 f_{Nyq} 与 f_{crit} 较小值，在多道信号记录仪采样界面设置低通滤波频率 $f_{Lp} < \min(f_{Nyq}, f_{crit})$。

以上消除频率-波数域谱假频方法虽然简单方便，但易受预估最小瑞利波速与实际最小值差异影响。另一种方法就是在频率-相速度谱人为判断出现空间假频临界频率，判断方法如下：将频率-波数域谱转换至频率-相速度域谱，过原点作一条斜率 $c/f = 2\Delta x$（波场存在反向波，负波数谱不能向右平移）或 $c/f = \Delta x$（波场无反向波，负波数谱可以向右平移）直线，斜线及上方谱对应的波数满足抽样定理，斜线下方谱的波数不满足抽样定理。斜线与谱第一个交点频率用 f_{crit}，大于该频率区域谱可能有空间假频，见图 4-22 阴影区域。下面以数值模拟响应谱来说明判断空间假频方法。

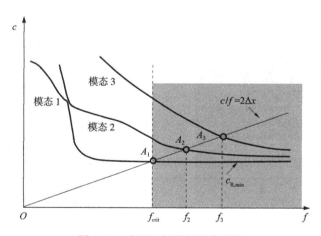

图 4-22　出现空间假频频率范围

层状半无限体的表层厚度为 0.5m，剪切波速为 80m/s，泊松比为 0.35，密度为 1700kg/m³，下伏半无限体剪切波速为 130m/s，泊松比为 0.3，密度为 1800 kg/m³。表层介质瑞利波速约 $c_{R,1} \approx 74.8$m/s，半无限体介质瑞利波速 $c_{R,\infty} \approx 120.6$m/s。在 0~200Hz 频率范围，瑞利波只有两个模态，频散曲线及竖直向相对位移曲线见图 4-23，由图 4-23（b）

可以看出波场由基阶模态波主导。数值模拟层状介质在主频 100Hz Ricker 子波源作用下表面响应，分别以间距 $\Delta x = 0.4$m 及 0.8m 得到距振源 0.4~16m 区间波场表面测点竖直向质点速度响应。由于没有反向波，负波数谱可以向右平移 k_s，得到 $0~k_s$ 范围谱，频率-相速度谱见图4-24。可以看出，波场由基阶模态波主导，虽然模态 2 可以分离出来，但能量相对较小，不易识别。对空间抽样 $\Delta x = 0.4$m，过原点作斜率 $c/f = 0.4$ 斜线，斜线经过之处无谱分布，见图 4-24（a），这表明在图示频率范围内无空间假频。对空间抽样 $\Delta x = 0.8$m，过原点作斜率 $c/f = 0.8$ 斜线，斜线与模态 1 谱相交，见图 4-24（b），交汇点频率 $f_{\text{crit}} = c_{R,1}/\Delta x \approx 93.5$Hz，在交汇点右侧出现梯度很大谱，它由空间假频所致。

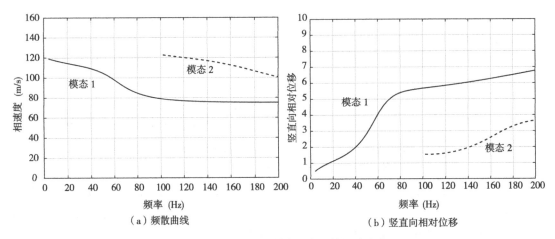

图 4-23　层状半无限体中瑞利波（表层剪切波速为 80m/s）

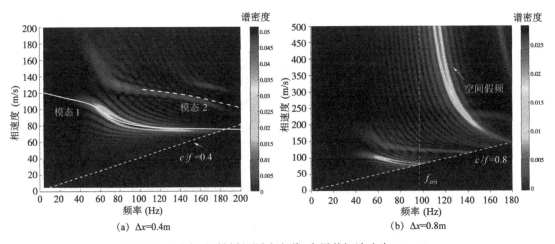

图 4-24　不同空间抽样间隔响应谱（表层剪切波速为 80m/s）

若取表层剪切波速为 40m/s（取此参数仅是为了说明空间假频），其它参数不变，在此情形下，在 0~200Hz 范围内，瑞利波有五阶模态，模态频散曲线及竖直向相对位移曲线见图 4-25。虽然在大部分频率范围瑞利波基阶模态主导波场，但高阶模态仍有较强能量。分别以间距 $\Delta x = 0.4\text{m}$ 及 0.8m 对距振源 $0.4 \sim 24\text{m}$ 区间波场表面测点竖直向质点速度响应抽样，不同空间抽样间隔响应谱见图 4-26。由图 4-26(a) 可以看出，在部分频率区间，前三阶模态谱脊线与理论频散曲线较吻合，过原点作斜率 $c/f = 0.4$ 斜线，斜线与模态 1 谱交汇点右侧有梯度很大谱，谱幅值较小，它是模态 1 产生空间假频。对 $\Delta x = 0.8\text{m}$，斜率 $c/f = 0.8$ 斜线与模态 1、2 及 3 谱有交汇，这些模态谱会产生空间假频，见图 4-26(b)。

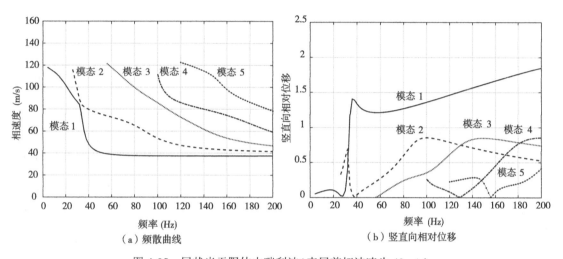

（a）频散曲线　　　　　　　　　　（b）竖直向相对位移

图 4-25　层状半无限体中瑞利波（表层剪切波速为 40m/s）

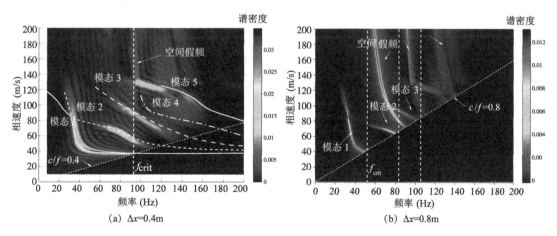

（a）$\Delta x = 0.4\text{m}$　　　　　　　　　（b）$\Delta x = 0.8\text{m}$

图 4-26　不同空间抽样间隔响应谱（表层剪切波速为 40m/s）

空间假频临界频率 f_{crit} 与最软层土性参数有关。假设最软层土泊松比 0.35，由关系 $f_{\text{crit}} = c_{\text{R,min}}/\Delta x$ 可得不同最软土剪切波速及测点距情形下临界频率值，见表 4-2，表中括号数据为最软土瑞利波速。

表4-2　　　　　　　　　　　出现空间假频参考临界频率　　　　　　　　（单位：Hz）

c_s(m/s) ＼ Δx(m)	0.5	0.6	0.7	0.8	0.9	1.0	1.2	1.4	1.6	1.8	2.0
100（93.5）	187.0	155.8	133.6	116.9	103.9	93.5	77.9	66.8	58.4	51.9	46.8
110（102.8）	205.6	171.3	146.9	128.5	114.2	102.8	85.7	73.4	64.3	57.1	51.4
120（112.2）	224.4	187.0	160.3	140.3	124.7	112.2	93.5	80.1	70.1	62.3	56.1
130（121.5）	243	202.5	173.6	151.9	135.0	121.5	101.3	86.8	75.9	67.5	60.8
140（130.9）	261.8	218.2	187.0	163.6	145.4	130.9	109.1	93.5	81.8[2]	72.7	65.5
150（140.2）	280.4	233.7	200.3	175.3	155.8	140.2	116.8	100.1	87.5	77.9	70.1
160（149.6）	299.2	248.7	213.7	187.0	166.2	149.6	124.7	106.9	93.3	82.9	74.6
170（158.9）	317.8	264.8	227.0	198.6	176.6	158.9	132.4	113.5	99.3	88.3	79.5
180（168.3）	336.6	280.5	240.4	210.4	187.0	168.3	140.3	120.2	105.2	93.5	84.2
190（177.6）	355.2	296.0	253.7	222.0	197.3	177.6	148.0	126.9	111.0	98.7	88.8
200（187.0）	374.0	311.7	267.1	233.8	207.8	187.0	155.8	133.6	116.9	103.9	93.5
210（196.3）	392.6	327.2	280.4	245.4	218.1	196.3	163.6	140.2	122.7	109.1	98.2
220（205.7）	411.4	342.8	293.9	257.1	228.6	205.7	171.4	146.9	128.6	114.3	102.9
230（215.0）	430.0	358.3	307.1	268.8	238.9	215.0	179.2	153.6	134.4	119.4	107.5
240（224.4）	448.8	374.0	320.6	280.5	249.3	224.4	187.0	160.3	140.3	124.7	112.2
250（233.7）	467.4	389.5	333.9	292.1	259.7	233.7	194.8	166.9	146.1	129.8	116.9
260（243.1）	486.2	405.2	347.3	303.9	270.1	243.1	202.6	173.6	151.9	135.1	121.6
270（252.4）	504.8	420.7	360.6	315.5	280.4	252.4	210.3	180.2	157.8	140.2	126.2
280（261.8）	523.6	436.3	374.0	327.2	290.9	261.8	218.2	187.0	163.6	145.4	130.9
290（271.1）	542.2	451.8	387.1	338.9	301.2	271.1	225.9	193.6	169.4	150.6	135.6
300（280.4）	560.8	467.3	400.6	350.5	311.6	280.4	233.7	200.3	175.3	155.8	140.2

注：以上数据是波数负半轴谱可以向右平移的情形下（波场无反向波），否则频率要减半。

4.5　浅层交界面折射波影响

波在层交界面反射，当上下层波速满足一定条件，还会形成折射波[2]。在图4-27中，波在介质2纵波速 c_{p2} 大于在介质1纵波速 c_{p1}，当入射角 α_I 满足：

$$\sin\alpha_{\mathrm{I}} = \frac{c_{p1}}{c_{p2}} \tag{4.10}$$

透射波在介质 2 沿交界面传播，沿交界面传播波称之为滑行波，滑行波又可看作新的入射波(入射角 90°)，不断向介质 1 透射，这种透射波称之为折射波。由于 $c_{p2} > c_{p1}$，在介质 1 表面距源较远处，会首先观测到折射波。

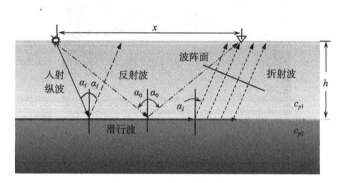

图 4-27　折射波传播路径

层状半无限体的表层厚度为 0.5m，剪切波速为 80m/s，泊松比为 0.35，密度为 1700kg/m³，下伏半无限体剪切波速为 130m/s，泊松比为 0.3，密度为 1800 kg/m³。由剪切波速及泊松比得到的表层及半无限体纵波速分别为 167m/s 及 243m/s，瑞利波速分别为 74.8m/s 及 120.6m/s。瑞利波频散曲线及竖直向相对位移见图 4-23。在主频 100Hz Ricker 子波源作用下，某时刻波场质点速度幅值云图见图 4-28。由云图可以看出介于半无限体 P-波与 S-波之间的折射波。以间距 $\Delta x = 0.4$m 得到距振源 0.4~16m 区间波场表面竖直向质点速度响应，响应谱见图 4-29，图中虚线椭圆区域谱相速度大于 120.6m/s，它是由折射波产生的。

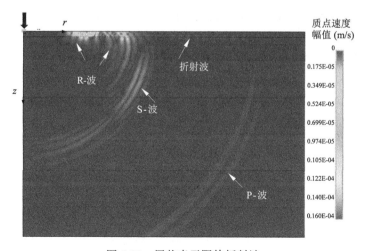

图 4-28　层状半无限体折射波

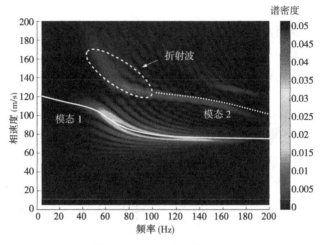

图 4-29　折射波对谱影响

4.6　几何衰减及材料衰减影响

由第 2 章可知, 不考虑时间项 $\mathrm{e}^{\mathrm{i}\omega t}$, 单一模态表面波的表面竖向质点位移幅值可写为

$$u_z^{\mathrm{R}}(r,\ \omega) = P(r,\ \omega)A(r,\ \omega) \tag{4.11}$$

式中, $P(r,\ \omega)$ 表示与相位有关的项, 其表达式为

$$P(r,\ \omega) = \mathrm{e}^{-\mathrm{i}kr+\mathrm{i}\varphi_0} \tag{4.12}$$

这里, k 及 φ_0 分别为波数及初始相位。$A(r,\ \omega)$ 为振幅, 可表示为

$$A(r,\ \omega) = S(\omega)\eta(\omega)\beta(r,\ \omega)\mathrm{e}^{-\alpha_{\mathrm{R}}(\omega)\cdot r} \tag{4.13}$$

式中, $S(\omega)$ 是振源的频率谱, $\eta(\omega)$ 为可激性函数, $\alpha_{\mathrm{R}}(\omega)$ 表示瑞利波材料衰减系数, $\beta(r,\ \omega)$ 描述在分层介质中瑞利波几何衰减。在均匀介质远场, 几何衰减近似为

$$\beta(r,\ \omega) \approx r^{-1/2} \tag{4.14}$$

$\alpha_{\mathrm{R}}(\omega)$ 一般随频率增加而增加, 某场地衰减系数随频率变化见图 4-30。

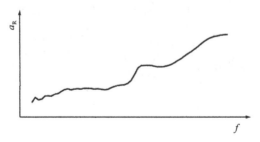

图 4-30　某场地瑞利波衰减系数随频率变化[3]

由图 4-30 可以看出高频波相对低频波衰减较快。在 MASW 测试，对高频波，除了波长与测点距 Δx 要满足空间抽样定理外，还要确保测试高频信号信噪比较高。对图 4-31 符号 a 所示高频波，波长较小，偏移距 S 及测试空间长度 D 都必须较小。对图 4-31 符号 e 所示低频波，由于波长较大，为确保主瓣较窄，测试空间长度 D 必须较大。此外，低频体波对表面波场影响范围较大（见第 5 章 5.4 节）。为降低体波影响，参数 S 也必须较大。因此，在多道表面波测试，要得到较宽频率频散数据，需改变测点布置参数 S、D 及振源频率成分，进行多次测试，由筛选后频散数据构筑所需频率范围频散数据。

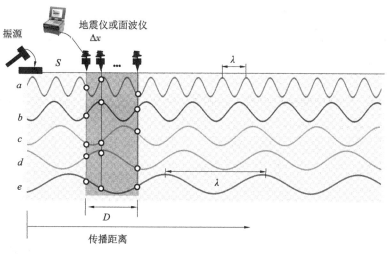

图 4-31 测点布置与波长关系

4.7 SASW 与 MASW 方法比较

4.7.1 测试原理

SASW 法是基于表面两点响应的相位谱分析，通过将折叠相位差展开得到实际相位差，由实际相位差及测点距计算相速度随频率变化。对多模波场，SASW 法得到的是各模态叠加后有效相速度（或表观相速度），无法得到模态频散曲线。受背景噪声及测试对象固有干扰波（体波）影响，折叠相位谱可能有虚假折叠，在低频区域，可能有折叠损失（遗漏），折叠相位展开一般要结合人为对折叠判断，当存在折叠损失，需对计算相速度进行校正，SASW 法计算有效相速度自动化程度较低。

MASW 法是基于表面多点响应的振幅谱分析，根据响应振幅谱脊线（极值迹线）来获取频散曲线。当测试空间长度较大时，可以分离波场主导模态，得到主导模态在部分频率区间频散曲线。由于背景噪声及固有干扰波相对瑞利波能量较小，MASW 测试分析抗干扰能力较强。由响应振幅谱脊线提取频散曲线自动化程度较高，曲线较为光滑，一致性较好。

4.7.2 测试仪器及传感器

SASW 法是利用表面两点测试，只要有两个或以上通道测试仪器即可，对测试仪器要求较低。当测试对象为土体介质，振源低频成分较多，可使用动圈式电磁速度计作测量传感器。对混凝土板或路面系统，振源高频成分较多，可使用加速度计作为测量传感器。由于利用相位差分析，SASW 法对两测点传感器相频特性一致性要求较高。

MASW 法是表面多点测试，要求有 12 及以上通道面波仪或地震仪作为信号采集仪器，对测试仪器记录通道要求较高。传感器一般使用动圈式电磁速度计，主要以土体介质为测试对象。由于基于响应的振幅谱分析，MASW 对测点传感器幅频特性一致性要求较高。

4.7.3 测试布置

SASW 测试一般采用偏移距与测点距相等 $(S=D)$ 布置方案，高频波采用小道距，低频波采用大道距。通过正反敲击消除传感器相频特性差异以及测点间场地不均匀影响。

对高频波，MASW 测试采用小偏移距 S 及小测点距 D 布置方案，对低频波，MASW 测试采用大偏移距 S 及大测点距 D 布置方案。当测点空间间距较大时，场地不均匀对谱影响较大。

4.7.4 频散数据

SASW 法需对不同测点距测试频散数据进行筛选，不同测点距频散数据集成得到较大频率范围频散数据。现有频散筛选准则是根据不同分层结构得到的，筛选准则不统一，过于严格筛选准则导致大量频散数据丢弃，过于宽松筛选准则会导致频散误差。不同筛选准则得到的最终频散数据也不一致。

MASW 法也需对不同测点距测试频散数据进行筛选，不同测点距频散数据集成得到较大频率范围频散数据。目前一般认为最大波长 λ_{max} 应小于最大测点距 D，最小波长 λ_{min} 应大于 $2\Delta x$（考虑波场反向波）或 Δx（不考虑波场反向波）。

受层状介质瑞利波可激性随频率变化及振源频率成分影响，MASW 法一般只能得到模态在部分频率区间频散曲线。对夹软层分层介质，高阶模态影响较大，模态阶次识别困难。当测点空间长度无法确保主导模态分离时，这些模态谱就会相互叠加，谱脊线提取的频散数据不同于其中任一模态频散曲线。

◎ 思考题 4

4.1 MASW 测试是基于何种原理？MASW 测试法与 SASW 法有何区别？

4.2 对高频波，MASW 测试一般采用较小偏移距及测点空间长度布点方式，而对低频波，则采用较大偏移距及测点空间长度布点方式，为什么？

4.3 MASW 测试频散数据是否要筛选？

4.4 振源谱与瑞利波表面质点位移响应谱分布是否一致？

4.5 瑞利波某一模态与其它模态相比表面位移较小，是否说明该模态瑞利波能量在总波场较弱？

4.6 谱主瓣及旁瓣对瑞利波频散数据提取及模态识别有何影响？

4.7 为什么增加测点空间长度有助于瑞利波模态谱分离？

4.8 对基阶模态主导的波场，MASW 法能否得到高阶模态频散？

4.9 什么是空间假频？有哪些方法可消除空间假频？

4.10 MASW 测试对传感器频率特性有何要求？

4.11 对响应阵列施加矩形窗或哈明窗对谱有何不同影响？

4.12 负波数是否有物理意义？负频率及负时间呢？

◎ 参考文献

［1］ N Ryden, C B Park. Surface waves in inversely dispersive media［J］. Near Surface Geophysics, 2004, 2(4)：187-197.

［2］ 柴华友，柯文汇，朱红西. 岩土工程动测技术［M］. 武汉：武汉大学出版社，2021.

［3］ S Foti. Multistation methods for geotechnical characterization using surface waves［D］. Torino：Politecnico di Torino, 2000.

第5章 多道表面波测试分析影响因素

本章介绍多道表面波测试系统、振源选择、测点布置、测试影响因素及测试数据处理分析。

5.1 多道表面波测试

5.1.1 面波测试系统

多道表面波测试可采用面波仪或地震仪作为信号采集仪器，国内主流面波仪基本型有12通道，可扩展到24道或48道及以上。以无线多道面波仪PDS-LV为例，说明面波测试系统基本配置。测试系统由面波采样仪、检波器、主电缆、采集触发器及天线组成，见图5-1(a)。面波采样仪是面波测试系统核心部分，采集测试信号。检波器一般为主频4Hz动圈式电磁传感器，检波器输出模拟电信号通过电缆输入采样仪。采样触发器一端用塑料胶带与重锤捆绑，锤击时采集触发器触发采样仪。天线可以接收控制指令及传输数据。开启笔记本计算机WiFi功能，搜索热点，设置网络IP地址，设置完成后，运行采集软件，设置采样参数，采集数据及存储数据。测点布置及电缆与采样仪连接见图5-1(b)。

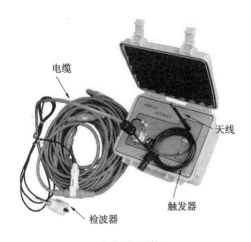

（a）测试系统　　　　　　　　　　　　（b）测试布置

图 5-1 多点表面波测试系统及测点布置

5.1.2 检波器

检波器幅频特性及不同检波器幅频特性一致性对多道测试非常重要，良好幅频特性可确保信号不失真，一致性可确保信号幅值变化是由激发瑞利波引起的，而不是检波器差异造成的。幅频特性不仅与检波器内部元件有关还与安装条件有关[1,2]。为确保测试检波器幅频特性有较好一致性，应根据检波器幅频特性标定参数或按以下方法挑选检波器：

（1）取一个高度 20cm 以上塑料或铁质桶，容器截面大小确保能竖直放置 12 只及以上检波器。在其底面呈三角形分布位置分别粘接三个长度超过 10cm 等长铁质尖钉，如图5-2所示；

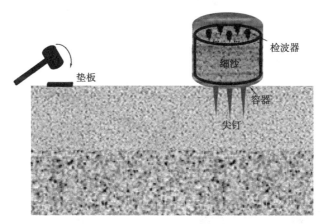

图 5-2　检波器幅频特性一致性检测

（2）在容器里面放厚 15cm 以上细沙，并将其压实；

（3）将待挑选检波器压入细沙中，相邻检波间距超 5cm；

（4）将容器固定在地表面，在容器不远处激振，容器近似作刚体振动，各检波器响应信号应相近；

（5）记录各检波器振动信号，计算信号振幅谱，若各检波器时域信号及振幅谱相近，则检波器幅频特性一致性较好，否则，替换时域信号及振幅谱与平均信号及谱相差较大的检波器，重新挑选，直至所使用检波器幅频特性较一致为止。

5.1.3 振源

为避免激振点松软土影响激振能量及频率成分（激发频率成分较低，且激振区域土体塑性变形较大，能量被土耗损，无法向周围介质传递），除去激振位置浮土层，露出新鲜土面，放置 10~20cm 见方铁块、木块或尼龙块，以便能量能够向周围土介质传播，如图5-3 所示。

一般来说，锤越重，激发信号低频成分能量越大。铁锤、铁球、木槌及落重均可作为激振工具，见图 5-4。

图 5-3　激振垫块

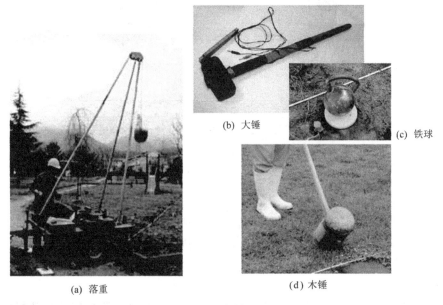

(a) 落重

(b) 大锤

(c) 铁球

(d) 木锤

图 5-4　不同激振工具

　　锤与垫接触刚度越高，激发信号高频成分能量相对越大。为改变接触刚度，锤头可选用不同材质(铁质、铜质、铝质、尼龙)，不同材质锤头的组合锤见图 5-5。在垫块上放尼龙或橡胶垫也可改变锤-垫块接触刚度。

5.1.4　信号抽样时间

　　面波仪或地震仪每个通道抽样点数量可取 1K、2K、4K、8K(1K = 1024)，抽样点数量越大，数据文件越大，抽样点数量取 1K 可满足要求。抽样时间间隔(也称采样周期)要满足抽样定理。面波仪或地震仪有模拟滤波器，给定一个抽样时间 Δt，设置低通滤波，滤波频率 $f_{Lp} < f_{Nyq} = 1/(2\Delta t)$ 可确保每道信号频谱不会出现频率混叠(假频)现象。波在近振

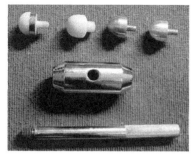 

（a）锤不同部件　　　　　　　　　　　　（b）部件组合

图 5-5　不同材质锤头组合锤

源及远振源测点间时间差与最大测点距 D 及瑞利波传播速度有关，抽样时间设置还需应确保波列主振动位于记录时间长度内，见图 5-6。由于测试前无法预估激振信号频率成分及波传播速度，在信号采集之前可以预采，预采抽样时间可取 $200\sim400\mu s$，然后，根据记录波列完整程度再调整抽样时间。

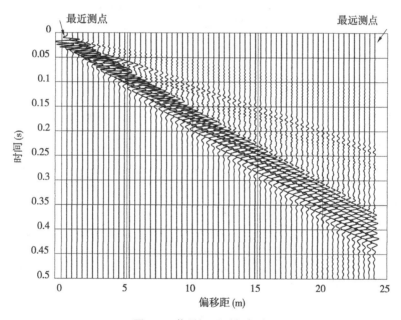

图 5-6　信号记录时间长度

表面波测试数据一般采用 SEG2 或 SEGY 数据格式，文件扩展名为 sg2 或 sgy，有时也采用娇佳（Geogiga）数据格式，文件扩展名为 dat。数据文件记录一些测试信息，包括最小偏移距、相邻测点距 Δx、测点数及抽样时间 Δt 等。其中测点距 Δx 及抽样时间 Δt 对 f-k 域分析非常重要，数据文件测试信息显示见图 5-7。

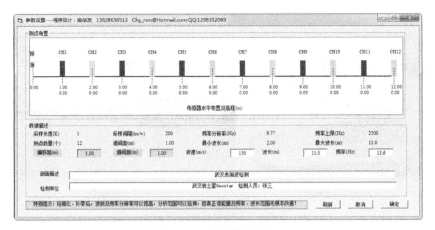

图 5-7　部分测试信息

5.2　测点布置影响分析

多道面波测试常采用频率-波数域分析，测点要沿直线等间距布置，振源要布置在测线的一侧，确保激发波阵面由近至远依次到达各个测点。由于松软浮土层质点振动较大，影响振幅谱分析，检波器安装位置应清除浮土露出新鲜土面，然后将检波器尖钉插入土中，确保安装牢固。

5.2.1　最小偏移距影响

激发波场含直达体波成分，直达体波衰减比瑞利波快，测点最小偏移距 S 变化会改变振源体波对测试信号影响，S 越大，体波对测试信号影响越小。

某场地表面波测试最小偏移距分别为 4m、5m 及 6m，测点距为 1m，12 道信号(未作衰减校正)频率-波数域谱比较见图 5-8，谱图案差异较小，这表明，当最小偏移距超过某一临界值，体波影响可忽略。

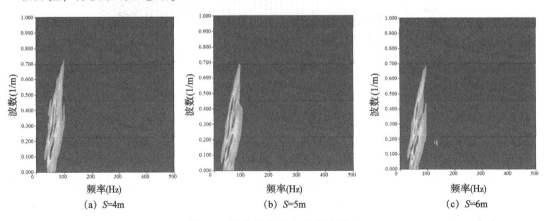

图 5-8　最小偏移距变化对谱影响

5.2.2 测点间距影响

以上述最小偏移距 5m 测试为例，分析测点距对谱影响。由图 5-8(b)可以看出谱有两个分支，这表明波场有两个模态，根据谱分支脊线提取频散曲线见图 5-9。保持振源及最小偏移距不变，将 1m 测点距减少为 0.5m，谱及由谱脊线提取的频散数据见图 5-10。

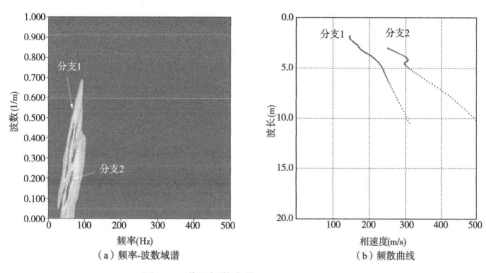

（a）频率-波数域谱   （b）频散曲线

图 5-9　谱及频散曲线（$S=5\text{m}$，$\Delta x=1\text{m}$）

与图 5-9 比较，图 5-10 谱带变宽，谱脊线"模糊"，分辨率不高，不利于人工提取频散曲线，这是由于相邻测点距变小，测试空间长度 D 变小，不仅谱主瓣变宽，而且波数分辨率也降低。

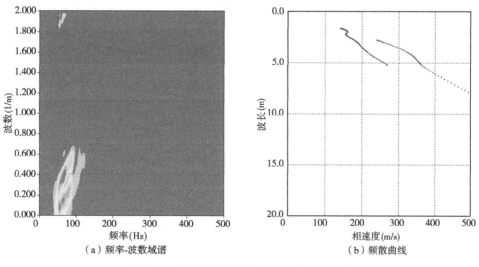

（a）频率-波数域谱   （b）频散曲线

图 5-10　谱及频散曲线（$S=5\text{m}$，$\Delta x=0.5\text{m}$）

5.3　干扰信号处理

干扰包括固有干扰及随机干扰，固有干扰与测试方法有关，无法由信号叠加消除。固有干扰视分析模型而定，不同的分析模型固有干扰不同，譬如，在表面波测试，若基于层状介质中瑞利波传播理论对频散数据分析，则激振产生的直达体波及反射或折射波就属于固有干扰，若基于全波场分析模型，则这些波响应属于有效信号。

在弹性介质模型中直达体波在表面波场能量占比较小，但对浅表面水饱和介质(砂土介质或含有机质)，由于瑞利波形成与剪切波有关，剪切波不能在液体传播，这样，表面波场纵波近似以水波速传播且能量较大，甚至主导表面波场。

5.3.1　信号叠加

随机干扰包括非振源产生振动信号，譬如交通、人类活动、机械振动及风等，也包括各种电磁干扰信号，如传感器电缆线产生电磁干扰。根据傅里叶变换，信号可分解成很多频率成分，每个频率成分由谐波振幅(与振源及层状介质分层参数有关)及相位(与波传播速度及初始相位有关)描述。在振源及测点位置保持不变情况下，若每次测试振源频率成分及幅值可重复，则信号具有相同振幅及相位谱，若振源不重复，虽然信号幅值谱不同，但相位谱是相同的。对固有信号，不同次测试信号叠加，信号幅值会相应增加。对随机信号，即使每次测试中随机干扰信号幅值不变，但相位是随机变化的，随机信号初始相位分布于$(0, 2\pi)$，叠加后随机信号幅值并不随叠加次数增加。

图 5-11(a)所示为三次测试中单频有效信号，每次测试，该频率成分初始相位及幅值不变，叠加后信号幅值增加 3 倍。图 5-11(b)所示为三次测试随机干扰信号，虽然幅值相同，但相位不同，假设初始相位分别为$\varphi = \frac{\pi}{2}$, π, $\frac{3\pi}{2}$，叠加后随机信号相位及幅值与第二次测试干扰信号相同，幅值没有增加。这表明，通过多次测试信号叠加可提高信噪比(S/N)。值得注意的是，采用叠加方法，要确保各次测试信号时间是同步的，即各次测试信号时间延迟相同，各次敲击及触发时间应具有一致性。

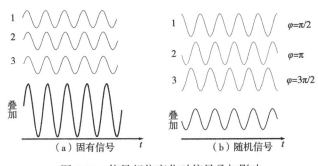

图 5-11　信号相位变化对信号叠加影响

5.3.2 干扰切除

随机干扰影响可以通过多次测试信号叠加降低，但对诸如直达体波、散射波等固有干扰则需人为切除。直达体波传播速度较快，随着传播距离增加会逐渐与瑞利波分离，测点响应前期受体波影响较大，在响应后期，各类型波在场地周边散射影响较大，需对信号掐头去尾。直达体波及后期干扰波与有效信号没有明显分界，分析信号时间窗口选择或干扰切除需人为判断。层面反射或折射波的时间窗口会与瑞利波信号时间窗口重叠，一般无法切除。图 5-12（a）为测试信号，由响应等值线云图 5-12（b）可以看出响应信号中传播速度较快直达体波。在响应信号波列上构筑一四边形窗口，对窗口内测点信号分析，调整四边位置及上下边斜率可改变窗口大小。

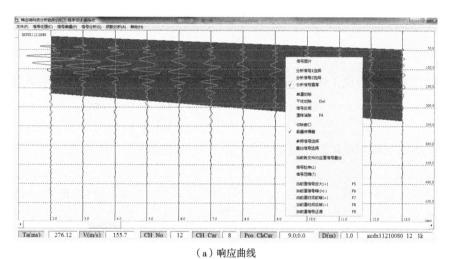

（a）响应曲线

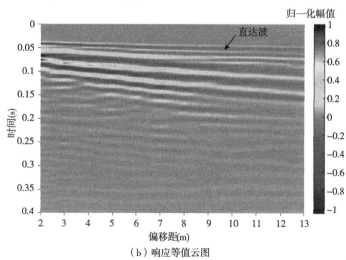

（b）响应等值云图

图 5-12 面波测试信号（$S = 2\text{m}$，$\Delta x = 1\text{m}$）

5.4 表面测试信号处理

5.4.1 衰减校正

远场瑞利波几何衰减近似为 $r^{-1/2}$，距振源 r 测点相对距振源最近测点信号幅值比 $(r/S)^{-1/2}$，譬如，$S=1\text{m}$，测点距 $\Delta x = 1\text{m}$，则第二测点相对第一测点幅值衰减为 $(2/1)^{-1/2} = \sqrt{2}/2$。在同样测点距 Δx 情况下，若 $S=5\text{m}$，则第二测点相对第一测点幅值衰减为 $(6/5)^{-1/2} = \sqrt{5}/\sqrt{6}$，相对前种情形，后者相邻信号相对衰减较小。

材料黏滞性导致波衰减，这种衰减为吸收衰减。假设瑞利波阻尼比用 $\xi_R(\xi_R \ll 1)$ 表示，由第 1 章式(1.88)及式(1.94)可得衰减系数为

$$\alpha_R = \frac{\omega \xi_R}{c_R(1 + \xi_R^2)} \approx \frac{2\pi \xi_R}{\lambda_R} \tag{5.1}$$

波衰减系数与频率成正比，与波长成反比。类似地，横波及纵波衰减系数分别为

$$\alpha_s = \frac{\omega \xi_s}{c_s(1 + \xi_s^2)} \approx \frac{2\pi \xi_s}{\lambda_s}, \quad \alpha_P = \frac{\omega \xi_P}{c_P(1 + \xi_P^2)} \approx \frac{2\pi \xi_P}{\lambda_P} \tag{5.2}$$

横波、纵波与瑞利波阻尼比近似相等，由于纵波波速较大，波长也较大，纵波吸收衰减较小。

岩土介质是颗粒材料，波在岩土介质中会发生散射，散射导致波的衰减称为散射衰减，频率越大，波长相对颗粒粒径越小，则散射衰减越快。吸收衰减与散射衰减统称为材料衰减，频率越高(波长越小)，材料衰减越大。

波几何衰减及材料衰减会影响频率-波数域振幅谱分布，因此，需对测试信号作衰减校正。假设波场由瑞利波主导，用柱面波衰减规律可对波作几何衰减校正。土阻尼比介于 0.01~0.08 之间，引入阻尼比，由式(5.1)可得衰减系数，衰减系数随频率变化，由第 1 章式(1.93)可校正吸收衰减影响。波散射衰减受场地介质颗粒大小及表面平整度等因素影响，散射衰减校正较困难，材料衰减校正一般以吸收衰减校正为主。考虑到信号还受检波器安装位置差异影响，用各点响应最大值对其响应信号归一化也是一种对信号衰减校正方法。

为了消除波衰减、振源频率成分能量分布及瑞利波可激程度对 $f\text{-}k$ 分析影响，提高谱脊线分辨率，Park 等对 $f\text{-}k$ 分析方法改进，改进方法也称相移法[3]。由第 4 章式(4.11)~式(4.13)可知，多模波场位移响应 $U(\omega, r)$ 可表示为

$$U(\omega, r) = \sum_{m=1}^{M(\omega)} P_m(\omega, r) \cdot A_m(\omega, r) \tag{5.3}$$

式中，$M(\omega)$ 为角频率 ω 处模态数量，相位谱 $P_m(\omega, r)$ 及振幅谱 $A_m(\omega, r)$ 分别为

$$P_m(\omega, r) = e^{-ik_m(\omega)r + i\varphi_{m_0}(\omega)}, \quad A_m(\omega, r) = S(\omega)\eta_m(\omega)\beta_m(r, \omega)e^{-\alpha_m(\omega)r} \tag{5.4}$$

这里，$k_m(\omega)$、$\varphi_{m_0}(\omega)$、$\eta_m(\omega)$、$\beta_m(r, \omega)$ 及 $\alpha_m(\omega)$ 分别为第 m 阶模态波数、初始相位、

可激函数、几何衰减及材料衰减系数。在远场，各模态几何衰减 $\beta_m(r, \omega)$ 相同且与频率无关。将式(5.3)改写为

$$U(\omega, r) = P(\omega, r) \cdot A(\omega, r) \tag{5.5}$$

式中，

$$P(\omega, r) = \mathrm{e}^{-\mathrm{i}\varphi(r, \omega)}, A(\omega, r) = \sqrt{(A_\mathrm{R}^2 + A_\mathrm{I}^2)} \tag{5.6}$$

其中，

$$A_\mathrm{R} = \mathrm{Re}\left[\sum_{m=1}^{M(\omega)} P_m(\omega, r) \cdot A_m(\omega, r)\right]$$

$$A_\mathrm{I} = -\mathrm{Im}\left[\sum_{m=1}^{M(\omega)} P_m(\omega, r) \cdot A_m(\omega, r)\right]$$

$$\varphi(r, \omega) = \arctan(A_\mathrm{I}/A_\mathrm{R}) \tag{5.7}$$

用位置 r 处位移谱模 $|U(\omega, r)|$ 对该位置位移响应谱作归一化处理，归一化频谱对空间变量 r 作傅里叶变换，即

$$\overline{U}(\omega, k) = \int_{-\infty}^{\infty} \left[U(\omega, r)/|U(\omega, r)|\right]\mathrm{e}^{\mathrm{i}kr}\mathrm{d}r = \int_{-\infty}^{\infty} \mathrm{e}^{\mathrm{i}(kr-\varphi)}\mathrm{d}r \tag{5.8}$$

对由单一模态主导波场，假设主导模态为 l 阶，则

$$\varphi(r, \omega) \approx k_l(\omega)r - \varphi_{l0}(\omega) \tag{5.9}$$

由式(5.8)及式(5.9)可知，当 $k = k_l(\omega)$，$\overline{U}(\omega, k)$ 有极大值且与不同位置响应振幅谱无关，因此，相移法可有效消除波衰减、振源谱及瑞利波可激性对响应谱极值分布影响。

对多模波场，不同模态几何衰减相同，假设各模态材料衰减系数相近，由式(5.4)及式(5.7)可得

$$\varphi(r, \omega) \approx \arctan\left\{\frac{-\mathrm{Im}\left[\sum_{m=1}^{M(\omega)} \eta_m(\omega)\mathrm{e}^{-\mathrm{i}k_m(\omega)r+\mathrm{i}\varphi_{m0}(\omega)}\right]}{\mathrm{Re}\left[\sum_{m=1}^{M(\omega)} \eta_m(\omega)\mathrm{e}^{-\mathrm{i}k_m(\omega)r+\mathrm{i}\varphi_{m0}(\omega)}\right]}\right\} \tag{5.10}$$

由第4章可知，不同模态可激性是不同的，相位 $\varphi(r, \omega)$ 受瑞利波可激程度影响。式(5.10)表明，相移法可以有效消除振源、几何及材料衰减对谱分布影响，但无法显著改变不同模态在波场中能量占比，因此，相移法对主导模态谱分布频率范围影响不大。在给定角频率 ω 处，$\overline{U}(\omega, k)$ 可用最大谱幅值 $|\overline{U}(\omega, k)|_{\max}$ 对谱再次归一化处理，得到频率-波数域归一化谱。

图 5-13 为第 4 章情形 I 分层按相移法得到频率-相速度域响应谱(归一化谱)，与图4-9相比，在频率区间 10~15Hz 模态 2 能量增强，在 40~50Hz 区间，虽然模态 2 能量较弱，但仍可识别出来，在这些频率区间，模态 2 在表面波场能量占比可以用图4-8(a)解释。

情形 II 分层在主频为 10Hz 及 20Hz Ricker 子波源作用下按相移法得到频率-相速度域响应谱见图 5-14。与理论频散曲线比较可以看出，在频率区间 20~25Hz，模态 2 能量可识别。

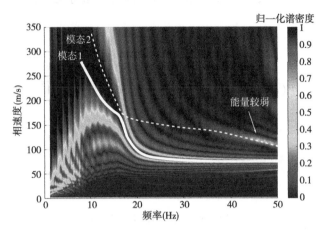

图 5-13　情形 I 相移法计算的频率-相速度域谱(Ricker 源主频 10Hz)

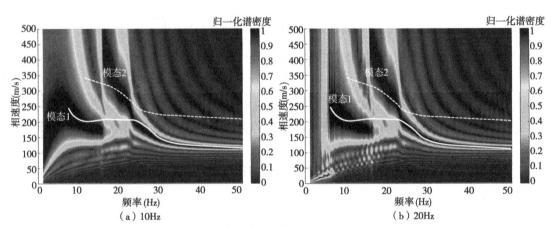

图 5-14　不同主频 Ricker 源作用下情形 II 相移法计算的频率-相速度域谱

　　情形Ⅲ分层在主频为 10Hz 及 20Hz Ricker 子波源作用下按相移法得到频率-相速度域响应谱见图 5-15。与图 4-13 相比看出，相较于传统 f-k 分析方法，相移法提高了能量较低频率成分识别。

　　在多模波场，受瑞利波可激性随频率变化影响，若没有理论频散曲线作参照，相移法也会导致频散曲线提取及模态识别错误。在实际表面波测试信号分析，相移法将干扰信号谱影响放大，干扰信号谱易被误作为高阶模态波谱。图 5-16 为 24 道实测信号传统 f-k 分析与相移法分析后频率-相速度域谱比较。传统 f-k 分析只能看出主要能量脊线对应的频散曲线，虽然损失了一些能量较小谱信息，但可降低干扰信号影响，见图 5-16(a)。相移法分析虽然可降低波衰减、振源谱及波可激性对响应谱的影响，干扰信号影响也被放大了，见图 5-16(b)。由此可见，传统 f-k 法与相移法各有局限性。

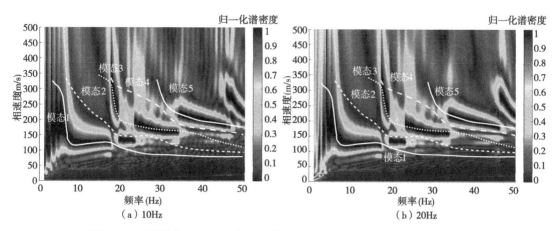

图 5-15　不同主频 Ricker 源作用下情形 III 相移法计算的频率-相速度域谱

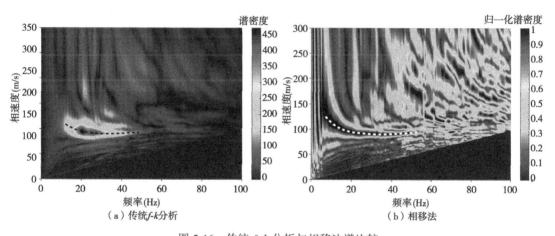

图 5-16　传统 f-k 分析与相移法谱比较

5.4.2　坏道剔除

当检波器安装处土质相对周围土质较软或较硬,甚至有空洞或粒径较大碎石等,一个或数个通道测试信号会出现明显异常现象。检波器信号输出线与电缆接触不良也会导致测试信号信噪比较低。坏道信号会影响频率-波数域振幅谱,需剔除坏道信号(即将信号设置为零)。剔除坏道信号会影响谱分布,影响程度难以定量化,但可以用以下方法来评估:假设各测点测试信号正常,振动能量之和用 $E_T(f)$ 表示,剔除通道对应能量用 $E_b(f)$ 表示,则通道剔除对谱影响程度与 $E_b(f)/E_T(f)$ 比值有关,比值越小,影响程度越小。12 道测试信号如图 5-17 所示,四边形窗口域内信号经几何衰减及吸收衰减(衰减系数取 0.05)校正后,谱及频散曲线如图 5-18。切除第 5 通道之后谱见图 5-19,由于切除通道信号能量仅总能量约 1/12,通道 5 信号切除后对谱变化影响较小。

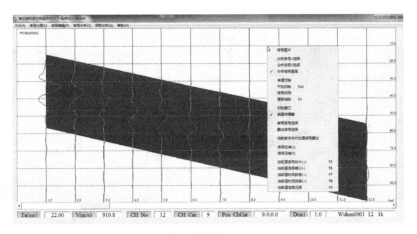

图 5-17 面波测试信号 ($S = 1\text{m}$, $\Delta x = 1\text{m}$)

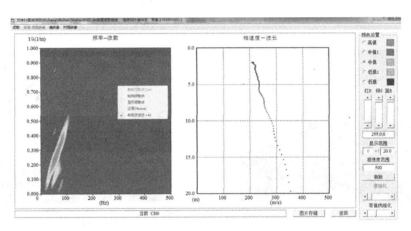

图 5-18 频率-波数域谱及频散曲线

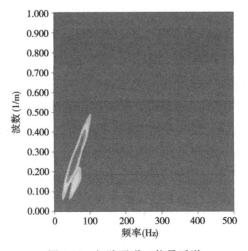

图 5-19 切除通道 5 信号后谱

5.5 频率-波数分辨率影响

5.5.1 相速度分辨率

谱离散点频率间隔 $\Delta f = 1/(N\Delta t)$，波数间隔 $\Delta k = 2\pi/(M\Delta x) = 2\pi/D$，$\Delta f$ 及 Δk 越小，则谱频率分辨率及波数分辨率越高。假设波场一谐波的频率及波数分别用 f_0 及 k_0 表示，用空心圆表示该谐波在频率-波数域位置，与该点相邻四个离散点分别用符号 a、b、c、d 表示，如图 5-20(a)所示，图中 $m = \text{int}(k_0/\Delta k)$，$n = \text{int}(f_0/\Delta f)$，符号 $\text{int}(\ )$ 表示对计算值取整。在离散域，f_0 及 k_0 谱只能由相邻离散点谱近似，当 Δf 及 Δk 较小时，相邻离散点谱才接近实际谱。

面波测试是为了得到瑞利波相速度随频率或波长变化曲线，谱频率及波数分辨率会影响相速度分辨率。利用关系式 $c = \omega/k$，将频率-波数域转换至频率-相速度域，离散点对应相速度见图 5-20(b)，图中 $f = n\Delta f$，$k = m\Delta k$。对给定波数 k，相速度间隔与频率间隔关系为

$$\Delta c_f = \frac{2\pi\Delta f}{k} = \frac{c\Delta f}{f} \qquad (5.11)$$

对给定频率 f，在 Δk 较小情况下，相速度间隔与波数间隔关系为

$$\Delta c_k = c_a - c_b \approx \frac{\omega\Delta k}{k^2} = \frac{c\lambda}{D} = \frac{c^2}{f \cdot D} \qquad (5.12)$$

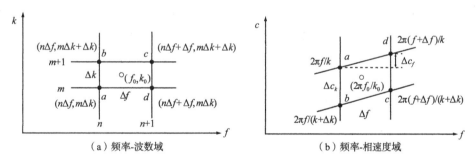

（a）频率-波数域　　　　　　　　　　（b）频率-相速度域

图 5-20 离散网格及离散点

由式(5.12)可以看出相速度分辨率与频率及测点空间长度有关，在 Δf 及 Δk 不变情况下，频率越高(波长越小)，Δc_f 及 Δc_k 越小，频率-相速度域离散谱与实际谱越接近，由谱提取的相速度精度越高。图 5-17 信号不同域谱见图 5-21。虽然由频率-相速度域谱观测相速度变化较直观，但在低频区域，谱分辨率较低。

5.5.2 波长域频散点疏密程度

由于波长与深度具有相同的量纲，将相速度随频率变化频散数据转换相速度随波长变化数据有助于对频散数据经验分析，但转换至波长域容易导致频散数据点疏密程度变化。

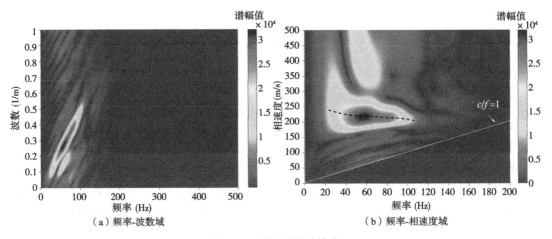

（a）频率-波数域　　　　　　　　　　　　（b）频率-相速度域

图 5-21　不同域谱分辨率

在 Δk 较小的情况下，相邻频散点波长间隔为

$$\Delta \lambda \approx -\frac{2\pi}{k^2}\Delta k = -\frac{\lambda^2}{2\pi}\Delta k \tag{5.13}$$

随着波长增加，离散点波长间隔增加，离散点稀疏，不利于频散分析。对离散点进行三次样条光滑，可以加密频散点。图 5-22 是由图 5-17 信号谱提取的频散数据。在单个模态主导波场，谱极值可自动判读，给定频率，沿波数方向搜索谱极大值，或者给定波数沿频率方向搜索谱极大值。谱极大值较小的点，容易受干扰影响，需人为剔除相速度及波长数值错误频散点。当谱出现多个分支，每个分支的脊线可能对应一个模态，也可能对应传播速度接近数个模态叠加，在此情形下，需人为判断谱脊线，构筑频散曲线。

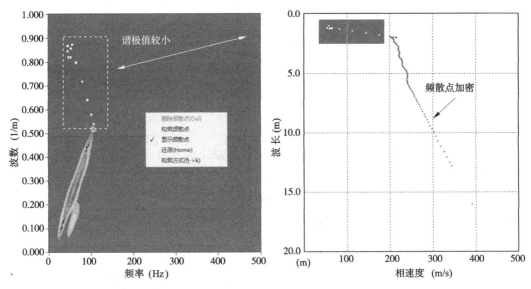

图 5-22　频率-波数域谱及提取相速度随波长变化频散数据

5.5.3 提高分辨率方法

频率-波数域谱是对时空域响应 $u(x, t)$ 两次傅里叶变换过程，类似于时域信号通过补零或细化方法提高频率分辨率方法，在空间域，也可通过对测点补零及细化方法，提高波数分辨率。补零不会增加及减小信号能量，不影响谱分布，由于分辨率提高，有利用于谱极值点判断。图 5-17 所示波列的测点数量 $M = 12$，时间抽样点数 $N = 1024$，测点数量补零后至 $M = 512$，抽样点数补零后至 $N = 8192$，基于 MATLAB 计算的结果见图 5-21(a)，可以看出，通过对波数域细化处理后，波数域具有较高的分辨率。

5.6 频散数据处理及分析

5.6.1 频散数据筛选

瞬态信号虽然频率范围宽，但能量仅集中分布较窄频率区间，低频及高频区间能量相对较弱。由式(5.1)及式(5.2)可知，高频信号(波长较小，λ/D 比值较小)材料衰减较快，远振源测点信号信噪比相对较低。波长较大波，由于 λ/D 比值较大，主瓣较宽，相邻波长成分谱相互叠加导致谱分布偏离实际分布，此外，直达体波影响范围较大。因此，波长相对测试空间长度 D 较大及较小波频散数据误差相对较大，需要对频散数据"掐头去尾"进行筛选。

某场地表面波测试相邻测点距为 0.5m，测点最小偏移距 $S = 3$m，测试空间长度 $D = 5.5$m，测试信号及数据分析见图 5-23，有效频散波长范围 0.5m $< \lambda < 5.5$m，在此基础上，根据图 5-23(b)能量分布范围，选取的频散曲线波长范围见图 5-23(c)。

某场地表面波测试相邻测点距为 1m，$S = 6$m，$D = 11$m，测试信号及数据分析见图 5-24，谱图中区域 A、B 内谱与区域 a、b 内频散数据对应，由于 A、B 内谱能量相对较小，干扰影响较大，可将区域 a、b 内频散数据剔除。

由于每次测试只能得到有限波长范围频散数据，对 MASW 多道表面波测试频散数据难以"一锤定音"，因此，要得到波长范围较宽的频散数据，需进行多次测试，具体方法如下：

(1)改变最小测点偏移距 S 及测线长度 D；
(2)选择不同锤重及锤型，改变锤与垫接触刚度，以便激发能量分布频率区间不同的波；
(3)对每次测试数据筛选，用数据文件保存；
(4)将不同次频散数据文件读出，进行叠加及样条光滑化处理。

5.6.2 频散分析方法

1. 近似分析

近似分析以半波分析为主，当分层剪切波速差异较大时，频散曲线会出现拐点，根据

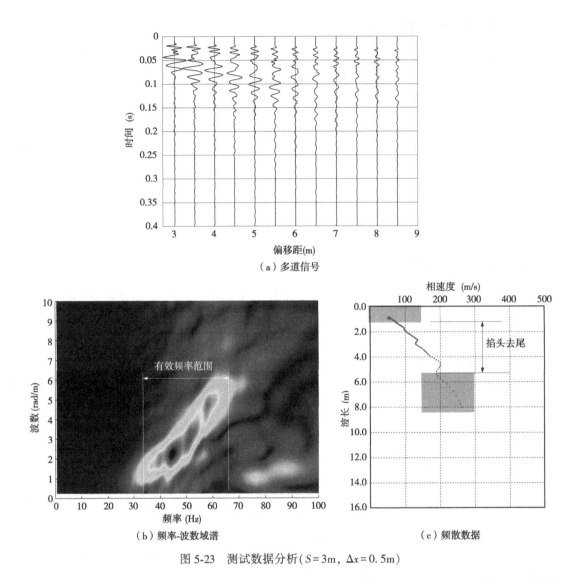

图 5-23　测试数据分析($S=3$m，$\Delta x=0.5$m)

频散曲线拐点，按半波法，由拐点对应波长判断层面对应的深度，分析过程如下：

（1）由频散曲线第一个拐点的对应波长 λ_1 按半波关系 $H_1 = \lambda_1 / \tilde{\kappa}$（$\tilde{\kappa} = 2$）得到第一层下底面深度 H_1（即第一层厚度）。由频散点相速度 $\hat{c}_{R,1}$ 利用第 1 章回归关系式（1.22）得到剪切波速为 $c_{s,1} = \dfrac{1+\nu}{0.864 + 1.14\nu}\hat{c}_{R,1}$，这里，泊松比 ν 在 0.3~0.35 范围取值；

（2）确定第一层厚度及剪切波速后，由第二拐点对应波长确定第二层下底面对应深度，利用第 2 章式（2.64），由第一、第二频散点相速度计算第二层剪切波速，以此类推，得到其它分层厚度及剪切波速，见图 5-25。

近似分析仅适用于剪切波速逐层递增场地，在此分层情形下，提取的频散曲线对应于基阶模态波。当场地浅部夹软层或硬层，谱有两条或以上分支，分别对应不同模态波，由

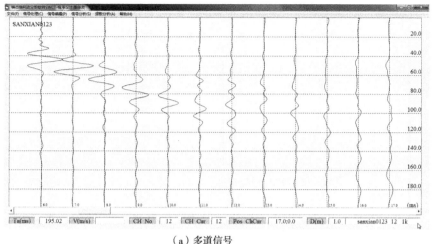

（a）多道信号

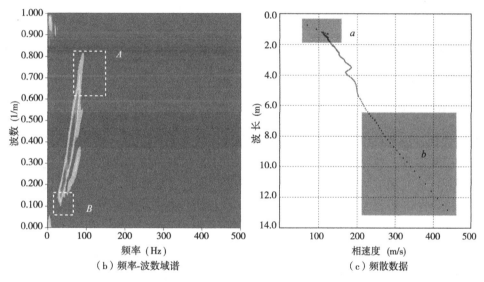

（b）频率-波数域谱   （c）频散数据

图 5-24　测试数据分析（$S = 6\text{m}$，$\Delta x = 1\text{m}$）

于高阶模态能量不再集中分布于半波波长深度内，近似分析不适合这些场地频散分析。

当分层剪切波速差异较小时，频散曲线拐点并不明显，且受干扰影响，测试频散曲线也会有扰动，这样，近似分析中层结构及层剪切波速容易受人为因素影响，在此情形下，可对测试频散数据进行正、反演分析。

2. 正演分析

基于层状介质中瑞利波理论，由层结构及层参数计算基阶模态频散理论曲线（见第 2 章），不断调整分层结构及层参数，当计算频散曲线与测试频散的达到最佳匹配时，得到分层结构及层参数，包括层数量、层厚、剪切波速、泊松比、密度。由于泊松比、密度变化对频散曲线变化影响较小，可预设层泊松比及密度参数，泊松比可在 0.3～0.35 范围取值，密

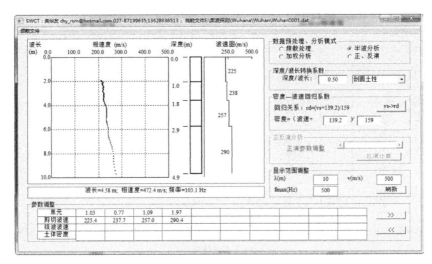

图 5-25　频散曲线半波分析

度可在 1800~2500kg/m³ 范围取值，或参考周围场地地勘报告取值。正演是一种试错法，计算虽然比较耗时，但可以降低干扰对频散曲线离散性影响，确保参数具有物理意义。

3. 反演分析

利用优化方法可自动调整分层结构及层参数。为避免多解性，先参考地勘报告，设定分层结构及层厚度，预设层泊松比及密度，仅把层剪切波速作为优化参数。优化计算结束后，再根据计算与测试曲线匹配程度，人为微调层结构及层参数。频散数据反演分析见图5-26。

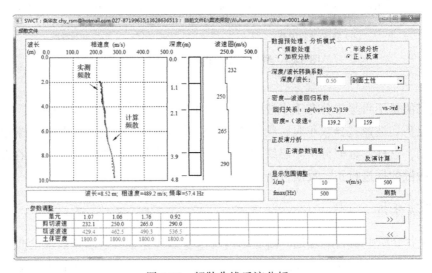

图 5-26　频散曲线反演分析

对两条及以上的频散曲线，可采用结合高阶模态频散数据的分析方法[3-5]。

◎ **思考题5**

5.1 表面波测试系统由哪些部分组成？

5.2 检波器的幅频特性对多道表面波测试有何影响？

5.3 干扰是否可以通过对重复测试信号叠加消除？

5.4 测点最小偏移距及测点距设置要考虑哪些因素？

5.5 如何选择锤击工具？选择不同重量锤对测试及分析有何影响？

5.6 影响信号衰减有哪些主要因素？为何相移法可以降低波衰减对谱的影响？

5.7 测试场地浅部含水或含有机杂质对测试及分析有何影响？

5.8 测试场地表面凸凹不平及浅部碎石分布对测试有何影响？

5.9 频散曲线如何筛选？基于哪些影响因素考虑？

5.10 多道表面波测试为何需要多次改变测点布置及使用不同组合激振工具（指锤重、锤头材质及锤垫）？

◎ **参考文献**

[1] 柴华友，柯文汇，朱红西. 岩土工程动测技术[M]. 武汉：武汉大学出版社，2021.

[2] 柴华友，吴慧明，张电吉，等. 弹性介质中的表面波理论及其在岩土工程中的应用[M]. 北京：科学出版社，2008.

[3] J H Xia, R D Miller, C B Park, et al. Inversion of high frequency surface waves with fundamental and higher modes[J]. Journal of Applied Geophysics, 2003, 52(1): 45-57.

[4] 鲁来玉，张碧星，汪承灏. 基于瑞利波高阶模态反演的实验研究[J]. 地球物理学报，2006, 49(4): 1082-1091.

[5] 罗银河，夏江海，刘江平，等. 基阶与高阶瑞利波联合反演研究[J]. 地球物理学报，2008, 51(1): 242-249.

第6章 道路系统表面波测试

表面波测试，顾名思义，就是测试波在表面振动，通过对振动信号分析研究波传播特性。在下伏半无限体剪切波速大于上面各分层剪切波速情况下，表面振源激发波场由瑞利波主导，提取频散数据对应于瑞利波。对混凝土板件，表面波由兰姆波主导，表面波测试得到的频散数据对应于兰姆波(Lamb waves)。对面层剪切波速远高于基层、路基及下伏半无限体剪切波速道路系统，表面振源激发波场在低频域由瑞利波主导，大部分频率区间由似兰姆波(随传播衰减的兰姆波)主导，不同频率区间频散曲线对应不同类型波。道路系统波场可采用位于软弱半无限体板模型分析，板中波在传播过程中能量不断下方介质泄漏，不同于自由板兰姆波，软弱半无限体上板中波为泄漏兰姆波。本章先介绍自由板兰姆波，然后介绍道路系统中泄漏兰姆波传播特性，最后介绍道路系统表面波测试。

6.1 自由板中兰姆波

水平无限自由板的坐标如图6-1所示，板的厚度为$2H$，下面分析板面内(xz平面)波传播特性。

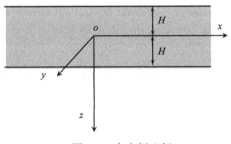

图6-1 自由板坐标

面内波位移变化与坐标y无关，水平向(x)位移u及竖直向(z)位移w与势函数关系为

$$u = \frac{\partial \varphi}{\partial x} - \frac{\partial \psi}{\partial z}, \quad w = \frac{\partial \varphi}{\partial z} + \frac{\partial \psi}{\partial x} \tag{6.1}$$

势函数φ及ψ的形式分别为

$$\varphi = \tilde{A}\,e^{i(\omega t - kx) - \xi z} + \tilde{B}\,e^{i(\omega t - kx) + \xi z}, \quad \psi = \tilde{C}\,e^{i(\omega t - kx) - \zeta z} + \tilde{D}\,e^{i(\omega t - kx) + \zeta z} \tag{6.2}$$

式中，$\tilde{A}$、$\tilde{B}$、$\tilde{C}$及$\tilde{D}$为待定系数，其它参数定义如下：

$$\xi = \sqrt{k^2 - k_\alpha^2}, \ \zeta = \sqrt{k^2 - k_\beta^2}, \ k_\alpha = \frac{\omega}{c_p}, \ k_\beta = \frac{\omega}{c_s}, \ k = \frac{\omega}{c} \tag{6.3}$$

利用双曲正弦及余弦表达式

$$\sinh z = \frac{e^z - e^{-z}}{2}, \ \cosh z = \frac{e^z + e^{-z}}{2} \tag{6.4}$$

式中，宗量 z 可以为复数，势函数另一种表示形式为

$$\varphi = (A\sinh\xi z + B\cosh\xi z)e^{i(\omega t - kx)}, \ \psi = (C\sinh\zeta z + D\cosh\zeta z)e^{i(\omega t - kx)} \tag{6.5}$$

板自由表面（ $z = \pm H$ ）应力为 0，即

$$\sigma_{zz} = \lambda\left(\frac{\partial u}{\partial x} + \frac{\partial w}{\partial z}\right) + 2\mu\frac{\partial w}{\partial z} = 0, \ \sigma_{zx} = \mu\left(\frac{\partial w}{\partial x} + \frac{\partial u}{\partial z}\right) = 0 \tag{6.6}$$

由式(6.1)、式(6.5)及式(6.6)可得以下两个方程[1]：

$$(\rho\omega^2 - 2\mu k^2)(\zeta^2 + k^2)\sinh\xi H\cosh\zeta H + 4\mu k^2\xi\zeta\cosh\xi H\sinh\zeta H = 0 \tag{6.7}$$

$$(\rho\omega^2 - 2\mu k^2)(\zeta^2 + k^2)\cosh\xi H\sinh\zeta H + 4\mu k^2\xi\zeta\sinh\xi H\cosh\zeta H = 0 \tag{6.8}$$

求解方程式(6.7)与式(6.8)可以分别得到

$$\frac{\tanh\xi H}{\tanh\zeta H} = \frac{(\zeta^2 + k^2)^2}{4k^2\xi\zeta} \ \text{或} \ \frac{\tanh\xi H}{\tanh\zeta H} = \frac{(2 - c^2/c_s^2)^2}{4\sqrt{1 - c^2/c_p^2}\sqrt{1 - c^2/c_s^2}} \tag{6.9}$$

$$\frac{\tanh\xi H}{\tanh\zeta H} = \frac{4k^2\xi\zeta}{(\zeta^2 + k^2)^2} \ \text{或} \ \frac{\tanh\xi H}{\tanh\zeta H} = \frac{4\sqrt{1 - c^2/c_p^2}\sqrt{1 - c^2/c_s^2}}{(2 - c^2/c_s^2)^2} \tag{6.10}$$

式中，$\tanh(\ )$ 为双曲正切函数。式(6.9)和式(6.10)分别对应于对称及反对称模态。引入符号：

$$\alpha = \sqrt{k_\alpha^2 - k^2} = i\xi, \ \beta = \sqrt{k_\beta^2 - k^2} = i\zeta \tag{6.11}$$

利用双曲函数式(6.4)，式(6.9)及式(6.10)可合并写成另一种常用表达式

$$\frac{\tan\alpha H}{\tan\beta H} = -\left[\frac{(k^2 - \beta^2)^2}{4k^2\alpha\beta}\right]^{\pm 1} \tag{6.12}$$

式(6.12)就是常用的板中兰姆波频率方程，符号"±"分别对应于对称及反对称模态。对称模态常用大写字母 S 表示，反对称模态常用大写字母 A 表示。前三阶对称与反对称兰姆波沿板厚位移分布及位移方向如图 6-2 所示，图中曲线表示位移随厚度变化，箭头表示位移方向。相对板中心面，对称兰姆波位移 u 是 z 偶函数，w 是 z 奇函数，而反对称兰姆波位移 u 是 z 奇函数，w 是 z 偶函数。以板中心面位移为参考，对称模态兰姆波在板中

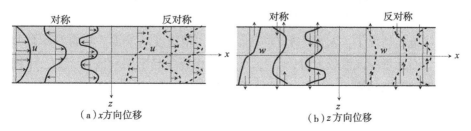

(a) x 方向位移　　　　　　　　　　　　(b) z 方向位移

图 6-2　对称与反对称在板厚方向位移分布示意图

心面上、下部分竖向振动方向相反，而反对称兰姆波则是振动方向相同。基阶对称及反对称谐波在板上、下面位移矢量见图6-3。

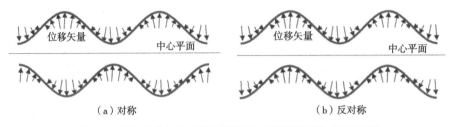

（a）对称　　　　　　　　　　　　　　　（b）反对称

图6-3　基阶对称与反对称兰姆波板上下面位移矢量示意图

由式(6.12)可以看出，左端正切函数含宗量kH项，由关系$kH=\omega H/c$，可知相速度与频厚积(频率×板厚度)有关。兰姆波是一种导波，其传播特性不仅与板材料剪切波速、泊松比有关，而且与板厚有关，即受板厚影响。与结构体几何形状及几何尺寸有关的频散也称几何频散。

6.1.1　兰姆波传播特性

通过根搜索方法，由式(6.12)可以得到对称及反对称兰姆波相速度随频率变化。将板离散成水平薄层，兰姆波频散曲线也可采用附录C介绍的薄层法计算。对参数作无量纲化处理，可以将式(6.12)参数减为3个：泊松比ν、无量纲相速度c/c_s及无量纲波数$kd/(2\pi)=d/\lambda=df/c$，这里，$d=2H$。在泊松比相同情况下，无量纲相速度随无量纲波数变化曲线与板厚度及剪切波速无关，由于消除了几何频散，无量纲化后频散曲线具有普适性。用瑞利波波长$\lambda_R=c_R/f$对d无量纲化，前五阶(这里约定下标0代表基阶)对称及反对称兰姆波频散曲线见图6-4，对称与反对称兰姆波频散曲线可以相交。将板用均匀网格离散，在简谐兰姆波作用下网格发生变形，板网格沿长度方向(水平向)变形导致网格疏密程度发生变化，沿板厚度方向(竖向)变形引起网格竖向尺寸变化，网格变形图可以直观地反映出不同无量纲波数处简谐兰姆波在板中振动位移幅值分布。

由图6-4可以看出，在频率接近零情况下，S_0波作纯伸缩运动，质点振动方向与传播方向平行，沿板厚方向位移趋于零。随着频率增加，S_0波除了水平位移，还有竖向位移。当无量纲波数较大时(>2)，S_0波能量集中分布于板上、下面附近区域，以瑞利波形式传播，板上、下面瑞利波竖直向质点振动方向相反。

在频率接近零情况下，A_0模态作纯弯曲运动，相速度趋于零。随着频率增加，相速度快速增加。当无量纲波数较大时(>2)，A_0模态相速度趋于瑞利波速，上、下面瑞利波竖直向质点振动方向相同。

6.1.2　对称模态渐近特性

对波长远大于厚度$2H$的波，宗量kH、ξH及ζH很小。利用泰勒展开式可知，当变量

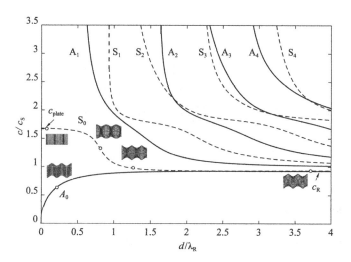

图 6-4　兰姆波无量纲相速度随无量纲波数变化（$\nu = 0.29$）

$z \to 0$，$\sinh z \approx z$，$\cosh z \approx 1$，双曲正切函数可用它们的宗量代替，这样，对称模态频率方程式（6.9）可简化为

$$(\zeta^2 + k^2)^2 = 4k^2 \xi^2 \tag{6.13}$$

利用式（6.3），式（6.13）可表示为

$$\frac{c^2}{c_s^2} = 4\left(1 - \frac{c_s^2}{c_P^2}\right) \tag{6.14}$$

利用 $c_P = c_s \sqrt{\dfrac{2(1-\nu)}{1-2\nu}}$，由式（6.14）得

$$c = c_s \sqrt{\frac{2}{1-\nu}} = \sqrt{\frac{2\mu(1+\nu)}{\rho(1-\nu^2)}} = \sqrt{\frac{E}{\rho(1-\nu^2)}} \tag{6.15}$$

式（6.15）相速度为板波速，这表明，当 $2H/\lambda_R$ 很小时，S_0 相速度趋于板波速 c_{plate}。

对于波长很短，且满足 $c < c_s < c_P$ 的波，kH、ξH 及 ζH 很大，式（6.9）的左端趋于 1，式（6.9）可表示为

$$(k^2 + \zeta^2)^2 - 4k^2 \xi \zeta = 0 \tag{6.16}$$

该式就是弹性半无限体中瑞利波频率方程，这表明，随着 kH 增加，对称模态相速度趋于瑞利波波速。由图 6-4 可以看出，模态 S_0 相速度随频厚积或 $2H/\lambda_R$ 增加趋于瑞利波速，相对于基阶对称模态 S_0，高阶对称模态相速度也渐近于瑞利波速，但趋近速度较慢。

6.1.3　反对称模态渐近特性

当 $2H/\lambda_R \ll 1$，反对称 A_0 兰姆波水平向位移相对竖直向位移很小，可以忽略，竖直向质点位移方向相同，呈纯弯曲振动。对于波长比厚度 $2H$ 大且满足 $c < c_s < c_P$ 的长波，保留双曲线函数泰勒展开式的第三项，方程式（6.10）经过代数运算后可得[1]

$$\frac{c^2}{c_s^2} \approx \frac{4}{3}(kH)^2\left(1-\frac{c_s^2}{c_P^2}\right) \tag{6.17}$$

可以看出，反对称模态相速度随着波长增加而减小，当 $kH \to 0$，$c \to 0$。

对 $kH \to \infty$，即波长很短的波，方程式(6.10)也退化为弹性半无限体中瑞利波频率方程，这表明，当反对称兰姆波长相对板厚较小时，波演变为沿板上、下自由表面传播瑞利波。

6.2　瞬态荷载下自由板中波场

6.2.1　竖向表面源

以上回顾了自由板中兰姆波传播特性。在实际中，需通过合适振源激发相应模态兰姆波。在固体介质表面施加一个竖向脉冲扰动，扰动可激发出三种不同类型波：纵波(P-波)、横波(S-波)、首波及瑞利波(R-波)。在距振源的一定距离，瑞利波沿表面以柱面波阵面向外传播，几何衰减为 $r^{-1/2}$，P-波和 S-波(统称体波)以球面波传播，在表面，体波几何衰减为 r^{-2}，在介质体内，体波几何衰减为 r^{-1}，这里，r 为波与振源中心距离。

用平面应变模型数值模拟计算自由板在半正弦信号表面源作用下质点速度响应。波在板下边界面反射之前，板中各类型波与半无限体中波类型相同，质点速度矢量幅值云图见图6-5(a)。P-波首先到达板下边界面并发生反射，反射 P 波(用 PP 表示)及 S 波(用 PS 表示)，分别见图6-5(b)及(c)。紧随 P-波之后的 S-波在板下边界面反射，反射 P 波(用 SP 表示)及 S 波(用 SS 表示)，见图6-5(d)。PP 波到达板上边界面并反射 PPP 波，见图6-5(e)，其它下边界面反射波相继到达板上边界面并反射。波在板上、下边界面多次反射波与前行体波叠加，在距振源一定位置(远场)形成传播特性仅与频率成分有关(即不随传播距离变化)的导波——兰姆波，兰姆波形成过程如图6-6所示。

6.2.2　激发波场中兰姆波主导模态

以下采用 Ricker 子波振源，通过对板波场响应数值模拟，分析波场成分。取无限长板厚度 $d=1\text{m}$，剪切波速 $c_s=130\text{m/s}$，泊松比 $\nu=0.3$，密度 $\rho=1800\text{kg/m}^3$，由第 1 章回归关系式(1.22)得到瑞利波速 $c_R \approx 120.6\text{m/s}$。主频 $f_M=100\text{Hz}$ 的 Ricker 脉冲作用于板一个很小圆形区域(近似于点源)。利用轴对称有限元数值模拟计算距源 $0.4 \sim 24\text{m}$ 区间表面波场中间隔 0.4m 各点竖直向质点振动速度响应，响应信号波列及等值云图见图6-7，由图可以看出响应波形发生弥散，这表明波具有较强的频散特性。

按柱面波几何衰减规律对质点速度响应作几何校正，对校正后响应作二维傅里叶变换得到频率-波数域谱，利用相速度 c、频率 f 及波数 k 关系 $c=2\pi f/k$ 可将频率-波数域谱转换成频率-相速度域谱，见图6-8。对波数及相速度无量纲化，无量纲波数-无量纲相速度域谱见图6-9。与厚 $d=1\text{m}$ 板中基阶对称及反对称兰姆波频散曲线与谱脊线比较，可以发现谱脊线与频散曲线对应，这表明波场由基阶对称及反对称兰姆波主导，或者说，可以激发出基阶对称及反对称兰姆波。将板厚度增加至 2m，其它参数不变，响应曲线见图6-10，可以看出，

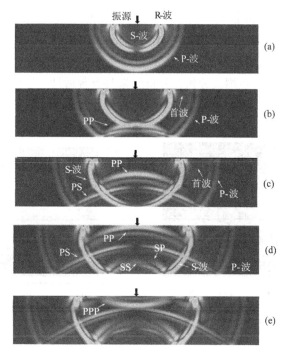

图 6-5 表面竖直向源激发波质点速度矢量幅值云图

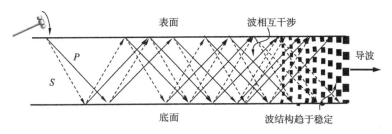

图 6-6 兰姆波形成过程示意图

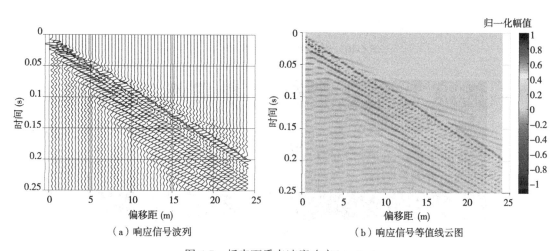

（a）响应信号波列 　　　（b）响应信号等值线云图

图 6-7 板表面质点速度响应（$d=1\text{m}$）

响应波形弥散程度弱于厚 1m 板响应波形(图 6-7)。频率-相速度响应谱见图 6-11,可以看出谱脊线与 $d=1m$ 板中基阶对称及反对称兰姆波频散曲线不一致。在无量纲域,谱脊线与 $d=$ 1m 板基阶对称及反对称兰姆波频散曲线基本吻合,见图 6-12,这表明,无量纲化后兰姆波频散曲线适用于任意厚度板兰姆波分析,分析结果具有普适性。厚度增加导致无量纲波数增加,激发的兰姆波仍以基阶模态为主,在对应无量纲波数区域,兰姆波频散较弱。

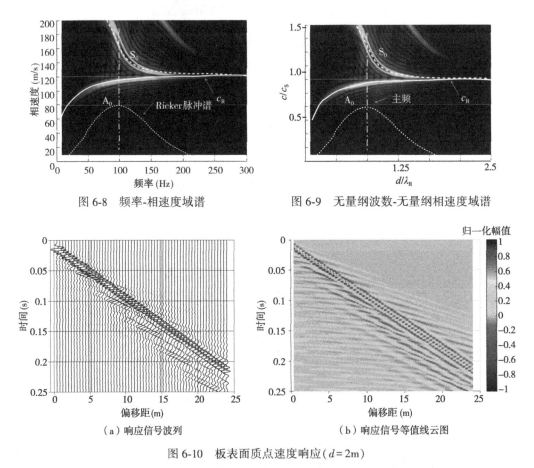

图 6-8　频率-相速度域谱　　　　　图 6-9　无量纲波数-无量纲相速度域谱

(a) 响应信号波列　　　　　　　　(b) 响应信号等值线云图

图 6-10　板表面质点速度响应($d=2m$)

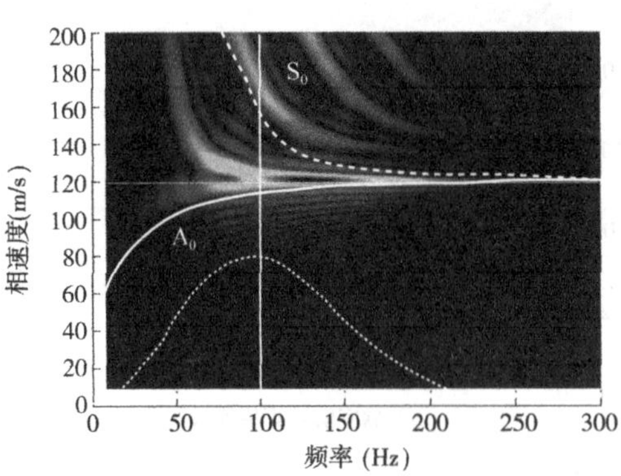

图 6-11　频率-相速度域谱 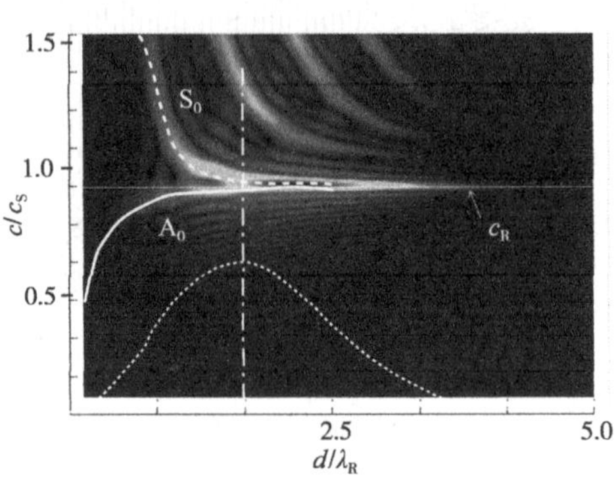　　　　　图 6-12　无量纲波数-无量纲相速度域谱

以上分析表明,采用脉冲源会激发多个模态兰姆波,由于兰姆波传播特性与板材料力学参数(泊松比、剪切波速)及板厚度有关,兰姆波被广泛用于混凝土板以及道路系统表面波测试分析。

6.3　软基础上板中波

在真空及自由状态下,板中兰姆波在传播过程能量不会发生衰减。然而,当板周围有介质(如板有土体覆盖层或浸入液体等)时,由于板与周围介质耦合,板表面质点振动会引起周围介质质点振动,能量除了通过板水平位移耦合进入周围介质,而且还通过竖向位移耦合向外辐射。兰姆波能量以纵波及横波两种形式向周围介质辐射,横波质点振动与传播方向垂直,而纵波质点振动方向与传播方向平行。辐射能量大小与质点振动方向以及板与周围介质特性参数差异有关。为了说明板中波能量向周围介质辐射,将板与周围介质离散成网格,通过网格变形可以了解波辐射在周围介质产生振动。当板中弯曲波无能量向周围介质辐射时,弯曲波在板传播没有衰减,周围介质网格无变形,见图 6-13(a)。当只考虑板中波竖直向振动产生辐射时,即板中波以横波辐射,辐射导致周围介质变形见图 6-13(b)。当板中波既有水平向也有竖直向振动时,则板中波能量以纵波及横波两种形式向周围介质辐射,见图 6-13(c)。辐射能量越大,板中波衰减越快,传播距离越短,特别是对竖向位移较大的模态,向周围介质辐射能量较大。

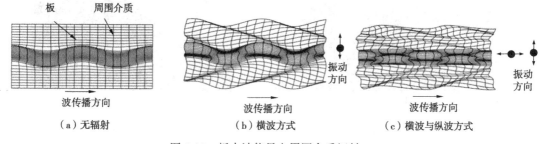

图 6-13　板中波能量向周围介质辐射

下面采用数值模拟软基础上板系统中波场响应,通过软基础响应谱研究板波传播特性。与自由板中兰姆波比较,分析软基础对板波传播影响。板厚 $d=0.25\text{m}$,剪切波速 $c_{s1}=2500\text{ m/s}$,泊松比 $\nu=0.25$,密度 $\rho=2500\text{kg/m}^3$,相应的瑞利波速及纵波速分别为 $c_{R1}\approx2300\text{m/s}$ 及 $c_{P1}\approx4330\text{m/s}$。采用主频 100Hz Ricker 子波源在板自由表面激振,振源主频对应板瑞利波波长 $\lambda_R\approx23\text{m}$,无量纲波数 $d/\lambda_R\approx0.011$。自由板表面竖直向质点速度(按柱面波几何衰减校正)响应曲线见图 6-14(a),等值线云图见图 6-14(b),可见响应波形弥散。对表面信号作二维傅里叶变换得到频率-相速度域谱,如图 6-15(a)所示,谱脊线对应的相速度随频率变化,波具有明显的频散特性。为了确定波的类型,将频率-相速度域转换成无量波数及无量纲相速度域,见图 6-15(b)。谱脊线与 A_0 兰姆波频散曲线对应较好,这说明激发波以 A_0 兰姆波为主。

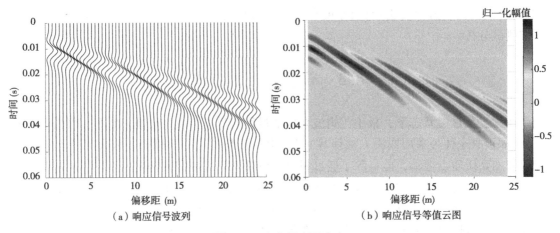

图 6-14　自由板表面响应

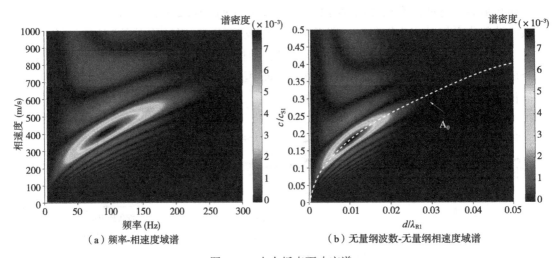

图 6-15　自由板表面响应谱

假设板位于半无限体软基上，软基剪切波速 $c_{s2} = 130\mathrm{m/s}$，$\nu = 0.3$，$\rho = 1800\ \mathrm{kg/m^3}$，相应的瑞利波速及纵波速分别为 $c_{R2} \approx 120.6\mathrm{m/s}$ 及 $c_{P2} = 243\mathrm{m/s}$。由某一时刻波场质点速度幅值云图 6-16 可以看出，振源激发波主要以 P 波及 S 波形式在软基传播。板中水平传播波能量较弱且不断向下方软基辐射。软基上板表面竖直向质点速度响应曲线及等值线云图见图 6-17，与图 6-14 比较，板中波传播距离很短。

对表面信号作二维傅里叶变换得到频率-相速度域谱，如图 6-18（a）所示，与图 6-15（a）相比，能量分布频率范围变窄，这是由于低频及高频波衰减相对较快所致。用板剪切波速 c_{s1} 对相速度 c 无量纲化，用板介质瑞利波波长 λ_{R1} 对板厚无量纲化，无量波数 d/λ_{R1} 及无量纲相速度 c/c_{s1} 域谱见图 6-18（b），谱脊线与 A_0 兰姆波频散曲线较接近，这表明，当板下面存在软弱基础，板波衰减较快，但传播速度与自由板中兰姆波类似。

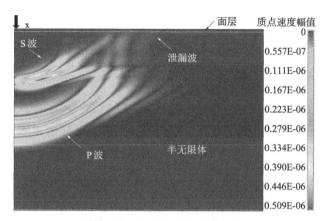

图 6-16　软基础及板系统中波

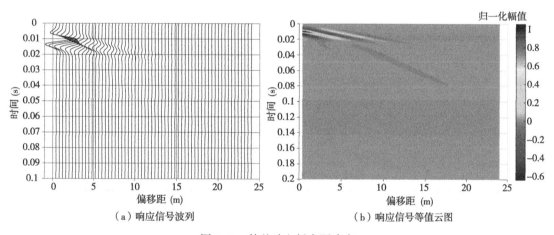

（a）响应信号波列　　　　　　　　　　（b）响应信号等值云图

图 6-17　软基础上板表面响应

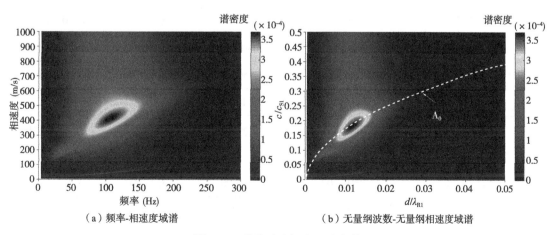

（a）频率-相速度域谱　　　　　　　　　（b）无量纲波数-无量纲相速度域谱

图 6-18　软基础上板表面响应谱

6.4　道路系统中波

6.4.1　道路系统分层结构

道路系统组成如图 6-19 所示，面层一般为厚度 0.2~0.25m 的混凝土或沥青，剪切波速远高于基层及路基，道路系统常见介质材料力学参数参考取值范围见表 6-1。

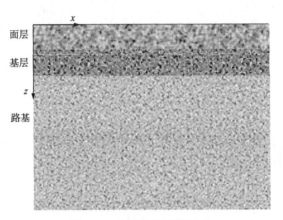

图 6-19　道路系统分层结构

表 6-1 　道路系统材料力学参数取值范围[2]

材料	剪切波速（m/s）	纵波速（m/s）	密度（kg/m³）	泊松比
混凝土	1300~2800	2000~4600	2400	0.20
沥青*	600~2500	1100~4500	2300~2400	0.20~0.40
基层	250~500	350~800	2100~2300	0.10~0.30
黏土、粉质黏土	40~300	100~600	1400~2000	0.40~0.50
黏土、粉质黏土(饱和)	40~250	1450	1400~2000	0.45~0.50
砂	100~500	150~1000	1600~2000	0.15~0.35
砂(饱和)	80~450	1450	2000~2300	0.45~0.50
冰渍	300~750	600~1500	1800~2300	0.20~0.40
冰渍(饱和)	250~700	1400~2000	2100~2400	0.45~0.50
花岗岩、片麻岩	1700~3500	3500~7000	2200~2600	0.20

注：＊沥青为黏弹性材料，用复波速可以考虑黏性影响(见第1章)。

6.4.2 道路系统中泄漏波

由面层、基层及半无限体路基组成道路系统中波典型的理论频散曲线如图6-20，图中 c_{P1} 及 c_{R1} 分别表示面层介质纵波速及瑞利波速，c_{R3} 表示路基瑞利波速。道路系统中波模态数量很多，一些波衰减较快，传播距离很短，在表面无法检测到这些波产生的振动。定义系数 $\alpha = -2\pi k_i/k_r$，这里，k_i 及 k_r 分别是复波数虚部及实部，该系数反映波衰减速率，α 越大，则波衰减越快，$\alpha > 0.2$ 对应的波频散曲线用虚线表示，$\alpha < 0.2$ 对应的波频散曲线用实线表示[2]。为了进行比较，图给出与面层参数相同的自由板中基阶对称及反对称兰姆波频散曲线，可以看出衰减较慢波频散曲线集中分布于基阶反对称兰姆波频散曲线附近。

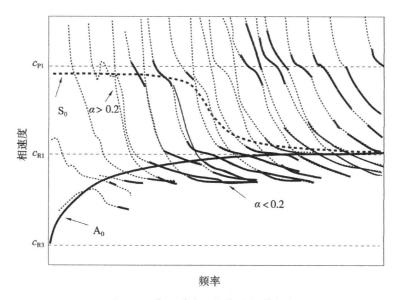

图6-20　典型道路系统中波频散曲线

将面层、基层及半无限体路基用网格划分，位移变化会导致网格变形，由网格变形可以了解道路系统中谐波在水平及竖向位移变化。示意图6-21(a)、(b)分别为模态阶次较低及较高波网格变形，可以看出，面层位移近似基阶反对称兰姆波产生变形位移。对低阶模态，基层变形位移近似于反对称兰姆波位移，而对高阶模态，基层变形位移则近似于对称兰姆波位移。路基半无限体位移相对较大，随深度呈振荡变化，阶次越高振荡频度越高。

对相同道路系统模型，由数值模拟表面响应得到频率-相速度谱如图6-22所示，可以看出谱能量沿自由板基阶反对称兰姆波频散曲线分布。

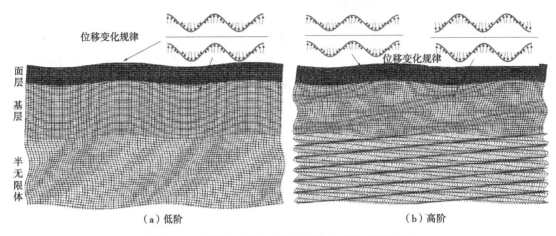

图 6-21　不同阶次谐波在道路系统中产生变形位移

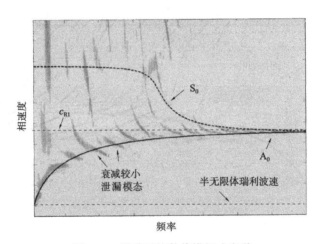

图 6-22　道路系统数值模拟响应谱

6.5　道路系统表面波测试

6.5.1　稳态表面波测试

稳态表面波测试方法采用电机激振器激励稳态简谐波，波以振源为中心向外传播，沿测线从振源区域向外移动传感器，如图 6-23 所示，图中符号 S 表示振源，g_1、g_2 表示同相位相邻测点位置。当相邻测点出现同相位时，测点间距就是该频率对应的表面波波长。为了减少仪器、传感器自身相位及局部不连续性导致的误差，可以移动传感器至 2 倍、3 倍以上波长位置，将数据绘制在移动距离—波长数量坐标上，每个频率重复数次，然后用最小二乘法对这些数据进行线性回归分析，直线的斜率倒数就是该频率对应的平均波长。

由波长、频率及相速度间关系 $c=f\lambda$ 可以得到该频率的相速度，对不同频率谐波重复以上过程，就可以得到频率-相速度曲线。

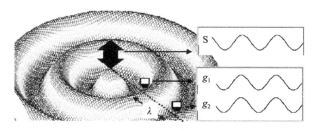

图 6-23　稳态表面波法

道路系统由多个模态波，当传感器距离稳态源较近时，这些波无法分离。随着移动距离增加，一些模态出现分离，同相位测点距离可能相差较大。图 6-24 显示某给定频率谐波距稳态源较近与较远位置的同相位波长明显不同，多模波场会导致测试相速度曲线出现分支。图 6-25 给出在面层及路基半无限体系统稳态表面波测试频散曲线，图中，h 为面层厚度，c_{R1} 为面层瑞利波速，c_{P2} 及 c_{R2} 分别为路基纵波速及瑞利波速。道路系统表面波相速度具有以下一些特征：频率越高，复合波能量分布越集中于面层，相速度趋于面层瑞利波速；当频率足够低时，复合波能量集中于半无限体，相速度趋于半无限体瑞利波速；在中间频率区间，复合波在面层及半无限体中能量占比不同。总体上，随频率减小，半无限体能量占比增加，相速度随频率减小而减小。受不同模态影响，可能出现分支现象。稳态表面波测试及数据处理较费时、费力。

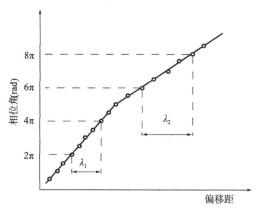

图 6-24　相位差随测点与稳态源距离变化

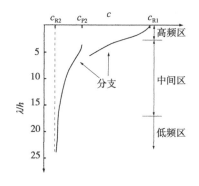

图 6-25　稳态表面波测试相速度随波长变化

6.5.2　SASW 测试

瞬态振源可以激发较宽频率范围波，随着 SASW 测试技术发展，瞬态表面波测试在道路系统检测得到广泛应用。由于面层厚度较小，常采用小锤或弹性细杆连接不同直径钢球敲击面层激发能量较大高频波，检波器应采用宽频加速度计，见图 6-26，振源及测点布置要求可参考第 3 章。SASW 测试只能得到复合波表观相速度，低频、高频表观相速度变化趋势见图 6-25。由高频、低频表观相速度变化趋势可预估面层及半无限体介质剪切波速，道路系统层结构及层厚等参数确定则需对测试表观相速度曲线反演分析。

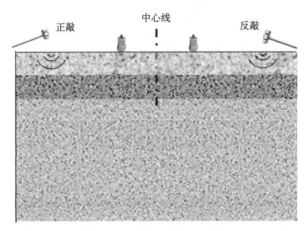

图 6-26　道路系统 SASW 测试

6.5.3　模拟 MASW 测试

SASW 易受干扰影响，Ryden 采用单传感器多道模拟（multichannel simulation with one receiver，简称 MSOR）测试方法[2]。该方法测试步骤如下：固定测点，沿测线等间距移动激振点位置，然后将各次测试响应按激振点位置排列得到一组响应信号波列，波列等价于在一点激振，等间距布置一组测点的响应，测试方法如图 6-27 所示。

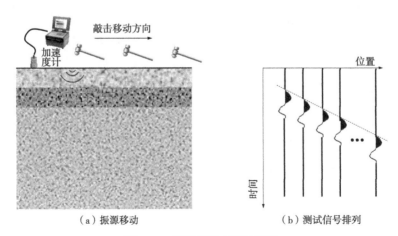

（a）振源移动　　　　　　　　　（b）测试信号排列

图 6-27　模拟多道表面波测试

类似于 MASW 分析方法，对波列作二维傅里叶变换，得到频率-相速度域谱，通过对提取频散数据正演或反演分析，可以得到道路系统层结构及层参数。

◎ **思考题 6**

6.1 表面波测试中"表面波"是指波的类型，还是指引起表面振动各类型波统称？

6.2 板中兰姆波频散曲线与哪些参数有关？

6.3 兰姆波的频散曲线是否可以相交？

6.4 兰姆波相速度随频率变化曲线与板剪切波速及厚度有关，如何使频散曲线适用于不同剪切波速及厚度的板？

6.5 道路系统表面波场是否存在瑞利波？若存在，在哪些频率范围？

6.6 简述道路系统测试 SASW 法得到的频散曲线低频、高频渐近特征。

◎ **参考文献**

[1]W 伊文，等. 层状介质中的弹性波[M]. 刘光鼎，译. 北京：科学出版社，1966.

[2]N Rydén. Surface wave testing of pavements[D]. Department of Engineering Geology, Lund University, 2004.

第7章 浅部异质体对表面波场扰动

在岩土工程中，溶洞、软土、淤泥、飘石等地质不良体会影响施工安全及工程质量，特别是隧道盾构施工过程可能导致开挖面失稳、盾构机突陷、刀盘刀具损坏等风险。为确保施工安全及工程质量，地下不良体必须及时探明及处理。对防空洞、古墓遗址、浅埋排污管道、输水、输气管道等人工设施，则需施工前探明位置，在施工时避开或进行保护。除此之外，废弃浅埋矿采空区以及垃圾填埋场等地下掩埋体也会危及基础工程及环境安全。为了方便叙述，统称天然形成地下不良地质体、人工地下设施或掩埋体为异质体。

当场地存在异质体时，异质体与周围介质的材料特性参数出现差异，从而形成一个材料特性参数分界面。材料特性参数有热学的、磁学的、电学的、力学的等。根据力学参数差异，浅部地下异质体可以分为两类：剪切波速（刚度）低于周围介质的软质体以及剪切波速远高于周围介质的硬质体。充气或充水洞穴剪切波速度趋于零，是软质体一种特例。对人防设施及大型管涵，周围有混凝土衬砌，可认为是一种中间为洞穴的硬质体，用带衬砌洞穴模型描述。目前，已发展了很多不同种类物探方法探测地下异质体，如地质雷达、井中雷达、电磁波 CT、高密度电法、电法 CT 等。不同物探方法有其局限性及适用范围。

波的运动学及动力学特性对介质力学参数特别是剪切波速度变化敏感，地震反射波及折射波法通过对体波在异质体散射分析探测异质体。当异质体埋深较浅，由于体波散射波在表面波场能量相对较弱，且与表面波时间窗口重叠，体波散射波信号识别难度较大。与体波相比，瑞利波能量主要分布近表面，在浅部异质体散射能量较大。利用瑞利波散射对表面波场扰动可以探测地下浅部异质体。本章包括以下主要内容：

(1) 散射波基本理论；

(2) 浅部异质体与周围介质刚度差异对绕射波传播特性影响；

(3) 绕射波与瑞利波位移结构差异对表面波场谱影响；

(4) 半无限体中异质体位置及埋深与偏移距-波长域谱扰动关系；

(5) 分层半无限体中异质体散射波对表面波场扰动。

7.1 散射波理论

7.1.1 Betti-Rayleigh 互换理论

在直角坐标系下，运动方程及本构方程的张量形式为[1-4]

$$\Delta_{ijpq}\partial_j\tau_{pq}(\boldsymbol{x},\ t) - \rho(\boldsymbol{x})\partial_t^2 u_i(\boldsymbol{x},\ t) = -f_i(\boldsymbol{x},\ t) \tag{7.1}$$

$$\Delta_{ijpq}\partial_p u_q(\boldsymbol{x},\ t) - s_{ijpq}(\boldsymbol{x})\tau_{pq}(\boldsymbol{x},\ t) = 0 \tag{7.2}$$

式中，下标 $i,\ j,\ p,\ q = 1,\ 2,\ 3$ 分别对应坐标变量 $x,\ y,\ z$。$\boldsymbol{x}$ 为位置矢量，$u_j(\boldsymbol{x},\ t)$ 为位移分量，$\tau_{ij}(\boldsymbol{x})$ 是应力张量，$\rho(\boldsymbol{x})$ 是弹性体密度，$f_j(\boldsymbol{x},\ t)$ 是体力分量，符号 ∂_j 表示对坐标变量偏导，∂_t 表示对时间偏导。其中四阶单位张量为

$$\Delta_{ijpq} = \frac{1}{2}(\delta_{ip}\delta_{jq} + \delta_{iq}\delta_{jp}) \tag{7.3}$$

式中，克罗内克 delta（Kronecker delta）函数 δ_{ij} 定义为

$$\delta_{ij} = \begin{cases} 1, & i = j \\ 0, & i \neq j \end{cases} \tag{7.4}$$

$s_{ijpq}(\boldsymbol{x})$ 是弹性体的柔度张量，对各向同性材料，柔度张量表达式为

$$s_{ijpq} = -\frac{\lambda}{2\mu(3\lambda + 2\mu)}\delta_{ij}\delta_{pq} + \frac{1}{4\mu}(\delta_{ip}\delta_{jq} + \delta_{iq}\delta_{jp}) \tag{7.5}$$

式中，λ 及 μ 为 Lamé 常数。

在频率域，运动方程及本构方程可改写为

$$\Delta_{ijpq}\partial_j\hat{\tau}_{pq}(\boldsymbol{x},\ \omega) + \omega^2\rho(\boldsymbol{x})\hat{u}_i(\boldsymbol{x},\ \omega) = -\hat{f}_i(\boldsymbol{x},\ \omega) \tag{7.6}$$

$$\Delta_{ijpq}\partial_p\hat{u}_q(\boldsymbol{x},\ \omega) - s_{ijpq}(\boldsymbol{x})\hat{\tau}_{pq}(\boldsymbol{x},\ \omega) = 0 \tag{7.7}$$

应力边界条件为

$$n_j\hat{\tau}_{ij}(\boldsymbol{x},\ \omega) = \hat{F}_i(\boldsymbol{x},\ \omega),\ \boldsymbol{x} \in \Omega \tag{7.8}$$

频率域参数用上方符号"^"表示，n_j 表示边界面法向方向余弦，$\hat{F}_i$ 为边界面荷载，Ω 表示边界面集合。

假设用符号 A、B 表示介质体域及面域相同，但材料力学参数及应力不同两种状态，应力张量与位移分量交换相乘差值对坐标偏导为

$$\partial_i(\hat{\tau}_{pq}^A\hat{u}_j^B - \hat{\tau}_{pq}^B\hat{u}_j^A) = \partial_i\hat{\tau}_{pq}^A\hat{u}_j^B + \hat{\tau}_{pq}^A\partial_i\hat{u}_j^B - \partial_i\hat{\tau}_{pq}^B\hat{u}_j^A - \hat{\tau}_{pq}^B\partial_i\hat{u}_j^A \tag{7.9}$$

利用张量对称性：$\hat{\tau}_{pq} = \hat{\tau}_{qp}$，$\Delta_{ijpq} = \Delta_{pqij}$ 及 $s_{ijpq} = s_{pqij}$，由式(7.6)、式(7.7)及式(7.9)可得

$$\Delta_{ijpq}\partial_i(\hat{\tau}_{pq}^A\hat{u}_j^B - \hat{\tau}_{pq}^B\hat{u}_j^A) = \omega^2(\rho^B - \rho^A)\hat{u}_i^A\hat{u}_i^B + (s_{ijpq}^B - s_{pqij}^A)\hat{\tau}_{ij}^A\hat{\tau}_{pq}^B - \hat{f}_i^A\hat{u}_i^B + \hat{f}_i^B\hat{u}_i^A \tag{7.10}$$

再利用关系式

$$\Delta_{ijpq}\hat{\tau}_{pq} = \frac{1}{2}(\delta_{ip}\delta_{jq} + \delta_{iq}\delta_{jp})\hat{\tau}_{pq} = \frac{1}{2}(\hat{\tau}_{ij} + \hat{\tau}_{ji}) \tag{7.11}$$

式(7.10)可表示为

$$\partial_j(\hat{\tau}_{ij}^A\hat{u}_i^B - \hat{\tau}_{ij}^B\hat{u}_i^A) = \omega^2(\rho^B - \rho^A)\hat{u}_i^A\hat{u}_i^B + (s_{ijpq}^B - s_{pqij}^A)\hat{\tau}_{ij}^A\hat{\tau}_{pq}^B - \hat{f}_i^A\hat{u}_i^B + \hat{f}_i^B\hat{u}_i^A \tag{7.12}$$

略去符号"^"，对式(7.12)两边进行体积分，利用高斯定理可得

$$\int_\Omega n_j(\tau_{ij}^A u_i^B - \tau_{ij}^B u_i^A)\,\mathrm{d}A = \int_V [\omega^2(\rho^B - \rho^A)u_i^A u_i^B + (s_{ijpq}^B - s_{pqij}^A)\tau_{pq}^B\tau_{ij}^A - f_i^A u_i^B + f_i^B u_i^A]\,\mathrm{d}V \tag{7.13}$$

式中，V 表示体域。对层状半无限体，只需考虑表面边界 S。利用力边界条件式(7.8)，式(7.13)可改写为

$$\int_S (F_i^A u_i^B - F_i^B u_i^A)\,\mathrm{d}A = \int_V \left[\omega^2(\rho^B - \rho^A)u_i^A u_i^B + (s_{ijpq}^B - s_{pqij}^A)\tau_{pq}^B \tau_{ij}^A - f_i^A u_i^B + f_i^B u_i^A\right]\mathrm{d}V$$

$$(7.14)$$

这就是贝蒂-瑞利互换理论(Betti-Rayleigh reciprocity theorem)。

7.1.2　散射波位移表达式

假设分层半无限体存在异质体，异质体区域用符号 D 表示，在表面位置矢量 $\boldsymbol{x}^s$ 处作用竖直向冲激源，冲激源可表示为 $W(\omega)\delta_{i3}\delta(x - x^s)\delta(y - y^s)$（$i = 1, 2, 3$ 分别对应坐标变量 x，y，z），这里，$W(\omega)$ 为振源谱。假设无异质体情形表面波场位移分量用 $u_i^{inc}(\boldsymbol{x}, \boldsymbol{x}^s)$ 表示，异质体散射波位移分量用 $u_i^{sc}(\boldsymbol{x}, \boldsymbol{x}^s)$ 表示。用符号 A 表示含异质体分层半无限体表面受竖直振源作用状态，符号 B 表示分层半无限体无异质体且在位置矢量 $\boldsymbol{x}^r$ 处受冲激脉冲(脉冲方向用 k 表示，$k = 1, 2, 3$ 分别对应于 x，y，z 坐标方向)作用状态，见图 7-1。由贝蒂-瑞利互换理论可知，只要得到状态 B 应力及位移便可得到状态 A 位移。

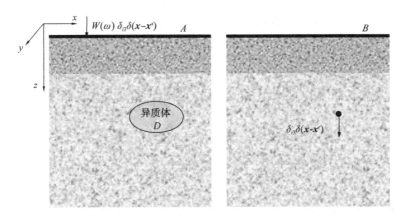

图 7-1　两种不同应力状态

状态 B 体内作用于位置 $\boldsymbol{x}^r = \{x^r, y^r, z^r\}$ 处冲激脉冲可表示为

$$f_{ik}^G(\boldsymbol{x}, \boldsymbol{x}^r, \omega) = \delta_{ik}\delta(x - x^r)\delta(y - y^r)\delta(z - z^r) \quad (i, k = 1, 2, 3) \qquad (7.15)$$

式中，狄拉克 δ(Dirac delta) 函数定义为

$$\delta(x - x_0) = \begin{cases} +\infty, & x = x_0 \\ 0, & x \neq x_0 \end{cases} \qquad (7.16)$$

狄拉克 δ 函数具有以下特性：

$$\int_{-\infty}^{+\infty} \delta(x - x_0)\,\mathrm{d}x = 1, \quad \int_{-\infty}^{+\infty} \delta(x - x_0)f(x)\,\mathrm{d}x = f(x_0) \qquad (7.17)$$

由式(7.17)可知，冲激函数积分非常方便。用符号 $u_{ik}^G(\boldsymbol{x}, \boldsymbol{x}^r)$ 表示状态 B 在位置 $\boldsymbol{x}^r$

冲激脉冲作用下位置 $\boldsymbol{x}$ 处第 i 方向位移(即 Green 位移),$\tau_{pqk}^{B}(\boldsymbol{x},\boldsymbol{x}^{r})$ 表示状态 B 应力张量。体内冲激脉冲可看作体力,由式(7.14)可得

$$\int_{S}W(\omega)\delta_{i3}\delta(x-x^{s})\delta(y-y^{s})u_{ik}^{G}(\boldsymbol{x},\boldsymbol{x}^{r})\mathrm{d}A$$

$$=\int_{D}\{[\rho^{B}(\boldsymbol{x})-\rho^{A}(\boldsymbol{x})]\omega^{2}u_{i}(\boldsymbol{x},\boldsymbol{x}^{s})u_{ik}^{G}(\boldsymbol{x},\boldsymbol{x}^{r})+\delta_{ik}\delta(x-x^{r})u_{i}(\boldsymbol{x},\boldsymbol{x}^{s})\}\mathrm{d}V$$

$$+\int_{D}[s_{ijpq}^{B}(\boldsymbol{x})-s_{ijpq}^{A}(\boldsymbol{x})]\tau_{pqk}^{B}(\boldsymbol{x},\boldsymbol{x}^{r})\tau_{ij}^{A}(\boldsymbol{x},\boldsymbol{x}^{s})\mathrm{d}V \qquad(7.18)$$

利用狄拉克 δ 函数的特性,可得

$$u_{k}(\boldsymbol{x}^{r},\boldsymbol{x}^{s})=W(\omega)u_{k3}^{G}(\boldsymbol{x}^{r},\boldsymbol{x}^{s})+\omega^{2}\int_{D}[\rho^{A}(\boldsymbol{x})-\rho^{B}(\boldsymbol{x})]u_{ki}^{G}(\boldsymbol{x}^{r},\boldsymbol{x})u_{i}(\boldsymbol{x},\boldsymbol{x}^{s})\mathrm{d}V$$

$$+\int_{D}[s_{pqij}^{A}(\boldsymbol{x})-s_{pqij}^{B}(\boldsymbol{x})]\tau_{pqk}^{B}(\boldsymbol{x},\boldsymbol{x}^{r})\tau_{ij}^{A}(\boldsymbol{x},\boldsymbol{x}^{s})\mathrm{d}V \qquad(7.19)$$

将 $\boldsymbol{x}^{r}$ 用 $\boldsymbol{x}$ 替换,$\boldsymbol{x}$ 用 $\boldsymbol{x}'$ 替换,式(7.19)可改写为

$$u_{k}(\boldsymbol{x},\boldsymbol{x}^{s})=W(\omega)u_{k3}^{G}(\boldsymbol{x},\boldsymbol{x}^{s})+\omega^{2}\int_{D}[\rho^{A}(\boldsymbol{x}')-\rho^{B}(\boldsymbol{x}')]u_{ki}^{G}(\boldsymbol{x},\boldsymbol{x}')u_{i}(\boldsymbol{x}',\boldsymbol{x}^{s})\mathrm{d}V$$

$$+\int_{D}[s_{pqij}^{A}(\boldsymbol{x}')-s_{pqij}^{B}(\boldsymbol{x}')]\tau_{pqk}^{B}(\boldsymbol{x},\boldsymbol{x}')\tau_{ij}^{A}(\boldsymbol{x}',\boldsymbol{x}^{s})\mathrm{d}V \qquad(7.20)$$

式(7.20)右边第一项为入射波位移分量,即

$$u_{k}^{inc}(\boldsymbol{x},\boldsymbol{x}^{s})=W(\omega)u_{k3}^{G}(\boldsymbol{x},\boldsymbol{x}^{s}) \qquad(7.21)$$

总波场位移分量可看作无异质体情形波场位移分量与异质体产生散射波场位移分量叠加,即

$$u_{k}(\boldsymbol{x},\boldsymbol{x}^{s})=u_{k}^{inc}(\boldsymbol{x},\boldsymbol{x}^{s})+u_{k}^{sc}(\boldsymbol{x},\boldsymbol{x}^{s}) \qquad(7.22)$$

波场总位移减去入射波场位移可得散射波场位移,由式(7.20)可得散射波场位移分量

$$u_{k}^{sc}(\boldsymbol{x},\boldsymbol{x}^{s})=\omega^{2}\int_{D}[\rho^{A}(\boldsymbol{x}')-\rho^{B}(\boldsymbol{x}')]u_{ki}^{G}(\boldsymbol{x},\boldsymbol{x}')u_{i}(\boldsymbol{x}',\boldsymbol{x}^{s})\mathrm{d}V$$

$$+\int_{D}[s_{pqij}^{A}(\boldsymbol{x}')-s_{pqij}^{B}(\boldsymbol{x}')]\tau_{pqk}^{B}(\boldsymbol{x},\boldsymbol{x}')\tau_{ij}^{A}(\boldsymbol{x}',\boldsymbol{x}^{s})\mathrm{d}V \qquad(7.23)$$

散射波理论建立了散射波质点位移与异质体位置以及其与周围介质几何参数及物性参数差异间隐式关系式。由式(7.23)可以看出,散射波位移分量与当前波场总位移分量有关,散射波位移计算需采用迭代方法。

7.2 半无限体中异质体对瑞利波传播影响

实际异质体几何形状及大小具有多样性,首先以矩形截面异质体为例分析异质体对波场扰动,然后将分析结果推广至任意截面。

为了便于说明异质体散射波对表面波场扰动,根据波传播方向及异质体位置,将表面波场分成三个区域:前方区域、上方区域及后方区域,见图7-2。图中 r_{n}、r_{f}、h_{t}、h_{b}、h 及 l 分别表示矩形异质体前、后边界与振源中心水平距离、上边界深度(即埋深)、下边界深

度、高度及长度。按传播方向及与异质体相对位置给波分类，由振源中心向外传播在遇异质体之前的瑞利波为入射瑞利波或前行瑞利波，与入射瑞利波传播方向相反波为反射波，前方区域反射波以前边界反向散射波为主，异质体上方波场以绕行异质体各类波为主，统称为绕射波，在异质体后方传播各类波统称为透射波。在前、后边界附近波场为近场，近场含不同方向散射波及转换波，波场复杂，不作讨论。由反射波与入射瑞利波干涉以及绕射波传播特性及位移结构可以分析异质体对表面波场扰动。

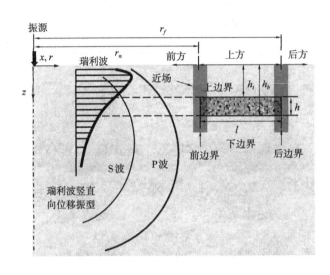

图 7-2　异质体位置参数及波场划分

只要确定 Green 位移函数，利用迭代法，由式(7.20)可以计算总波场位移响应，进而分析异质体的几何参数及其刚度与周围介质刚度差异对散射波影响，但迭代计算繁琐。有限元方法已广泛用于介质在复杂状态下波动分析，只要模型几何尺寸选取、网格划分及边界条件合适，该方法具有较高精度。考虑到点荷载激发瑞利波以柱状波阵面传播，有限元数值模拟采用轴对称模型。半无限体剪切波速、密度及泊松比分别取 130m/s、1800kg/m³ 及 0.3，有限元模型长 25m、厚(深)度 20m。为消除波在模型边界反射，在底部及侧边界加无反射边界。

Ricker 子波振源主频 $f_M = 100$Hz（即 $t_M = 0.01$s），作用半径 0.1m，荷载幅值为 1N/m²。半无限体表面竖直向振源激发以柱面波阵面沿表面传播的瑞利波、以振源中心为球心半球面向外传播的 P 波(纵波)、S 波(横波或剪切波)以及介于 P 波与 S 波之间能量很小的首波(或 Von Schmidt 波)，见图 7-3。P 波及 S 波在近表面质点振动幅值较小，沿表面传播的 P 波也称直达 P 波或擦射波。由第 1 章回归关系式(1.22)可得半无限体介质中瑞利波波速 $c_R \approx 120.6$m/s。主频对应入射瑞利波波长 $\lambda_M = 120.6/100 \approx 1.2$m。

入射瑞利波遇浅部异质体会发生散射，为了增加异质体散射波能量，取异质体位于瑞利波影响深度内，长度相对埋深及波长较大，一方面，可降低前后边界近场影响；另一方面，在此条件下，绕射波传播特性仅与埋深及异质体与周围介质土性参数有关，不随传播

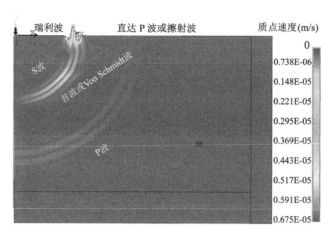

图 7-3 表面竖直源下半无限体中波场

距离变化。假设异质体与周围介质剪切波速相差较大，密度变化较小，异质体材料力学参数及几何参数见表 7-1，括号表示由回归式(1.22)计算的介质瑞利波波速。

表 7-1 异质体几何及材料力学参数

异质体类型	剪切(瑞利)波速（m/s）	密度（kg/m³）	泊松比	水平范围（m）		竖直范围（m）	
				r_n	r_f	h_t	h_b
洞穴	0	0	/	10	20	1	2
软质体	80 (74.8)	1600	0.35	10	20	1	2
硬质体	2500 (2300)	2500	0.25	10	20	1	2

7.2.1 洞穴

洞穴是软质体一个特例，数值模拟得到距振源 0.4～24m 区间表面波场中间隔 0.4m 各点竖直向质点速度响应，按$(r_i/r_1)^{1/2}$对响应校正，消除柱面波阵面几何衰减，这里，r_1表示距振源最近质点位置，r_i表示第 i 个质点位置。以表面最大质点速度幅值对各点响应归一化，由归一化竖向质点速度云图 7-4 可以看出前边界反射 P 波及 R 波，符号 B 所示绕射波出现多簇波束，这表明绕射波具有多模及频散特性。上方绕射波在后边界再次发生反射。

结合波场质点速度快照，可以了解绕射波在洞穴上方振动能量分布以及后边界对其传播影响。绕射波传播至洞穴正上方波场质点速度快照见图 7-5(a)，绕射波质点在表面及洞穴上边界振动幅值较大，在符号 B 所指的点线附近质点振动较小。与图 7-3 所示瑞利波响应水平向持续长度相比，绕射波水平向持续长度增加，这表明绕射波不同频率成分传播速

157

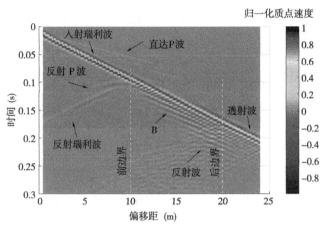

图 7-4   含洞穴半无限体表面波场归一化质点速度云图

度不同。以 S 波阵面作参考，可以看出洞穴上方小部分绕射波传播快于 S 波，大部分绕射波传播慢于 S 波。在洞穴下边界，符号 A 所示能量较强波传播速度与 S 波速接近，这些波为沿洞穴下自由边界面传播的瑞利波。绕射波传播至后边界波场质点速度快照见图 7-5 (b)，绕射波在后边界透射，透射波波阵面一端在洞穴边界面上。

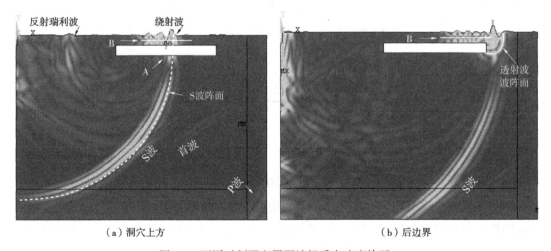

（a）洞穴上方   （b）后边界

图 7-5   不同时刻洞穴周围波场质点速度快照

7.2.2   软质体

相对洞穴情形，软质体前边界反射 P 波及 R 波能量较弱，上方绕射波有多簇波，在后边界，有多簇反射及透射波束，见图 7-6。

不同时刻波场质点速度幅值快照见图 7-7，由图 7-7(a) 可以看出，以 S 波阵面作参

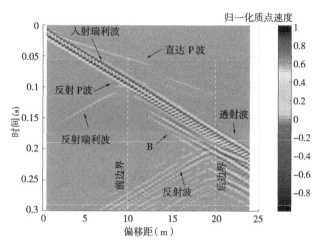

图 7-6　含软质体半无限体表面波场归一化质点速度云图

照,绝大部分能量绕射波传播速度慢于 S 波。软质体内波振动较大(箭头 A 所示),软质体有陷波作用,波在后边界透射波振动也较强,见图 7-7(b)。

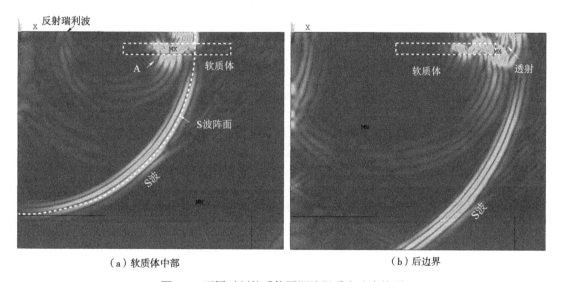

(a) 软质体中部　　　　　　　　　　　(b) 后边界

图 7-7　不同时刻软质体周围波场质点速度快照

7.2.3　硬质体

与软质体情形相比,硬质体前、后边界反射波很弱,如图 7-8 所示,图中 PP 波表示 P 波在硬质体反射 P 波,RP 波表示入射瑞利波在硬质体反射转换 P 波。

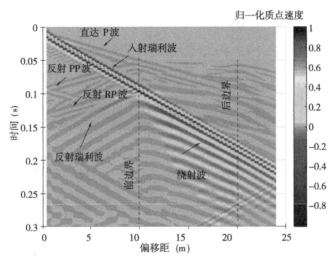

图 7-8　含硬质体半无限体表面波场归一化质点速度云图

由波场质点速度快照图 7-9(a)可以看出硬质体内质点速度很小，一部分波传播速度快于 S 波，但能量较弱，图 7-9(b)显示绝大部分绕射波在后边界向后方透射。

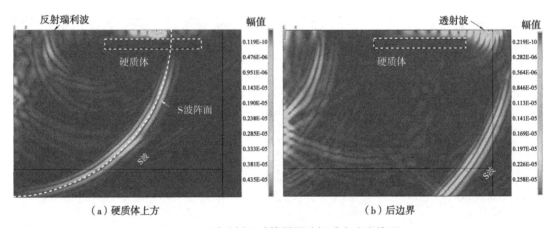

图 7-9　不同时刻硬质体周围波场质点速度快照

7.2.4　洞穴衬砌

矩形截面洞穴几何位置同表 7-1，衬砌材料参数同表 7-1 中硬质体，厚度为 0.25m。表面竖直向质点响应不同于洞穴及硬质体情形，绕射波波束发散表明绕射波具有较强频散特性，见图 7-10。一部分绕射波传播快于 S 波，绕射波在衬砌内质点速度很小，见图 7-11。

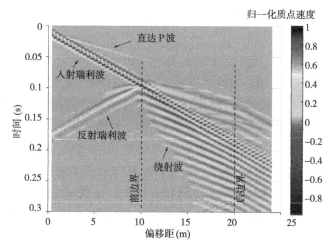

图 7-10　洞穴有衬砌情形下半无限体表面波场归一化质点速度云图

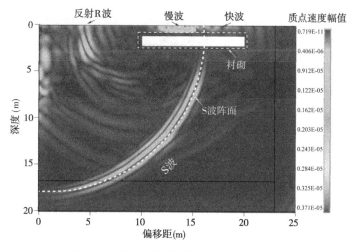

图 7-11　洞穴衬砌周围波场质点速度快照

7.3　绕射波传播特性

由上面质点速度波列及幅值快照可以看出绕射波具有频散特性，质点速度在深度方向分布也与入射瑞利波不同，分布规律受异质体与周围介质剪切波速差异影响。对异质体上方波场表面不同位置竖直向质点速度响应（距振源 $10\sim20\mathrm{m}$，间距 $0.4\mathrm{m}$）作二维傅里叶变换得到频率-波数域谱，由相速度与频率及波数关系 $c=2\pi f/k$ 得到频率-相速度域谱。利用关系 $f=c_R/\lambda_R$，得到无量纲频率（波数）h_t/λ_R（或 h_f/c_R）-无量纲相速度 c/c_R 域谱，这里，c_R、λ_R 分别为半无限体介质瑞利波速及波长。由谱脊线对应的相速度可得到绕射波传播特

161

性与埋深/波长比之间关系。由于异质体长度相对埋深及波长较大，前、后边界近场在分析波场占比很小，近场对频率-波数域谱分布影响可以忽略。

7.3.1　洞穴

在无量纲频率(波数)h_t/λ_R-无量纲相速度 c/c_R 域，洞穴绕射波谱出现两个分支，见图 7-12。为了确定谱分支对应波类型，假设自由板厚度与洞穴埋深相等，板与半无限体材料力学参数相同，将板中基阶反对称(A_0)及对称(S_0)兰姆波频散与分支 1 和分支 2 谱脊线比较。可以看出分支 1 和分支 2 对应的绕射波传播特性类似于基阶反对称(A_0)及对称(S_0)兰姆波。分支 1 波能量相对较大，洞穴上方波由分支 1 主导。在 $h_t/\lambda_R = 1$ 情况下，分支 1、分支 2 对应的波相速度与瑞利波速相差较大，这表明，虽然入射瑞利波能量分布在一个波长深度内，当洞穴埋深约为一个波长，洞穴对入射瑞利波影响仍然较大。当 $h_t/\lambda_R \geqslant 3/2$，两分支波相速度均趋于瑞利波速，即埋深在 1.5 倍波长以下，洞穴对入射瑞利波传播影响较小。

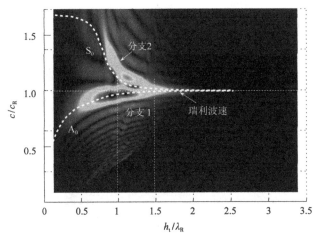

图 7-12　洞穴上方表面波场质点响应谱

7.3.2　软质体

假设半无限体夹水平软弱层，软层埋深、厚度及材料力学参数同软质体。夹软层半无限体中瑞利波前四阶模态频散曲线见图 7-13，随着频率增加，各阶模态瑞利波相速度趋于软质体剪切波速。由第 2 章式(2.48)计算距振源 $r=15\mathrm{m}$ 处竖向表观相速度，表观相速度曲线如图 7-13 空心圆点线所示，当 $h_t/\lambda_R \geqslant 3/2$，表观相速度趋于均匀半无限体瑞利波速。软质体上方质点响应谱见图 7-14，谱脊线不同于任一模态瑞利波频散曲线，但与 $r=15\mathrm{m}$(即软质体中心线与振源水平距离)处竖向表观相速度吻合较好，这表明在软质体区域绕射波传播特性可以近似用浅部夹软层半无限体中多模瑞利波叠加后传播特性来解释。由

于当 $h_t/\lambda_R \geqslant 3/2$，表观相速度趋于入射瑞利波速，即埋深在 1.5 倍波长以下，软质体对入射瑞利波传播影响较小，这种现象与洞穴情形类似。

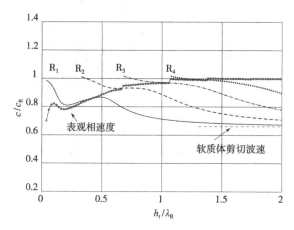

图 7-13　前四阶模态瑞利波相速度

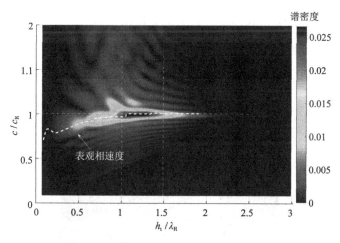

图 7-14　软质体上方表面波场质点振动响应谱

7.3.3 硬质体

由于硬质体剪切波速远高于周围介质，由图 7-9 可以看出，绕射波大部分振动能量集中于硬质体上方，硬质体及其下方振动能量很小。将上方介质作为表层，硬质体作为底层，近似用自由双层板中波来解释硬质体绕射波传播。双层板基阶板波用 L_0 表示，用薄层法计算的 L_0 的频散曲线与绕射波谱脊线比较见图 7-15，在谱密度较大频率区间，谱脊线与 L_0 频散曲线较接近，可以看出，绕射波大部分能量近似以周围介质瑞利波速传播。

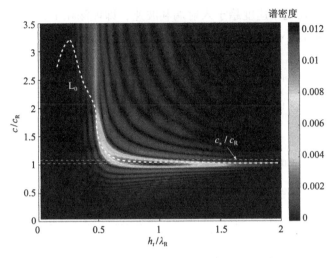

图 7-15　硬质体上方表面波场质点响应谱

7.3.4　洞穴衬砌

洞穴衬砌可看作底面自由的薄板，与上方介质构成双层板，类似于硬质体情形，带衬砌洞穴上方绕射波传播特性与双层板中基阶板波相近，见图 7-16。

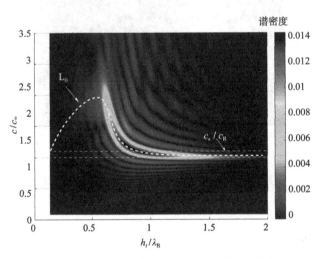

图 7-16　带衬砌洞穴上方表面波场质点响应谱

7.4　绕射波位移结构

在异质体长度远大于波长及埋深的情况下，异质体上方绕射波传播特性分别类似于自由单层板中基阶兰姆波(对洞穴)、夹软层半无限体多模瑞利波(对软质体)及双层板中基阶板波(对硬质体或带衬砌洞穴),由这些波类型可以研究绕射波的位移结构,通过绕射波位移结构与入射瑞利波位移结构比较,分析异质体对表面波振幅谱图案影响。

7.4.1 兰姆波

在 $h_t/\lambda_R = 1$ 及 1.5 情形下,基阶反对称(A_0)及对称(S_0)兰姆波竖直向归一化位移(与各自表面位移的比值)沿厚度方向分布分别见图 7-17(a)、(b),中心面附近质点速度幅值相对较小。与瑞利波在板厚度范围内位移分布比较可以发现,在中心面以下区域,A_0 及 S_0 波质点速度较大,瑞利波振动衰减较快。

由图 7-12 可知,在 $h_t/\lambda_R = 1$ 情形,附近表面波场由 A_0 波主导。假设在埋深深度范围内,洞穴前方与上方质点振动总能量不发生改变,绕射波相对入射瑞利波位移结构差异会导致洞穴上方表面质点振动能量减小。随着波长减小,在 $h_t/\lambda_R = 1.5$ 情况下,由图 7-12 可以看出 A_0 与 S_0 波在表面能量分配比例相近。在 A_0 与 S_0 表面竖向振动能量分配比例相等情况下,A_0 与 S_0 振动叠加后位移结构与入射瑞利波接近,见图 7-17(b)。由绕射波位移结构可说明,当埋深在 1.5 倍波长以下,洞穴对入射瑞利波传播影响较小这一现象。

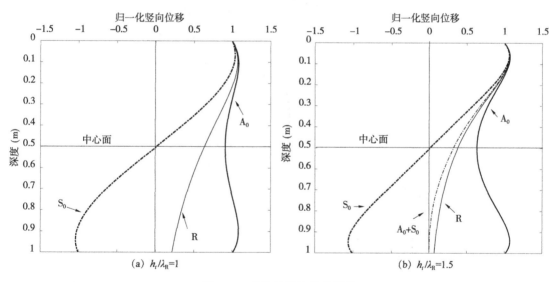

图 7-17　基阶兰姆波位移结构

7.4.2 多模瑞利波

夹软层(层埋深、厚度及材料力学参数同软质体)半无限体前四阶模态瑞利波竖向相对位移见图 7-18,不同频率区间,波场由不同模态瑞利波主导。

在频率 50Hz 处,基阶瑞利波相速度为 103.6m/s(见图 7-13),波长约 2m,入射瑞利波与夹软质层半无限体介质中基阶瑞利波归一化位移结构比较见图 7-19,可以看出相较于入射瑞利波,基阶瑞利波振动能量向软质层聚集。

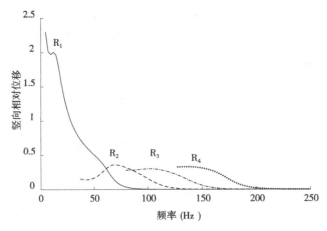

图 7-18　瑞利波前四阶模态竖向相对位移

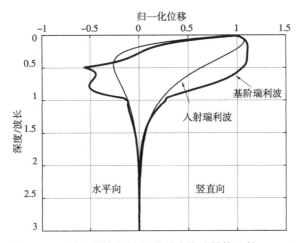

图 7-19　入射瑞利波与基阶瑞利波位移结构比较(50Hz)

在频率 50Hz、100Hz 及 150Hz 处(入射瑞利波波长分别为 $\lambda_R \approx 2.4m$, $1.2m$ 及 $0.8m$)，各模态竖直向相对位移结构分别见图 7-20，在 100Hz 及 150Hz 处，虽然第一阶模态表面竖向相对位移很小，在表面不易观测到，但在软层位移很大。在 150Hz 处，第二阶模态也有类似现象。各阶模态瑞利波振动能量随着频率增加向软质层聚集，这种振动分布可以较好地解释图 7-7 所示质点速度幅值分布云图。

7.4.3　双层板波

当 $h_t/\lambda_R \approx 1.25$，基阶模态($L_0$)板波归一化位移与入射瑞利波比较见图 7-21，图中符号 V-R、H-R、V-L_0 及 H-L_0 分别表示竖向及水平向瑞利波及基阶板波。可以看出，板波在硬质体中位移趋于零且在硬质体上方介质衰减比瑞利波快，这意味着入射瑞利波遇硬质体，能量将向硬质体上方介质近表面分布，近表面振动能量将会加强。对衬砌情形，绕射波具有类似位移结构。

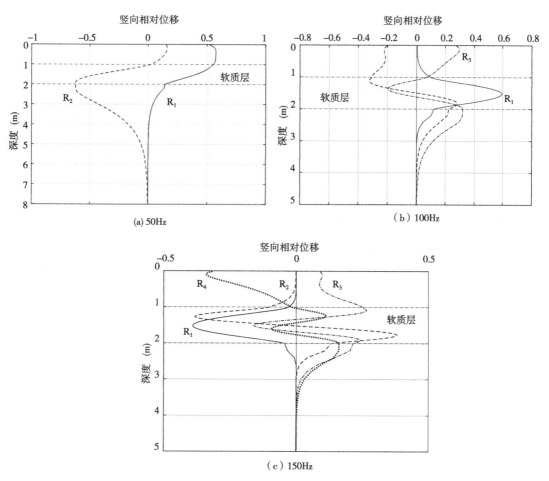

图 7-20 不同频率处各模态瑞利波竖向位移结构

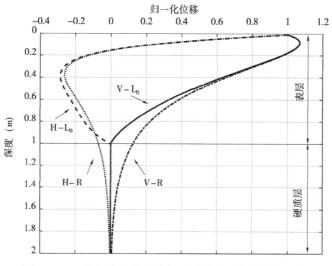

图 7-21 双层板中基阶板波与入射瑞利波位移结构比较

7.5　表面波场谱扰动分析

入射瑞利波遇异质体，一部分能量发生反射，反射瑞利波与入射瑞利波速度相同，但传播方向相反，两者相互叠加干涉会产生干涉条纹。在异质体上方绕射波可以有一个或一个以上模态，这些波传播方向相同，相速度不同，不同模态波也会相互干涉。此外，在谱扰动分析时，还需考虑瑞利波可激性及材料衰减对表面波场谱分布影响。

7.5.1　反射波与入射波干涉

浅部异质体前方表面波场主要由入射及反射瑞利波组成，质点位移可近似表示为

$$U(\omega, r) \approx U_{\text{inc}}(\omega, r) + U_{\text{sc}}(\omega, r)$$
$$= A_{\text{inc}}(\omega, r)e^{-ik_R r} + A_{\text{ref}}(\omega, r)e^{i[-k_R(2r_n-r)+\varphi_{\text{ref}}(\omega)]} \tag{7.24}$$

式中，$U_{\text{inc}}(\omega, r)$、$U_{\text{ref}}(\omega, r)$分别表示入射及反射瑞利波位移，$A_{\text{inc}}(\omega, r)$和$k_R$分别为入射瑞利波表面位移幅值及波数，$A_{\text{ref}}(\omega, r)$和$\varphi_{\text{ref}}(\omega)$为反射瑞利波表面位移幅值及反射面产生相移。式(7.24)复位移可表示为

$$U(\omega, r) = |U(\omega, r)|e^{i\varphi} \tag{7.25}$$

式中，符号"$|\ |$"表示复数模，振幅谱$|U(\omega, r)|$及相位谱φ分别为

$$|U| = A_{\text{inc}}\sqrt{1 + \beta^2 + 2\beta\cos\left[\frac{2\omega(r-r_n)}{c_R} + \varphi_{\text{ref}}\right]}$$

$$\varphi = \arctan\frac{\text{Im}(U)}{\text{Re}(U)} \tag{7.26}$$

式中，$\beta = A_{\text{ref}}/A_{\text{inc}}$表示反射系数，符号$\text{Im}(U)$、$\text{Re}(U)$分别表示复位移虚部与实部。由于余弦函数随距离$(r-r_n)$周期变化，入射瑞利波与反射瑞利波干涉导致表面质点振动振幅谱出现干涉条纹。当$2\omega(r-r_n)/c_R + \varphi_{\text{ref}} = \pm 2n\pi$（$n = 0, 1, \cdots$），两波相长相干，当$2\omega(r-r_n)/c_R + \varphi_{\text{ref}} = \pm(2n+1)\pi$，相消相干。相长或相消振幅谱为

$$\begin{cases} |U| = A_{\text{inc}}(1+\beta), & 2\omega(r-r_n)/c_R + \varphi_{\text{ref}} = \pm 2n\pi, \\ |U| = A_{\text{inc}}(1-\beta), & 2\omega(r-r_n)/c_R + \varphi_{\text{ref}} = \pm(2n+1)\pi, \end{cases} \quad n = 0, 1, 2, \cdots \tag{7.27}$$

由式(7.27)可以看出，高频瑞利波波长相对埋深较小，反射波幅值较小，β较小，干涉条纹强度较弱，谱条纹密度较高。随着频率降低，反射波幅值增大，β较大，干涉条纹强度较强，谱条纹密度相对较低。当频率低至临界频率时，反射波幅值不再随频率降低而增加。

7.5.2　不同模态波干涉

假设同一振源激发各模态波初始相位相同，以第l及m两模态为例说明两模态相互干涉，两模态波位移可表示为

$$U_l(\omega, r) = A_l(\omega, r)e^{i(\omega t - k_l r + \varphi_0)}, \quad U_m(\omega, r) = A_m(\omega, r)e^{i(\omega t - k_m r + \varphi_0)} \quad (7.28)$$

式中，A_l、A_m分别为第l、m模态的振幅，k_l、k_m分别为两模态在角频率ω处波数。两模态叠加后位移

$$U(\omega, r) = U_l(\omega, r) + U_m(\omega, r) = Ae^{i(\omega t + \varphi_0 + \varphi_{lm})} \quad (7.29)$$

式中，

$$A = \sqrt{A_l^2 + A_m^2 + 2A_l A_m \cos[(k_l - k_m)r]}, \quad \varphi_{lm} = \arctan\left[\frac{A_l \sin(k_l r) + A_m \sin(k_m r)}{A_l \cos(k_l r) + A_m \cos(k_m r)}\right]$$

$$(7.30)$$

由式(7.30)可以看出，当$(k_l - k_m)r = \pm 2n\pi$ ($n = 0, 1, 2, \cdots$)，两模态波相长相干，当$(k_l - k_m)r = \pm(2n+1)\pi$，两模态波相消相干。同一频率两模态波在不同位置相干强弱程度不同。

7.5.3 可激性及材料衰减影响

在均匀介质中，瑞利波无频散特性，不同频率瑞利波具有相同可激性，这样，表面质点位移响应谱分布与振源谱相同。在层状介质中，同一频率不同模态瑞利波以及同一模态不同频率成分瑞利波可激性不同。假设多模波场由第l模态波主导，其它模态波影响很小可以忽略，则位移可表示为

$$U(\omega, r) = \sum_{j=1}^{M} U_j(\omega, r) \approx A_l(\omega, r)e^{-ik_l r}e^{i(\omega t + \varphi_0)} \quad (7.31)$$

式中，M为角频率ω处模态数量，第l模态波位移幅值A_l与振源谱、可激性函数、材料衰减及几何衰减有关，可表示为

$$A_l(r, \omega) = \beta(r, \omega)S(\omega)\eta_l(\omega)e^{-\alpha_R(\omega)\cdot r} \quad (7.32)$$

式中，$S(\omega)$、$\eta_l(\omega)$、$\alpha_R(\omega)$、$\beta(r, \omega)$分别为振源谱、可激性函数、材料衰减系数及几何衰减函数。在远场，瑞利波几何衰减函数$\beta(r, \omega) \approx r^{-1/2}$。瑞利波可激性$\eta_l(\omega)$会导致表面波场谱密度强弱随频率发生变化，与干涉条纹不同，谱强弱变化规律不随传播距离变化。

高频波材料衰减比低频波快，这样，随着传播距离，低频波在波场能量占比相对增加。图7-22中实线表示无材料衰减下谱密度集中分布区域，在材料衰减影响下，高频成分相对减少，谱密度分布区域向低频偏移，见图中虚线区域。

7.5.4 异质体对谱扰动

对表面波场一位置质点速度响应信号作一维傅里叶变换得到该点频谱，由不同位置频谱得到偏移距(质点位置与振源中心水平距离)-频率域谱密度等值线云图，由谱云图扰动可建立异质体位置与偏移距关系。由于入射瑞利波能量分布与波长有关，波长/埋深比值是影响谱扰动一个重要参数，若将偏移距-频率域谱转换成偏移距-波长域谱，有助于由扰动特征波长预测异质体埋深。虽然绕射波传播速度不同于入射瑞利波，但绕射波传播特性

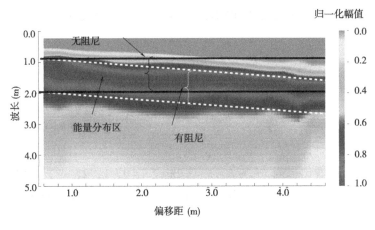

图 7-22　材料衰减对谱分布影响

与入射瑞利波长/埋深比值有关。下面采用均匀介质瑞利波速 c_R 作为参考相速度,利用关系 $\lambda = c_R / f$ 将频率转换成表观波长,得到偏移距-表观波长域谱密度等值线云图。为了比较异质体对表面波谱扰动,以均匀半无限体表面质点速度响应谱为参考谱。

均匀半无限体及振源参数同前,距振源 0.4~24m 区间表面波场中间距 0.4m 各点质点速度响应谱密度等值线云图见图 7-23,可以看出谱呈水平向条带分布,分布形式与振源谱有关。在近场(波场距振源较近),直达体波导致不同位置谱幅值分布略有不同,在远场,不同位置谱分布基本一致。

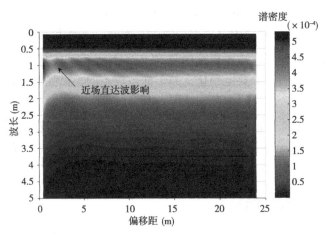

图 7-23　均匀半无限体表面波场响应谱分布

洞穴、软质体、硬质体及带衬砌洞穴情形下表面波谱分布见图 7-24。为了比较谱扰动波长及偏移距范围与异质体水平位置及埋深间关系,谱图也给出异质体对应范围,用虚线方框表示，右侧深度坐标网格与波长网格代表长度相同。图中符号 λ_{c1} 及 λ_{c2} 分别表示异质体前方及后方谱扰动对应的特征波长，特征波长将在 7.5.5 节讲述。

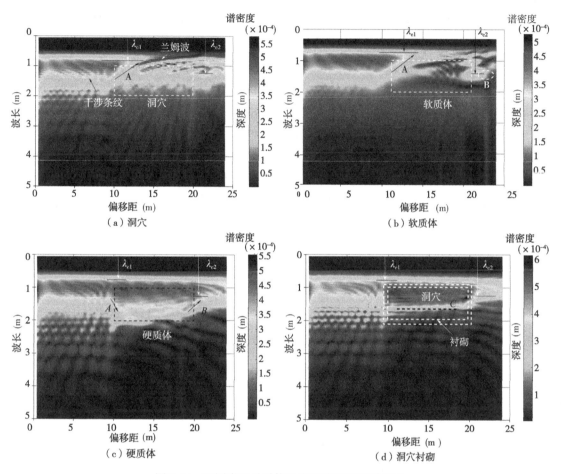

图 7-24　不同类型异质体对表面波场响应谱扰动

由图 7-24 可以看出，虽然异质体前、后边界反射波会导致波场产生干涉条纹，但由于反射波能量相对入射波较弱，波场谱扰动程度较弱。谱主要扰动发生在异质体上方区域，不同异质体对表面谱扰动特征如下：

（1）洞穴上方表面响应平均谱密度减小，似反对称（A_0）及对称（S_0）兰姆波相互干涉导致上方谱出现明显干涉条纹；

（2）由于入射能量向软质体聚集，软质体上方介质表面响应平均谱密度显著减少。虽然绕射波有多个模态，但传播速度接近，干涉条纹不明显；

（3）硬质体中波振动能量很小，波振动能量向硬质体上方介质转移，导致表面响应平均谱密度增大；

（4）衬砌对洞穴有屏蔽作用，衬砌上方介质表面响应平均谱密度增大，谱扰动特征与硬质体类似。

异质体上方波场相对于前方波场谱变化较容易识别，但相对于后方波场变化则不易识别，此外，在前边界附近上方波场谱变化是渐变的。根据波场谱平均密度相对变化对应的偏移距可定性预估异质体大致水平位置，但难以准确确定异质体前、后边界位置。

7.5.5　异质体埋深预估

入射瑞利波能量分布深度与波长有关，在深度/波长比 $z/\lambda_R = 1$，1.5、2 处归一化竖直向位移分别是表面位移的 21.7%、6.85%、2.6%，见图 7-25。由于瑞利波在 1 倍波长深度处质点振动位移较大，当异质体埋深位于 1 倍波长深度处，异质体对表面波响应谱扰动程度仍然较大。结合图 7-12 ~ 图 7-16 所示异质体上方波传播特性分析，异质体对 $h_t/\lambda_R > 1.5$ 频率成分谱影响较小，换句话说，位于异质体前方向其上方过渡区域表面响应谱云图存在扰动程度较小波长区间，假设扰动较小带状谱对应最大波长用符号 λ_{c1} 表示，见图 7-24，则必有 $\lambda_{c1} < h_t$。

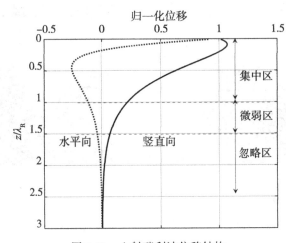

图 7-25　入射瑞利波位移结构

对洞穴、软质体情形，波长大于埋深波可以通过洞穴、软质体下边界绕射至波场后方，分别见图 7-5 及图 7-7，这些成分波在后方波场能量相对较大，用 λ_{c2} 表示能量较大谱对应波长，则 $\lambda_{c2} > h_t$，见图 7-24(a)、(b)。

对硬质体、带衬砌洞穴情形，上方大部分能量向后方透射，对透射波来说，后方介质向远处延伸近似于半无限体。虽然透射波能量有所减少，但随着传播距离增加，谱分布形式逐渐与入射瑞利波谱类似，透射波谱对应最大波长用 λ_{c2} 表示，则 $\lambda_{c2} > h_t$，见图 7-24(c)、(d)。

由于瑞利波位移随深度是渐变的，扰动程度随波长是渐变的，没有明显的扰动分界面，此外，一些频率成分波绝对能量较小，即使谱相对扰动程度较大，也难以在谱图上识别扰动。由特征波长预测异质体埋深 h_t，人为影响因素较多，预测值范围大。为避免这些不足，可以按半波长经验分析法，由谱扰动区域扰动对应最大波长预估埋深，即埋深是该波长一半。

7.6 异质体截面形状及长度影响

7.6.1 截面拐点

矩形截面及圆形截面分别代表异质体边界不连续及连续两种情形。由含矩形截面洞穴波场质点速度快照图 7-5 可以看出在拐点处反射波能量相对较强，反射波场中反射 P 波、首波、S 波及瑞利波成分易于识别。

含圆形截面洞穴波场不同时刻质点速度快照见图 7-26，与矩形截面洞穴反射波场相比，可以看出瑞利波在圆形截面洞穴边界连续反射，由于边界不同位置反射波路径不同，反射波能量无法聚集，反射波场各类波不易识别。

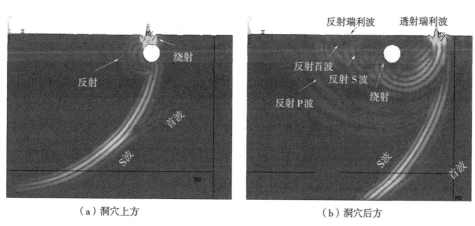

（a）洞穴上方　　　　　　　　　（b）洞穴后方

图 7-26 不同时刻含圆形截面洞穴波场质点速度快照

对矩形洞穴，由于前边界下拐点大部分散射能量向介质体内传播，可忽略其对表面波场影响。根据惠更斯原理，洞穴边界每个点可看作新点源，路径 AB 是拐点散射源产生非平面 P 及 S 波到达表面最短路径，见图 7-27。P 波在表面反射，产生转换 S 波，P 波与转换 S 波在近表面干涉形成 R 波。在时域波列图中，前方区域位置 s 处反射 P 波及 R 波对应时间 t_P 和 t_R 分别为

$$\begin{cases} t_P = \sqrt{h_t^2 + s^2}/c_P + r_n/c_R \\ t_R \approx s/c_R + h_t/c_P + r_n/c_R \end{cases} \tag{7.33}$$

式中，c_R 和 c_P 分别表示瑞利波速及纵波波速，r_n/c_R 表示入射瑞利波传播至洞穴前边界位置时间。式(7.33)也适合洞穴边界任一点散射波。

式(7.33)产生的反射 P 波及 R 波时程关系可以通过数值模拟响应来检验。假设半无

173

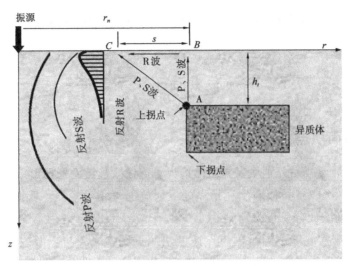

图 7-27　拐点反射波路径

限体剪切波速 c_s = 130 m/s，泊松比 ν = 0.3，密度 ρ = 1800 kg/m³，矩形截面洞穴位置参数 r_n、r_f、h_t 及 h_b 分别取 15m、19m、0.5m 和 1.5m，圆形截面洞穴直径 2m，中心距表面 2m，中心与振源水平距离 16m，瞬态振源采用主频 100Hz Ricker 子波。

由式(7.33)计算时程曲线与矩形洞穴反射 P 波及 R 波数值模拟时程曲线比较如图 7-28(a)所示，两者基本吻合，这表明拐点产生散射波主导反射波场。对无拐点圆形光滑边界，以圆形洞穴边界上位置 r_n = 15.5m，h_t = 1.5m 散射点计算的反射时程曲线作参考，由图 7-28 (b)可以看出光滑边界反射波路径分布于参考路径线两侧，反射能量是发散的。

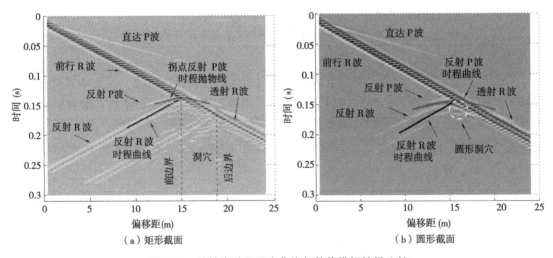

图 7-28　反射波时程理论曲线与数值模拟结果比较

7.6.2 异质体截面长度及形状

实际上，异质体截面形状及几何尺寸具有多样性，如图 7-29 所示。在此情形下，不满足以上绕射波传播特性及位移结构分析假设条件，下面通过异质体与周围刚度差异对质点振动影响，定性分析绕射波位移结构。

如图 7-29 所示，用线段 A_0A_1 表示无异质体情形下在深度 h_i 内入射瑞利波质点位移分布。对软质体，绕射波在交界面处有较大质点振动，质点振动位移由 A_1 增至 B_1，在埋深深度内绕射波振动能量不变情况下，表面质点振动位移 A_0 会减至 B_0，位移分布用线段 B_0B_1 表示。对硬质体，质点振动位移 A_1 会减至 C_1，表面质点振动 A_0 会增至 C_0，位移分布用线段 C_0C_1 表示。这样，软质体上方表面响应平均谱密度会减小，硬质体上方表面响应平均谱密度会增加。由于在异质体前部绕射波位移结构是渐变的，为了确保异质体上方平均谱密度发生显著变化，异质体水平向长度与埋深及波长比仍需满足一定条件，这方面工作尚待研究。以下以长度较小矩形截面及圆形截面异质体对谱扰动验证以上分析。

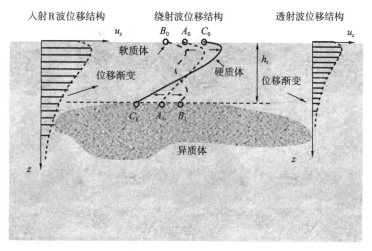

图 7-29　任意截面异质体绕射波位移结构

将图 7-5 所示矩形截面异质体长度缩至 5m，距振源中心最近水平距离 14m，其它参数保持不变，洞穴、软质体及硬质体对表面波场谱扰动见图 7-30。

假设圆形截面异质体半径 1m，截面中心距振源中心水平距离 16m，异质体边界距表面最近 1m，洞穴、软质体及硬质体对表面波场谱扰动见图 7-31。

图 7-30 及图 7-31 所示异质体上方平均谱密度变化规律与图 7-24 类似，这表明图 7-24 所示的矩形截面异质体对表面波场谱扰动特征可推广至一般情形。

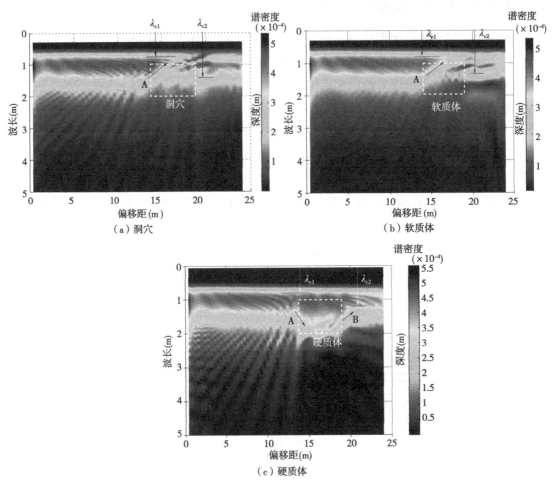

图 7-30　长度较小矩形截面异质体对表面波场谱扰动

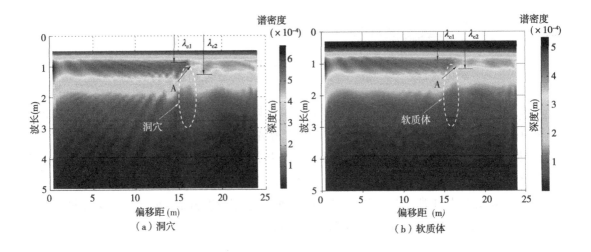

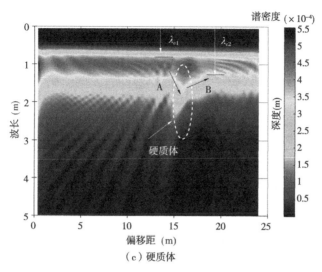

图 7-31　圆形截面异质体对表面波场谱扰动

7.7　异质体上方分层对波场的影响

受自然环境及人为因素影响，地基浅部往往存在分层，分层结构具有多样性，下面以简单两层介质为例，分析下伏半无限中异质体散射波对表面波场影响。两层介质包括以下两种情形：上层介质刚度比下伏半无限体小，以沉积土地基为代表；上层介质刚度比下伏半无限体大，以路基为代表。

7.7.1　表面软层

表层厚为 0.5m，层介质剪切波速、泊松比及密度分别为 80m/s、0.35 及 1600kg/m³。下伏半无限体剪切波速、泊松比及密度分别为 130m/s、0.30 及 1800 kg/m³。在 200Hz 范围内，瑞利波只有两阶模态，第一阶(基阶)及第二阶模态频散曲线及竖直向相对位移随频率变化见图 7-32，波场竖直向响应由基阶模态主导。在频率 140Hz 处竖直向相对位移随深度变化见图 7-33，可以看出，虽然近表面响应由基阶瑞利波主导，距表面一定深度以后，模态 2 振动能量则较大。

数值模拟计算分层介质在主频 100Hz Ricker 子波源作用下竖直向质点速度响应。某一时刻质点速度幅值云图见图 7-34，依传播速度排序，下伏半限体波场有透射 P 波、S 波、模态 2 及模态 1 瑞利波。在表层除了能量较大的瑞利波外，还有能量较小折射波。表面竖向质点响应见图 7-35，对表面响应作二维傅里叶变换，得到频率-波数域谱，然后转换成频率-相速度域谱，谱脊线分别与瑞利波模态 1 及模态 2 的理论频散曲线吻合较好，见图 7-36，虚线圆内谱与折射波对应。在分析频率区间，表面振动主要由第一阶模态瑞利波主导。

偏移距-频率域表面响应振幅谱云图见图 7-37，虽然模态 2 能量较小，但与模态 1 相干形成的干涉条纹非常明显，不同模态波叠加分析见 7.5.2 节。

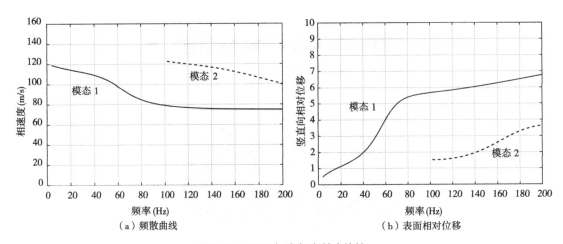

（a）频散曲线　　　　　　　　　　　（b）表面相对位移

图 7-32　两层介质中瑞利波特性

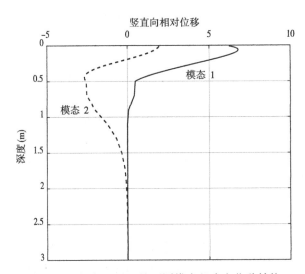

图 7-33　频率 140Hz 处不同模态竖直向位移结构

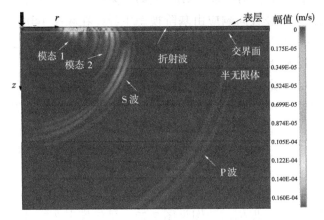

图 7-34　软层及下伏半无限体中各类型波质点速度云图

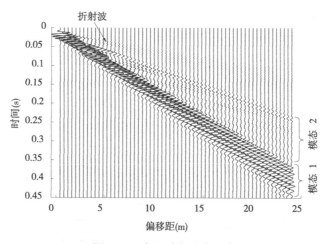

图 7-35　表面质点速度响应

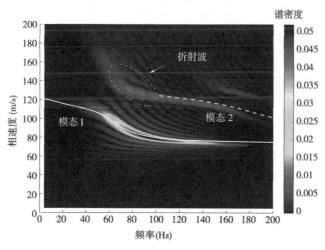

图 7-36　频率-相速度域谱

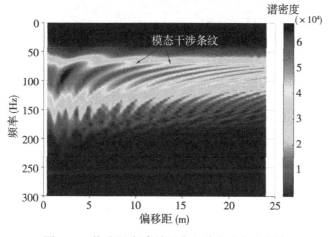

图 7-37　偏移距-频率域竖直向质点速度响应谱

当下伏半无限体存在异质体，假设异质体深度方向参数 $h_t = 0.8m$、$h_b = 1.8m$，其它参数同表 7-1。由质点速度快照 7-34 可以看出，模态 1 近表面振动能量较大，分布较浅，洞穴对模态 1 影响较小。虽然模态 2 能量近表面能量相对较小，但深部能量相对较大，模态 2 在洞穴散射较强，见图 7-38。在偏移距-频率域，洞穴上方平均谱密度相对前方减小。对低频波，由于波长相对埋深较大，受洞穴影响较大，谱密度减小程度相对较大，如图 7-39 所示。

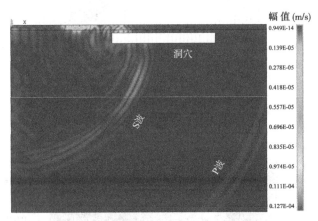

图 7-38　层状介质中洞穴对瑞利波传播影响

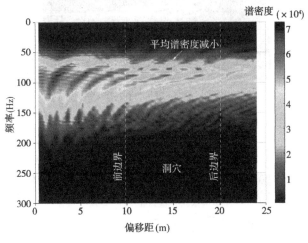

图 7-39　洞穴对表面波场谱扰动

软质体中质点振动速度较大，具有陷波作用，质点速度分布见图 7-40。软质体上方平均谱密度相对洞穴情形减小更明显，见图 7-41。硬质体内质点振动较小，入射波能量向其上方较弱介质转移，见图 7-42。硬质体上方平均谱密度相对增强，低频波相对高频波谱密度增加程度大，见图 7-43。当洞穴带衬砌时，假设衬砌外围距表面最近、最远距离分别为 0.8m 及 1.8m，衬砌厚度及材料力学参数同前述。由质点速度幅值分布快照图 7-44 可以看出衬砌内质点振动较小，谱密度变化见图 7-45，与硬质体情形类似。

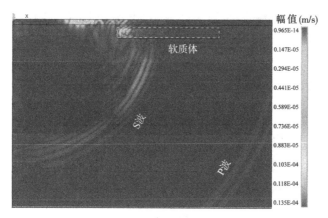

图 7-40 层状介质中软质体对瑞利波传播影响

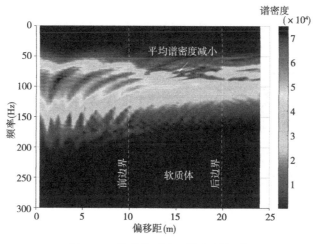

图 7-41 软质体对表面波场谱扰动

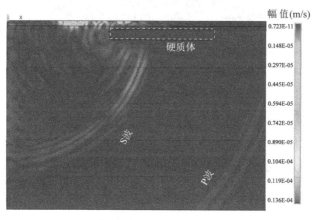

图 7-42 层状介质中硬质体对瑞利波传播影响

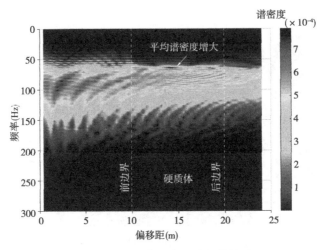

图 7-43 硬质体对表面波场谱扰动

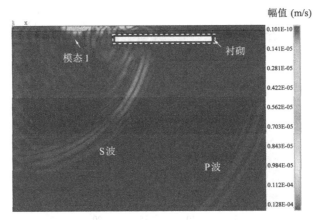

图 7-44 层状介质中洞穴衬砌对瑞利波传播影响

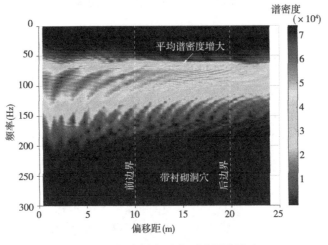

图 7-45 洞穴衬砌对表面波场谱扰动

对含软层层状半无限体，异质体上方波场相对前方波场表面谱扰动现象与均匀半无限体中异质体对波场表面谱扰动现象类似。层状半无限体中瑞利波有多模态，有一个或一个以上模态瑞利波在异质体发生散射，无法确定各模态散射程度。由于入射瑞利波具有多模及频散特性，无法将偏移距-频率域谱转换成偏移距-波长域谱。

7.7.2 表面硬层

对地基上有混凝土或沥青面层情形，表面层刚度远高于下伏地基，瑞利波只存在于较低频及较高频范围，见第 6 章所述。表面层可看作放在软质半无限体上板，在此情形下，虽然板中波传播特性与自由板中兰姆波传播特性相近，但板中波能量会不断向下伏半无限体辐射，波衰减很快，这种波也称泄漏兰姆波(leaky Lamb waves)。由于波衰减很快，无法远距离传播。假设表面层厚为 0.25m，层剪切波速、泊松比及密度分别为 2500m/s、0.25 及 2500kg/m^3，下伏半无限体剪切波速、泊松比及密度分别为 130m/s、0.3 及 1800kg/m^3。主频 100Hz Ricker 子波源竖直作用于硬层表面。由某一时刻质点速度分布快照图 7-46 可以看出，在下伏半无限体，有透射 P、S 波及板向下泄漏的波。归一化板中波表面竖直向质点速度响应波列见图 7-47，可以看出波衰减很快。假设洞穴位置参数 h_t = 1.25m、h_b = 2.25m、r_n = 10m 及 r_f = 20m，在此深度范围内，入射波以泄漏波为主，见图 7-48。散射波对表面质点速度响应扰动见图 7-49。与图 7-47 比较，洞穴散射能量很微弱。

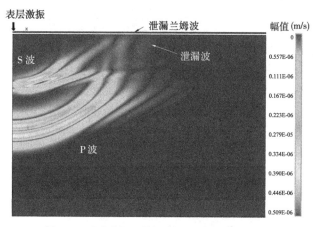

图 7-46 硬层表面激振产生的波场质点速度

若在硬层钻孔，将激振位置放在下伏半无限体与表面层交界面。由快照图 7-50 可以看出，虽然下伏半无限体波场有 P 波、S 波及首波，受硬层影响，无法形成瑞利波。激发波在交界面处透射至表层，表层中波以弯曲波为主，层表面与底面质点振动大小及方向基本相同。表面质点速度响应见图 7-51，响应与图 7-47 所示类似。半无限体中 P 波及 S 波遇洞穴(位置与图 7-48 相同)发生散射，见图 7-52，散射波对表面波场扰动仍然很小，见图 7-53。

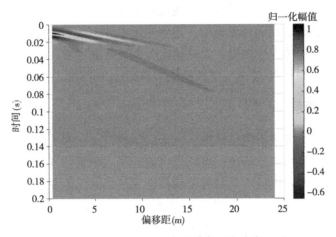

图 7-47　表面归一化竖直向质点速度响应云图

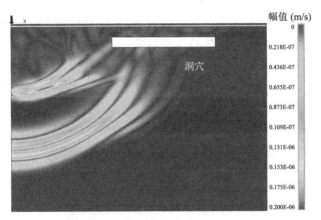

图 7-48　洞穴对波场影响快照

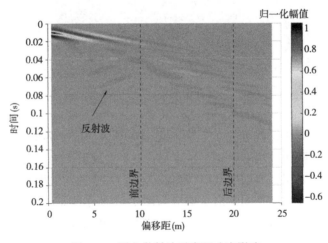

图 7-49　洞穴散射波对表面响应影响

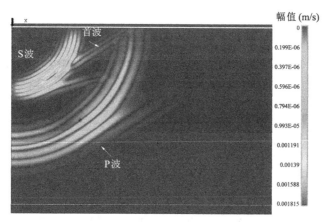

图 7-50 交界面激振产生波场质点速度快照

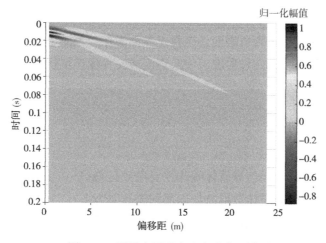

图 7-51 硬层表面质点速度响应云图

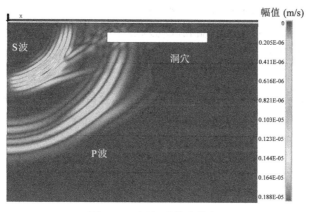

图 7-52 洞穴对体波散射

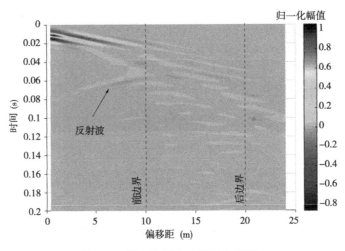

图 7-53　洞穴散射波对表面响应影响

以上分析表明，无论在硬层表面还是在交界面激振，由于表面硬层振动较小，对下方洞穴散射波起屏蔽作用，洞穴散射波对硬层表面或交界面波场扰动较小。对软质体及硬质体也有类似结论。

◎ 思考题 7

7.1　散射波场位移响应与异质体哪些主要参数有关？

7.2　为什么说浅部异质体散射波场以瑞利波散射为主？

7.3　当半无限体出现异质体，由瑞利波位移沿深度方向分布规律分析在何种情况下异质体对入射瑞利波传播影响可以忽略？

7.4　瑞利波频散特性是否会导致谱分布随传播距离变化？

7.5　多模瑞利波波场谱是否有干涉现象？

7.6　在前方波场，异质体反射瑞利波与入射瑞利波干涉条纹有何特征？

7.7　简述在半无限体中分别出现洞穴、软质体、硬质体及衬砌洞穴情形下表面波场谱扰动特征。

7.8　在半无限体浅部夹软层或硬层情形下，试分析夹层对其下方异质体探测影响。

7.9　对表层刚度相对下伏半无限体较小情形，表面波场有哪些类型波？软表层对下伏半无限体中异质体散射波有何影响？

7.10　对表层刚度远大于下伏半无限体情形，表面波场有哪些类型波？硬表层对下伏半无限体中异质体散射波有何影响？

◎ **参考文献**

[1] K van Wijk. Multiple scattering of surface waves [D]. Colorado: Center for Wave Phenomena, Colorado School of Mines, 2003.

[2] X H Campman, K van Wijk, J A Scales, et al. Imaging and suppressing near-receiver scattered surface waves[J]. Geophysics, 2005, 70(2): 21-29.

[3] X H Campman. Imaging and suppressing near-receiver scattered seismic waves[D]. The Netherlands: Delft Institute of Applied Mathematics, Delft University of Technology, 2005.

[4] C D Riyanti. Modeling and inversion of scattered surface waves[D]. The Netherlands: Delft Institute of Applied Mathematics, Delft University of Technology, 2005.

附录 A　弹性介质中波薄层刚度矩阵

平面 S 波可以分解为竖直偏振 SV 波以及水平偏振 SH 波。P 波与 SV 波振动是耦合的，SH 波可以与 P-SV 振动解耦。

A1　弹性介质中平面 P-SV 波

对平面 P-SV 波，假设质点振动及传播方向在 xoz 平面，假设位移与 y 坐标无关，即波动为平面应变问题。弹性介质本构方程可表示为

$$\sigma_{ij} = 2\mu\varepsilon_{ij} + \lambda\delta_{ij}e \tag{A.1}$$

式中，δ_{ij} 为 Kronecker delta 函数，应力张量为 σ_{ij}（$i, j = 1, 2$，1、2 分别代表水平向坐标 x 及竖直向坐标 z），λ 及 μ 为 Lamé（拉梅）常数，应变张量 ε_{ij} 及参数 e 分别为

$$\varepsilon_{ij} = \frac{1}{2}(u_{i,j} + u_{j,i}), \quad e = u_{i,i}（对 i 求和） \tag{A.2}$$

其中，符号 u_i（$i = 1, 2$）表示位移。忽略体力，平面应变状态下运动方程为

$$\sigma_{ij,j} = \rho\ddot{u}_i \tag{A.3}$$

符号上面"$\cdot\cdot$"表示变量对时间二次导数，ρ 表示密度。运动方程位移形式为

$$\mu u_{i,jj} + (\lambda + \mu)u_{j,ji} = \rho\ddot{u}_i \tag{A.4}$$

利用傅里叶变换可以将以上微分方程从时间-空间域转换至频率-波数域。

函数 $f(t, x, z)$ 的傅里叶变换及逆变换为

$$\hat{f}(\omega, x, z) = \int_{-\infty}^{\infty} f(t, x, z)e^{-i\omega t}dt, \quad f(t, x, z) = \frac{1}{2\pi}\int_{-\infty}^{\infty} \hat{f}(\omega, x, z)e^{i\omega t}dt \tag{A.5}$$

$$\tilde{\hat{f}}(\omega, k, z) = \int_{-\infty}^{\infty} \hat{f}(\omega, x, z)e^{ikx}dx, \quad \hat{f}(\omega, x, z) = \frac{1}{2\pi}\int_{-\infty}^{\infty} \tilde{\hat{f}}(\omega, k, z)e^{-ikx}dk$$

$$\tag{A.6}$$

这里，变量 f 上的符号"$\wedge$"及"$\sim$"分别表示对时间 t 及空间变量 x 傅里叶变换，k 表示 x 方向波数。利用变换（A.5）中第二式，在频率域，式（A.1）~式（A.4）可分别写为

$$\hat{\sigma}_{ij} = 2\mu\hat{\varepsilon}_{ij} + \lambda\delta_{ij}\hat{e} \tag{A.7}$$

$$\hat{\varepsilon}_{ij} = \frac{\hat{u}_{i,j} + \hat{u}_{j,i}}{2}, \quad \hat{e} = \hat{u}_{i,i} \tag{A.8}$$

$$\hat{\sigma}_{ij,j} = (-\rho\omega^2)\hat{u}_i \tag{A.9}$$

188

$$\mu \hat{u}_{i,jj} + (\lambda + \mu)\hat{u}_{j,ji} = (i\omega)^2 \rho \hat{u}_i \qquad (A.10)$$

将弹性介质沿 z 方向离散成一组水平薄层。取编号为 m 水平薄层，上、下层面编号分别为 m、$m+1$，上、下层面坐标分别为 z_m、z_{m+1}。利用薄层面位移插值方法得到薄层内位移，由于插值位移不同于真实位移，这样，插值位移无法满足薄层内每个点的运动微分方程，式（A.9）在薄层内每个点有残差，即

$$\Delta_i(z) = \hat{\sigma}_{ij,j} + \rho\omega^2 \hat{u}_i \neq 0 \qquad (i=1, 2) \qquad (A.11)$$

根据伽辽金法，残差经加权后在薄层内之和应为零，即

$$\int_{z_m}^{z_{m+1}} W_i(z)\Delta_i(z)\,\mathrm{d}z = 0 \qquad (A.12)$$

这里，$W_i(z)$ 表示加权函数。考虑到 $\Delta_i(z)$ 表示力增量残差，取加权函数为薄层内位移变分 $\delta\hat{u}_i$，$W_i(z)\Delta_i(z)$ 表示虚功，式（A.12）为虚功原理弱形式。下面为了方便，应力分量用 $\hat{\sigma}_x$、$\hat{\sigma}_{xz}$ 表示，位移分量用 $\hat{u}_x$、$\hat{u}_z$ 表示，薄层编号用 i 表示。式（A.12）可表示为

$$\int_{z_i}^{z_{i+1}} \delta\hat{u}_x \left(\frac{\partial\hat{\sigma}_x}{\partial x} + \frac{\partial\hat{\sigma}_{xz}}{\partial z} - \gamma\hat{u}_x \right)\mathrm{d}z = 0 \qquad (A.13)$$

$$\int_{z_i}^{z_{i+1}} \delta\hat{u}_z \left(\frac{\partial\hat{\sigma}_z}{\partial z} + \frac{\partial\hat{\sigma}_{xz}}{\partial x} - \gamma\hat{u}_z \right)\mathrm{d}z = 0 \qquad (A.14)$$

这里，$\gamma = -\rho\omega^2$。利用分部积分，方程（A.13）及方程（A.14）可分别简化为

$$\int_{z_i}^{z_{i+1}} \left[\delta\hat{u}_x \frac{\partial\hat{\sigma}_x}{\partial x} - \frac{\partial(\delta\hat{u}_x)}{\partial z}\hat{\sigma}_{xz} - \gamma\hat{u}_x(\delta\hat{u}_x) \right]\mathrm{d}z = -(\delta\hat{u}_x\hat{\sigma}_{xz})\,\big|_{z_i}^{z_{i+1}} \qquad (A.15)$$

$$\int_{z_i}^{z_{i+1}} \left[\delta\hat{u}_z \frac{\partial\hat{\sigma}_{xz}}{\partial x} - \frac{\partial(\delta\hat{u}_z)}{\partial z}\hat{\sigma}_z - \gamma\hat{u}_z(\delta\hat{u}_z) \right]\mathrm{d}z = -(\delta\hat{u}_z\hat{\sigma}_z)\,\big|_{z_i}^{z_{i+1}} \qquad (A.16)$$

其中，右边项为外力所作的虚功（应力及外力方向约定同弹性力学中约定）。利用平面应变情况下应力与位移关系，方程（A.15）及方程（A.16）可写为

$$\int_{z_i}^{z_{i+1}} \left\{ \delta\hat{u}_x \left[(\lambda+2\mu)\frac{\partial^2\hat{u}_x}{\partial x^2} + \lambda\frac{\partial^2\hat{u}_z}{\partial x\partial z} \right] - \mu\frac{\partial(\delta\hat{u}_x)}{\partial z}\frac{\partial\hat{u}_x}{\partial z} - \mu\frac{\partial(\delta\hat{u}_x)}{\partial z}\frac{\partial\hat{u}_z}{\partial x} - \gamma\hat{u}_x(\delta\hat{u}_x) \right\}\mathrm{d}z$$
$$= -(\delta\hat{u}_x\hat{\sigma}_{xz})\,\big|_{z_i}^{z_{i+1}} \qquad (A.17)$$

$$\int_{z_i}^{z_{i+1}} \left\{ \delta\hat{u}_z\mu\left(\frac{\partial^2\hat{u}_x}{\partial x\partial z} + \frac{\partial^2\hat{u}_z}{\partial x^2} \right) - \frac{\partial(\delta\hat{u}_z)}{\partial z}\left[(\lambda+2\mu)\frac{\partial\hat{u}_z}{\partial z} + \lambda\frac{\partial\hat{u}_x}{\partial x} \right] - \gamma\hat{u}_z(\delta\hat{u}_z) \right\}\mathrm{d}z$$
$$= -(\delta\hat{u}_z\hat{\sigma}_z)\,\big|_{z_i}^{z_{i+1}} \qquad (A.18)$$

定义层面位移和应力向量分别为 $\boldsymbol{u} = (\hat{u}_x, \hat{u}_z)^{\mathrm{T}}$ 及 $\boldsymbol{s} = (\hat{\sigma}_{xz}, \hat{\sigma}_z)^{\mathrm{T}}$，上标"T"表示向量转折，薄层内的水平向及竖直向位移可由层面位移线性插值得到，即

$$\hat{u}_x = \hat{u}_{x,i} + \frac{(\hat{u}_{x,i+1} - \hat{u}_{x,i})(z - z_i)}{h_i}, \quad \hat{u}_z = \hat{u}_{z,i} + \frac{(\hat{u}_{z,i+1} - \hat{u}_{z,i})(z - z_i)}{h_i} \qquad (A.19)$$

这里，$h_i = z_{i+1} - z_i$。式（A.19）矩阵形式为

$$\boldsymbol{u} = \boldsymbol{N}_i\,\boldsymbol{U}_i \qquad (A.20)$$

式中,

$$U_i = \begin{bmatrix} u_i \\ u_{i+1} \end{bmatrix}, \quad N_i = \begin{bmatrix} \dfrac{z_{i+1} - z}{h_i} & 0 & \dfrac{z - z_i}{h_i} & 0 \\ 0 & \dfrac{z_{i+1} - z}{h_i} & 0 & \dfrac{z - z_i}{h_i} \end{bmatrix} \quad (\text{A.}21)$$

层内位移变分可由层面位移变分表示为

$$\delta u = N_i \delta U_i = N_i \delta U \mid_{z = z_i}^{z = z_{i+1}} \quad (\text{A.}22)$$

这里, δU_i 表示在第 i 薄层上、下层面位移变分。层内位移变分对坐标 z 偏导可表示为

$$\frac{\partial(\delta u)}{\partial z} = \frac{\partial N_i}{\partial z} \delta U \mid_{z = z_i}^{z = z_{i+1}} \quad (\text{A.}23)$$

利用方程(A.23),方程(A.17)及方程(A.18)可用矩阵形式表示为

$$A_i \frac{\mathrm{d}^2 U_i}{\mathrm{d}x^2} + \overline{B}_i \frac{\mathrm{d} U_i}{\mathrm{d}x} - C_i U_i = - P_i \quad (\text{A.}24)$$

这里,外力向量 $P_i = (-s_i, \ s_{i+1})^{\mathrm{T}}$。矩阵 A_i、B_i 及 C_i 分别如下:

$$A_i = \int_{z_i}^{z_{i+1}} N_i^{\mathrm{T}} \begin{bmatrix} (\lambda_i + 2\mu_i) & 0 \\ 0 & \mu_i \end{bmatrix} N_i \mathrm{d}z$$

$$\overline{B}_i = \int_{z_i}^{z_{i+1}} N_i^{\mathrm{T}} \begin{bmatrix} & \lambda_i \\ \mu_i & \end{bmatrix} \left(\frac{\mathrm{d} N_i}{\mathrm{d}z} \right) \mathrm{d}z - \int_{z_i}^{z_{i+1}} \left(\frac{\mathrm{d} N_i}{\mathrm{d}z} \right)^{\mathrm{T}} \begin{bmatrix} & \mu_i \\ \lambda_i & \end{bmatrix} N_i \mathrm{d}z$$

$$C_i = \int_{z_i}^{z_{i+1}} \left(\frac{\mathrm{d} N_i}{\mathrm{d}z} \right)^{\mathrm{T}} \begin{bmatrix} \mu_i & \\ & (\lambda_i + 2\mu_i) \end{bmatrix} \left(\frac{\mathrm{d} N_i}{\mathrm{d}z} \right) \mathrm{d}z + \int_{z_i}^{z_{i+1}} N_i^{\mathrm{T}} \begin{bmatrix} \gamma_i & \\ & \gamma_i \end{bmatrix} N_i \mathrm{d}z \quad (\text{A.}25)$$

把 N_i 代入积分式(A.25)可得

$$A_i = \frac{h_i}{6} \begin{bmatrix} 2(\lambda_i + 2\mu_i) & & (\lambda_i + 2\mu_i) & \\ & 2\mu_i & & \mu_i \\ (\lambda_i + 2\mu_i) & & 2(\lambda_i + 2\mu_i) & \\ & \mu_i & & 2\mu_i \end{bmatrix}$$

$$\overline{B}_i = \begin{bmatrix} & -\dfrac{1}{2}(\lambda_i - \mu_i) & & \dfrac{1}{2}(\lambda_i + \mu_i) \\ \dfrac{1}{2}(\lambda_i - \mu_i) & & \dfrac{1}{2}(\lambda_i + \mu_i) & \\ & -\dfrac{1}{2}(\lambda_i + \mu_i) & & \dfrac{1}{2}(\lambda_i - \mu_i) \\ -\dfrac{1}{2}(\lambda_i + \mu_i) & & -\dfrac{1}{2}(\lambda_i - \mu_i) & \end{bmatrix}$$

$$C_i = \begin{bmatrix} \dfrac{\mu_i}{h_i} + \dfrac{\gamma_i h_i}{3} & & -\dfrac{\mu_i}{h_i} + \dfrac{\gamma_i h_i}{6} & \\ & \dfrac{(\lambda_i + 2\mu_i)}{h_i} + \dfrac{\gamma_i h_i}{3} & & -\dfrac{(\lambda_i + 2\mu_i)}{h_i} + \dfrac{\gamma_i h_i}{6} \\ -\dfrac{\mu_i}{h_i} + \dfrac{\gamma_i h_i}{6} & & \dfrac{\mu_i}{h_i} + \dfrac{\gamma_i h_i}{3} & \\ & -\dfrac{(\lambda_i + 2\mu_i)}{h_i} + \dfrac{\gamma_i h_i}{6} & & \dfrac{(\lambda_i + 2\mu_i)}{h_i} + \dfrac{\gamma_i h_i}{3} \end{bmatrix}$$

(A.26)

利用傅里叶变换(A.6)第二式,在波数域,式(A.24)可表示为

$$(A_i k^2 + \mathrm{i}k\, \overline{B}_i + C_i)\, \tilde{U}_i = \tilde{P}_i \ \text{或}\ K_i\, \tilde{U}_i = \tilde{P}_i \tag{A.27}$$

式中, $\tilde{U}_i = [\ \tilde{u}_{x,i},\ \tilde{u}_{z,i},\ \tilde{u}_{x,i+1},\ \tilde{u}_{z,i+1}\ ]^{\mathrm{T}}$, $\tilde{P}_i = [\ -\tilde{\sigma}_{xz,i},\ -\tilde{\sigma}_{z,i},\ \tilde{\sigma}_{xz,i+1},$ $\tilde{\sigma}_{z,i+1}\ ]^{\mathrm{T}}$。将位移向量以自由度排序代替以层面排序,即 $\tilde{U}_i = [\ \tilde{u}_{x,i},\ \tilde{u}_{x,i+1},\ \tilde{u}_{z,i+1},$ $\tilde{u}_{z,i+1}\ ]^{\mathrm{T}} = [\ \tilde{U}_x,\ \tilde{U}_z\ ]_i^{\mathrm{T}}$, 相应地, $\tilde{P}_i = [\ -\tilde{\sigma}_{xz,i},\ \tilde{\sigma}_{xz,i+1},\ -\tilde{\sigma}_{z,i},\ \tilde{\sigma}_{z,i+1}\ ]^{\mathrm{T}} = [\ \tilde{P}_x,$ $\tilde{P}_z\ ]_i^{\mathrm{T}}$, 则式(A.26)重新排序为

$$A_i = \frac{h_i}{6}\begin{bmatrix} 2(\lambda_i + 2\mu_i) & (\lambda_i + 2\mu_i) & & \\ (\lambda_i + 2\mu_i) & 2(\lambda_i + 2\mu_i) & & \\ & & 2\mu_i & \mu_i \\ & & \mu_i & 2\mu_i \end{bmatrix} = \begin{bmatrix} A_x & 0 \\ 0 & A_z \end{bmatrix}_i$$

$$\overline{B}_i = \frac{1}{2}\begin{bmatrix} & & -(\lambda_i - \mu_i) & (\lambda_i + \mu_i) \\ & & -(\lambda_i + \mu_i) & (\lambda_i - \mu_i) \\ (\lambda_i - \mu_i) & (\lambda_i + \mu_i) & & \\ -(\lambda_i + \mu_i) & -(\lambda_i - \mu_i) & & \end{bmatrix} = \begin{bmatrix} 0 & B_{xz} \\ -B_{xz}^{\mathrm{T}} & 0 \end{bmatrix}_i$$

$$C_i = \begin{bmatrix} \dfrac{\mu_i}{h_i} + \dfrac{\gamma_i h_i}{3} & -\dfrac{\mu_i}{h_i} + \dfrac{\gamma_i h_i}{6} & & \\ -\dfrac{\mu_i}{h_i} + \dfrac{\gamma_i h_i}{6} & \dfrac{\mu_i}{h_i} + \dfrac{\gamma_i h_i}{3} & & \\ & & \dfrac{(\lambda_i + 2\mu_i)}{h_i} + \dfrac{\gamma_i h_i}{3} & -\dfrac{(\lambda_i + 2\mu_i)}{h_i} + \dfrac{\gamma_i h_i}{6} \\ & & -\dfrac{(\lambda_i + 2\mu_i)}{h_i} + \dfrac{\gamma_i h_i}{6} & \dfrac{(\lambda_i + 2\mu_i)}{h_i} + \dfrac{\gamma_i h_i}{3} \end{bmatrix} = \begin{bmatrix} C_x & 0 \\ 0 & C_z \end{bmatrix}_i$$

(A.28)

将式(A.28)矩阵 C_i 表示为

$$C_i = G_i - \omega^2 M_i \qquad (A.29)$$

式中,

$$
G_i = \frac{1}{h_i}
\begin{bmatrix}
\mu_i & -\mu_i & 0 & 0 \\
-\mu_i & \mu_i & 0 & 0 \\
0 & 0 & (\lambda_i + 2\mu_i) & -(\lambda_i + 2\mu_i) \\
0 & 0 & -(\lambda_i + 2\mu_i) & (\lambda_i + 2\mu_i)
\end{bmatrix},
\quad
M_i = \rho_i h_i
\begin{bmatrix}
\dfrac{1}{3} & \dfrac{1}{6} & 0 & 0 \\
\dfrac{1}{6} & \dfrac{1}{3} & 0 & 0 \\
0 & 0 & \dfrac{1}{3} & \dfrac{1}{6} \\
0 & 0 & \dfrac{1}{6} & \dfrac{1}{3}
\end{bmatrix}
$$

$$(A.30)$$

将位移及外力向量中 z 方向分量用虚数表示, 即

$$\tilde{U}_i = [\ \tilde{\tilde{u}}_{x,i},\ \tilde{\tilde{u}}_{x,i+1},\ \mathrm{i}\,\tilde{\tilde{u}}_{z,i+1},\ \mathrm{i}\,\tilde{\tilde{u}}_{z,i+1}\ ]^{\mathrm{T}} = [\ \tilde{U}_x,\ \mathrm{i}\,\tilde{U}_z\ ]^{\mathrm{T}}_i$$

$$\tilde{P}_i = [\ -\tilde{\hat{\sigma}}_{xz,i},\ \tilde{\hat{\sigma}}_{xz,i+1},\ -\mathrm{i}\,\tilde{\hat{\sigma}}_{z,i},\ \mathrm{i}\,\tilde{\hat{\sigma}}_{z,i+1}\ ]^{\mathrm{T}} = [\ \tilde{P}_x,\ \mathrm{i}\,\tilde{P}_z\ ]^{\mathrm{T}}_i$$

则式(A.27)可改写为

$$(A_i k^2 + k B_i + C_i)\ \tilde{U}_i = \tilde{P}_i \qquad (A.31)$$

这里, 矩阵 $B_i = \begin{bmatrix} 0 & B_{xz} \\ B_{xz}^{\mathrm{T}} & 0 \end{bmatrix}_i$, 子矩阵元素同式(A.28)。将式(A.31)改写为

$$
\begin{bmatrix}
k^2 A_x + C_x & k B_{xz} \\
k B_{xz}^{\mathrm{T}} & k^2 A_z + C_z
\end{bmatrix}_i
\begin{bmatrix}
\tilde{U}_x \\
\mathrm{i}\,\tilde{U}_z
\end{bmatrix}_i
=
\begin{bmatrix}
\tilde{P}_x \\
\mathrm{i}\,\tilde{P}_z
\end{bmatrix}_i
\qquad (A.32)
$$

或

$$
\begin{bmatrix}
k^2 A_x + C_x & B_{xz} \\
k^2 B_{xz}^{\mathrm{T}} & k^2 A_z + C_z
\end{bmatrix}_i
\begin{bmatrix}
\tilde{U}_x \\
k(\mathrm{i}\,\tilde{U}_z)
\end{bmatrix}_i
=
\begin{bmatrix}
\tilde{P}_x \\
k(\mathrm{i}\,\tilde{P}_z)
\end{bmatrix}_i
\qquad (A.33)
$$

$$
\begin{bmatrix}
k^2 A_x + C_x & k^2 B_{xz} \\
B_{xz}^{\mathrm{T}} & k^2 A_z + C_z
\end{bmatrix}_i
\begin{bmatrix}
k\,\tilde{U}_x \\
\mathrm{i}\,\tilde{U}_z
\end{bmatrix}_i
=
\begin{bmatrix}
k\,\tilde{P}_x \\
\mathrm{i}\,\tilde{P}_z
\end{bmatrix}_i
\qquad (A.34)
$$

式(A.33)及式(A.34)又可分别表示为

$$
\left\{ k^2
\begin{bmatrix}
A_x & 0 \\
B_{xz}^{\mathrm{T}} & A_z
\end{bmatrix}_i
+
\begin{bmatrix}
C_x & B_{xz} \\
0 & C_z
\end{bmatrix}_i
\right\}
\begin{bmatrix}
\tilde{U}_x \\
k(\mathrm{i}\,\tilde{U}_z)
\end{bmatrix}_i
=
\begin{bmatrix}
\tilde{P}_x \\
k(\mathrm{i}\,\tilde{P}_z)
\end{bmatrix}_i
\qquad (A.35)
$$

$$\left\{ k^2 \begin{bmatrix} \boldsymbol{A}_x & \tilde{\boldsymbol{B}}_{xz} \\ \boldsymbol{0} & \boldsymbol{A}_z \end{bmatrix}_i + \begin{bmatrix} \boldsymbol{C}_x & \boldsymbol{0} \\ \boldsymbol{B}_{xz}^{\mathrm{T}} & \boldsymbol{C}_z \end{bmatrix}_i \right\} \begin{bmatrix} k\,\tilde{\boldsymbol{U}}_x \\ \mathrm{i}\,\tilde{\boldsymbol{U}}_z \end{bmatrix}_i = \begin{bmatrix} k\,\tilde{\boldsymbol{P}}_x \\ \mathrm{i}\,\tilde{\boldsymbol{P}}_z \end{bmatrix}_i \tag{A.36}$$

A2 弹性介质中平面 SH 波

SH 波位移只有 u_y，且仅与坐标 x、z 有关，与 y 无关，运动方程为

$$\frac{\partial \hat{\sigma}_{xy}}{\partial x} + \frac{\partial \hat{\sigma}_{zy}}{\partial z} - \gamma \hat{u}_y = 0 \tag{A.37}$$

第 i 薄层运动方程弱形式

$$\int_{z_i}^{z_{i+1}} \delta \hat{u}_y \left(\frac{\partial \hat{\sigma}_{xy}}{\partial x} + \frac{\partial \hat{\sigma}_{zy}}{\partial z} - \gamma \hat{u}_y \right) \mathrm{d}z = 0 \tag{A.38}$$

分部积分可得

$$\int_{z_i}^{z_{i+1}} \left[\frac{\partial(\delta \hat{u}_y)}{\partial z} \hat{\sigma}_{zy} + \delta \hat{u}_y \frac{\partial \hat{\sigma}_{xy}}{\partial x} - \gamma \hat{u}_y(\delta \hat{u}_y) \right] \mathrm{d}z = -\left(\delta \hat{u}_y \hat{\sigma}_{zy} \right) \big|_{z_i}^{z_{i+1}} \tag{A.39}$$

利用应力与位移关系，由式（A.39）可得

$$\int_{z_i}^{z_{i+1}} \left[-\frac{\partial(\delta \hat{u}_y)}{\partial z} \mu \frac{\partial \hat{u}_y}{\partial z} + \mu \delta \hat{u}_y \frac{\partial^2 \hat{u}_y}{\partial x^2} - \gamma \hat{u}_y(\delta \hat{u}_y) \right] \mathrm{d}z = -\left(\delta \hat{u}_y \hat{\sigma}_{zy} \right) \big|_{z_i}^{z_{i+1}} \tag{A.40}$$

利用薄层面位移线性插值得到薄层内位移

$$\hat{u}_y = \hat{u}_{y,\,i} + \frac{\hat{u}_{y,\,i+1} - \hat{u}_{y,\,i}}{h}(z - z_i) = \frac{z_{i+1} - z}{h}\hat{u}_{y,\,i} + \frac{z - z_i}{h}\hat{u}_{y,\,i+1} \tag{A.41}$$

式（A.41）矩阵形式为

$$\boldsymbol{u} = \boldsymbol{N}_i \boldsymbol{U}_i \tag{A.42}$$

式中，$\boldsymbol{N}_i = \begin{bmatrix} \dfrac{z_{i+1} - z}{h_i} & \dfrac{z - z_i}{h_i} \end{bmatrix}$ 及 $\boldsymbol{U}_i = \begin{bmatrix} \hat{u}_{y,\,i} \\ \hat{u}_{y,\,i+1} \end{bmatrix}$。

式（A.40）矩阵形式为

$$\left(\boldsymbol{A}_i \frac{\mathrm{d}^2 \boldsymbol{U}_i}{\mathrm{d}x^2} - \boldsymbol{C}_i \boldsymbol{U}_i \right) = -\boldsymbol{P}_i \tag{A.43}$$

式中，$\boldsymbol{P}_i = \begin{bmatrix} -\hat{\sigma}_{zy,\,i} \\ \hat{\sigma}_{zy,\,i+1} \end{bmatrix}$。

利用式（A.23），矩阵 $\boldsymbol{A}_i$ 及 $\boldsymbol{C}_i$ 表达式分别为

$$\boldsymbol{A}_i = \int_{z_i}^{z_{i+1}} \mu_i \boldsymbol{N}_i^{\mathrm{T}} \boldsymbol{N}_i \mathrm{d}z = \mu_i \int_{z_i}^{z_{i+1}} \begin{bmatrix} \dfrac{z_{i+1} - z}{h_i} \\ \dfrac{z - z_i}{h_i} \end{bmatrix} \begin{bmatrix} \dfrac{z_{i+1} - z}{h_i} & \dfrac{z - z_i}{h_i} \end{bmatrix} \mathrm{d}z = \frac{h_i}{6} \begin{bmatrix} 2\mu & \mu \\ \mu & 2\mu \end{bmatrix}_i$$

$$C_i = \int_{z_i}^{z_{i+1}} \mu_i \left(\frac{d N_i}{dz}\right)^{\mathrm{T}} \left(\frac{d N_i}{dz}\right) dz + \int_{z_i}^{z_{i+1}} \gamma_i N_i^{\mathrm{T}} N_i dz = \frac{1}{h_i} \begin{bmatrix} \mu & -\mu \\ -\mu & \mu \end{bmatrix}_i - \frac{\omega^2 \rho_i h_i}{6} \begin{bmatrix} 2 & 1 \\ 1 & 2 \end{bmatrix}$$

$$(\mathrm{A.44})$$

利用傅里叶变换(A.6)第二式，式(A.43)在波数域为

$$(k^2 A_i + C_i) \tilde{U}_i = \tilde{P}_i \qquad (\mathrm{A.45})$$

A3 半无限体中旁轴 P-SV 波刚度矩阵

对平面应变问题，P-SV 波位移标量势及矢量势函数分量可取

$$\varphi = \varphi^{\mathrm{I}}(\omega, k) e^{-ik_{zP}z} + \varphi^{\mathrm{R}}(\omega, k) e^{ik_{zP}z}$$
$$\psi = \psi^{\mathrm{I}}(\omega, k) e^{-ik_{zS}z} + \psi^{\mathrm{R}}(\omega, k) e^{ik_{zS}z} \qquad (\mathrm{A.46})$$

式中，k、k_{zP}、k_{zS} 分别表示 x 方向波数、纵波及剪切波在 z 方向波数，上标"I"及"R"分别表示入射波及反射波，φ^{I}、φ^{R}、ψ^{I}、ψ^{R} 表示势函数系数，用 k_{P}、k_{S} 分别表示纵波及剪切波在波传播方向波数。纵波传播方向波数与水平方向波数间关系见附图 A-1，由附图 A-1 可得关系

$$k_{\mathrm{P}} = \sqrt{k^2 + k_{zP}^2}, \quad k_{\mathrm{S}} = \sqrt{k^2 + k_{zS}^2} \qquad (\mathrm{A.47})$$

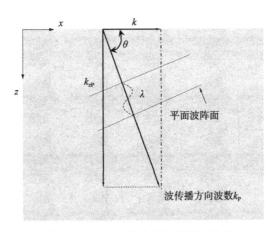

附图 A-1 平面纵波波数分量间关系

水平及竖直向位移与势函数关系为

$$\tilde{u}_x = \frac{\partial \varphi}{\partial x} + \frac{\partial \psi}{\partial z}, \quad \tilde{u}_z = \frac{\partial \varphi}{\partial z} - \frac{\partial \psi}{\partial x} \qquad (\mathrm{A.48})$$

对弹性半无限体，无穷远处无反射波，式(A.46)中与"R"有关系数项取零。略去上标"I"，由式(A.46)及式(A.48)，位移向量可表示为

$$\begin{bmatrix} \widetilde{u}_x \\ \widetilde{u}_z \end{bmatrix} = \begin{bmatrix} -\mathrm{i}k & -\mathrm{i}k_{z\mathrm{S}} \\ -\mathrm{i}k_{z\mathrm{P}} & \mathrm{i}k \end{bmatrix} \begin{bmatrix} \varphi\,\mathrm{e}^{-\mathrm{i}k_{z\mathrm{P}}z} \\ \psi\,\mathrm{e}^{-\mathrm{i}k_{z\mathrm{S}}z} \end{bmatrix} \qquad (\mathrm{A}.49)$$

利用应力位移关系式(A.7),应力向量为

$$\begin{bmatrix} \widetilde{\hat{\sigma}}_{xz} \\ \widetilde{\hat{\sigma}}_z \end{bmatrix} = \begin{bmatrix} -2\mu k k_{z\mathrm{P}} & \mu(2k^2 - k_{\mathrm{S}}^2) \\ 2\mu k^2 - [(\lambda + 2\mu)]k_{\mathrm{P}}^2 & 2\mu k k_{z\mathrm{S}} \end{bmatrix} \begin{bmatrix} \varphi\,\mathrm{e}^{-\mathrm{i}k_{z\mathrm{P}}z} \\ \psi\,\mathrm{e}^{-\mathrm{i}k_{z\mathrm{S}}z} \end{bmatrix} \qquad (\mathrm{A}.50)$$

由式(A.49)及式(A.50),外力向量与位移向量关系为

$$\begin{bmatrix} \widetilde{\hat{P}}_x = -\sigma_{xz} \\ \mathrm{i}\widetilde{\hat{P}}_z = -\mathrm{i}\sigma_z \end{bmatrix} = \boldsymbol{K}_0 \begin{bmatrix} \widetilde{u}_x \\ \mathrm{i}\,\widetilde{u}_z \end{bmatrix} \qquad (\mathrm{A}.51)$$

式中,$\widetilde{\hat{P}}_x$、$\widetilde{\hat{P}}_z$ 分别为表面水平向及竖直向外力,式中刚度矩阵为

$$\boldsymbol{K}_0 = 2k\mu \left\{ \frac{1 - r_\beta^2}{2(1 - r_\alpha r_\beta)} \begin{bmatrix} r_\alpha & 1 \\ 1 & r_\beta \end{bmatrix} - \begin{bmatrix} 0 & 1 \\ 1 & 0 \end{bmatrix} \right\} \qquad (\mathrm{A}.52)$$

其中,

$$r_\alpha = \sqrt{1 - \left(\frac{\omega}{kc_{\mathrm{P}0}}\right)^2}, \quad r_\beta = \sqrt{1 - \left(\frac{\omega}{kc_{s0}}\right)^2} \qquad (\mathrm{A}.53)$$

或者写为

$$r_\alpha = \mathrm{i}\frac{\omega}{kc_{\mathrm{P}0}}\sqrt{1 - \left(\frac{kc_{\mathrm{P}0}}{\omega}\right)^2}, \quad r_\beta = \mathrm{i}\frac{\omega}{kc_{s0}}\sqrt{1 - \left(\frac{kc_{s0}}{\omega}\right)^2} \qquad (\mathrm{A}.54)$$

式中,$c_{\mathrm{P}0}$、c_{s0} 分别表示半无限体纵波速及剪切波速。以纵波为例,由附图 A-1 可知,波数水平分量与传播方向波数满足 $k = k_{\mathrm{P}}\cos\theta$,式中 $\cos\theta$ 为波传播方向与水平向夹角余弦。

对 k 值很小的波,即波传播方向与轴向(竖直向)夹角很小,波近似沿竖直方向传播,这类波也称为旁轴波(paraxial waves)或近轴波。利用泰勒级数,略去二次项,当 $x \to 0$,$\sqrt{1 + x} \approx 1 + \dfrac{x}{2}$,这样,对旁轴波,式(A.54)近似为

$$r_\alpha \approx \mathrm{i}\frac{\omega}{kc_{\mathrm{P}0}}\left[1 - \frac{1}{2}\left(\frac{kc_{\mathrm{P}0}}{\omega}\right)^2\right], \quad r_\beta = \mathrm{i}\frac{\omega}{kc_{s0}}\left[1 - \frac{1}{2}\left(\frac{kc_{s0}}{\omega}\right)^2\right] \qquad (\mathrm{A}.55)$$

将式(A.55)代入式(A.52),保留至 k^2 项,式(A.52)可简写为

$$\boldsymbol{K}_0 = \boldsymbol{A}_0 k^2 + \boldsymbol{B}_0 k + \boldsymbol{C}_0 \qquad (\mathrm{A}.56)$$

式中,

$$A_0 = \frac{1}{2}\mathrm{i}\mu\frac{c_{s0}}{\omega}\begin{bmatrix} -\dfrac{2-\alpha}{\alpha} & 0 \\[4mm] 0 & \dfrac{1-2\alpha}{\alpha^3} \end{bmatrix}, \quad B_0 = \mu\frac{1-2\alpha}{\alpha}\begin{bmatrix} 0 & 1 \\ 1 & 0 \end{bmatrix}, \quad C_0 = \mathrm{i}\omega\rho c_{s0}\begin{bmatrix} 1 & 0 \\ 0 & 1/\alpha \end{bmatrix}$$

$$\text{(A.57)}$$

其中，$\alpha = c_{s0}/c_{P0}$。对半无限体中旁轴 P-SV 波，其有理式刚度矩阵可用代数矩阵表示，矩阵形式与 P-SV 波薄层刚度矩阵形式类似。

A4 半无限体中旁轴 SH 波刚度矩阵

SH 波位移势函数见(A.46)中第二式，利用 SH 波应力位移关系及位移势函数，半无限体表面外力与位移关系为

$$-\tilde{\sigma}_{zy} = -\mu\frac{\partial\tilde{u}_y}{\partial z} = \mathrm{i}k_{zS}\mu\tilde{u}_y \tag{A.58}$$

半无限体 SH 波刚度矩阵（1×1）为

$$K = \mu k_{zS} \tag{A.59}$$

由式(A.47)可知，$k_{zS} = \sqrt{k_s^2 - k^2}$。对旁轴波，$k \ll k_s$，利用泰勒级数，$k_{zS}$ 可近似为

$$k_{zS} = k_s\sqrt{1 - \left(\frac{k}{k_s}\right)^2} \approx k_s\left[1 - \frac{1}{2}\left(\frac{k}{k_s}\right)^2\right] \tag{A.60}$$

这样，旁轴 SH 波刚度矩阵式(A.59)可近似为

$$K \approx \mathrm{i}\mu k_s\left[1 - \frac{1}{2}\left(\frac{k}{k_s}\right)^2\right] = -\frac{1}{2}\mathrm{i}\mu\frac{c_s}{\omega}k^2 + \mathrm{i}\rho\omega c_s \tag{A.61}$$

对半无限体中旁轴 SH 波，刚度矩阵形式与 SH 波薄层刚度矩阵形式类似。

附录 B 柱坐标系谐波位移形式

在直角坐标系，平面波质点振动可分解为沿 y 方向水平偏振 SH 波及在 xz 平面内纵波 P 及竖直偏振 SV 波两部分。水平偏振只有 y 方向位移参数，P-SV 波有 x 及 z 方向位移参数。对平面应变问题，位移参数仅是坐标 x 及 z 函数。

在荷载作用面呈圆形或圆环形状情形下，采用柱坐标系描述荷载更方便。用 r、θ、z 分别表示柱坐标系径向、周向、竖向坐标轴，应力方向约定同弹性力学，即正面(面法向与坐标方向一致)上应力分量与坐标方向一致为正，反面(面法向与坐标方向相反)上应力分量与坐标方向相反为正，位移及外力则是与坐标方向一致为正，θ 的正负遵循右手法则。

柱坐标系中位移分量与位移势函数关系为

$$u_r = \frac{\partial \varphi}{\partial r} + \frac{1}{r}\frac{\partial \psi_z}{\partial \theta} - \frac{\partial \psi_\theta}{\partial z}, \quad u_\theta = \frac{1}{r}\frac{\partial \varphi}{\partial \theta} + \frac{\partial \psi_r}{\partial z} - \frac{\partial \psi_z}{\partial r}, \quad u_z = \frac{\partial \varphi}{\partial z} + \frac{1}{r}\frac{\partial (r\psi_\theta)}{\partial r} - \frac{1}{r}\frac{\partial \psi_r}{\partial \theta}$$

$$\text{(B.1)}$$

为了求解方便，引入新势函数 χ 及 $\hat{\psi}$，矢量势函数分量 ψ_z、ψ_θ、ψ_r 用 χ、$\hat{\psi}$ 表示为

$$\psi_z = \chi, \quad \psi_\theta = -\frac{\partial \hat{\psi}}{\partial r}, \quad \psi_r = \frac{1}{r}\frac{\partial \hat{\psi}}{\partial \theta}$$

$$\text{(B.2)}$$

这样，式(B.1)可重写为

$$u_r = \frac{\partial \varphi}{\partial r} + \frac{\partial^2 \hat{\psi}}{\partial r \partial z} + \frac{1}{r}\frac{\partial \chi}{\partial \theta}, \quad u_\theta = \frac{1}{r}\frac{\partial \varphi}{\partial \theta} + \frac{1}{r}\frac{\partial^2 \hat{\psi}}{\partial \theta \partial z} - \frac{\partial \chi}{\partial r}, \quad u_z = \frac{\partial \varphi}{\partial z} - \frac{\partial^2 \hat{\psi}}{\partial r^2} - \frac{1}{r}\frac{\partial \hat{\psi}}{\partial r} - \frac{1}{r^2}\frac{\partial^2 \hat{\psi}}{\partial \theta^2}$$

$$\text{(B.3)}$$

利用位移形式运动方程，势函数满足

$$\nabla^2 \varphi = -\frac{\omega^2}{c_P^2}\varphi, \quad \nabla^2 \hat{\psi} = -\frac{\omega^2}{c_s^2}\hat{\psi}, \quad \nabla^2 \chi = -\frac{\omega^2}{c_s^2}\chi$$

$$\text{(B.4)}$$

式中，拉普拉斯算子为

$$\nabla^2 = \frac{1}{r}\frac{\partial}{\partial r}\left(r\frac{\partial}{\partial r}\right) + \frac{1}{r^2}\frac{\partial^2}{\partial \theta^2} + \frac{\partial^2}{\partial z^2}$$

$$\text{(B.5)}$$

将波的径向、周向及竖直方向质点振动位移 u_r、u_θ、u_z 分解为相对于 $\theta = 0$ 面对称与反对称两部分有助于问题简化。不同方向质点对称及反对称振动分别如附图 B-1 及附图 B-2 所示。

对质点位移 u_r 及 u_z，对称振动微元 AA' 点 A 与 A' 质点振动方向同相，反对称振动方

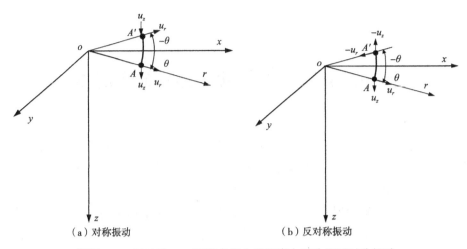

附图 B-1 相对于 $\theta=0$ 面质点径向及竖直向对称及反对称振动

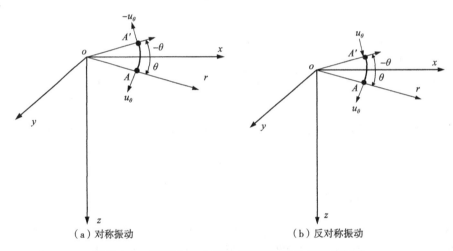

附图 B-2 相对于 $\theta=0$ 面质点周向对称及反对称振动

向则相反。对质点位移 u_θ，对称振动微元 AA' 点 A 与 A' 质点振动方向反相，反对称振动方向相同。总位移由对称及反对称两部分组成，利用傅里叶级数，位移可表示为

$$u_r(r, \theta, z) = u_r^s + u_r^a = \sum_n u_n^s \cos n\theta + \sum_n u_n^a \sin n\theta$$

$$u_\theta(r, \theta, z) = -u_\theta^s + u_\theta^a = -\sum_n v_n^s \sin n\theta + \sum_n v_n^a \cos n\theta$$

$$u_z(r, \theta, z) = u_z^s + u_z^a = \sum_n w_n^s \cos n\theta + \sum_n w_n^a \sin n\theta \qquad (B.6)$$

式中，上标 s 与 a 分别表示对称项及反对称项，$n(n=0, 1, 2, \cdots)$ 反映位移随周向角变化频度，三角函数系数项下标 n 与三角函数中 $n\theta$ 对应。如附图 B-3 所示。

首先分析式(B.6)对称振动，对称振动的位移势函数可表示为

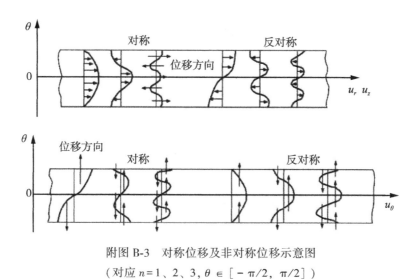

附图 B-3　对称位移及非对称位移示意图

（对应 $n = 1$、2、3，$\theta \in [-\pi/2,\ \pi/2]$）

$$\overline{\varphi}(r,\ \theta,\ z) = \sum_n \overline{\varphi}_n \cos n\theta,\quad \overline{\psi}(r,\ \theta,\ z) = \sum_n \overline{\psi}_n \cos n\theta,\quad \overline{\chi}(r,\ \theta,\ z) = -\sum_n \overline{\chi}_n \sin n\theta$$

$$(\text{B.7})$$

式中，符号上方"—"代表频率-波数域位移势函数。由势函数及运动方程，通过运算，对称振动位移可表示为

$$\overline{u}_n^s = \frac{1}{k} J_n(kr)_{,r} \overline{U}(z,\ k) + \frac{n}{kr} J_n(kr) \overline{V}(z,\ k)$$

$$\overline{v}_n^s = \frac{n}{kr} J_n(kr) \overline{U}(z,\ k) + \frac{1}{k} J_n(kr)_{,r} \overline{V}(z,\ k)$$

$$\overline{w}_n^s = -J_n(kr)\left[i\overline{W}(z,\ k) \right]$$

$$(\text{B.8})$$

式中，k 表示沿径向 r 波数，$\overline{U}(z,\ k)$、$\overline{V}(z,\ k)$ 及 $\overline{W}(z,\ k)$ 表示位移与竖直向坐标 z 有关项。式（B.8）的矩阵形式为

$$\begin{bmatrix} \overline{u}_n^s(r,\ z,\ k) \\ \overline{v}_n^s(r,\ z,\ k) \\ \overline{w}_S^n(r,\ z,\ k) \end{bmatrix} = \boldsymbol{C}_n(kr) \begin{bmatrix} \overline{U}(z,\ k) \\ \overline{V}(z,\ k) \\ i\overline{W}(z,\ k) \end{bmatrix}$$

$$(\text{B.9})$$

式中，

$$\boldsymbol{C}_n(kr) = \begin{bmatrix} \dfrac{1}{k} J_n(kr)_{,r} & \dfrac{n}{kr} J_n(kr) & 0 \\[3mm] \dfrac{n}{kr} J_n(kr) & \dfrac{1}{k} J_n(kr)_{,r} & 0 \\[3mm] & & -J_n(kr) \end{bmatrix}$$

$$(\text{B.10})$$

由式（B.6），对称位移可表示为

$$\begin{bmatrix} \overline{u}_n^s(r,\ \theta,\ z,\ k) \\ \overline{v}_n^s(r,\ \theta,\ z,\ k) \\ \overline{w}_S^n(r,\ \theta,\ z,\ k) \end{bmatrix} = \sum_n \boldsymbol{D}(n\theta)\,\boldsymbol{C}_n(kr) \begin{bmatrix} \overline{U}(z,\ k) \\ \overline{V}(z,\ k) \\ i\overline{W}(z,\ k) \end{bmatrix} \tag{B.11}$$

式中，

$$\boldsymbol{D}(n,\ \theta) = \begin{bmatrix} \cos n\theta \\ & -\sin n\theta \\ & & \cos n\theta \end{bmatrix} \tag{B.12}$$

反对称位移表示形式同式(B.11)，矩阵 $\boldsymbol{D}(n,\ \theta)$ 表达式为

$$\boldsymbol{D}(n,\ \theta) = \begin{bmatrix} \sin n\theta \\ & \cos n\theta \\ & & \sin n\theta \end{bmatrix} \tag{B.13}$$

由柱坐标系下谐波位移表达式(B.11)可知，柱坐标系与直角坐标系下谐波位移表达式异同点如下：

(1)直角坐标系下平面波质点位移响应可分解为竖直平面 xz 内 P-SV 波及沿 y 方向水平偏振 SH。谐波沿 x 方向传播项数学式为 e^{-ikx}，z 方向传播项 e^{-ik_Pz}（对纵波）或 e^{-ik_Sz}（对剪切波）。不考虑时间项，谐波位移可表示为

$$\begin{bmatrix} \overline{u}_x \\ \overline{u}_y \\ \overline{u}_z \end{bmatrix} = \begin{bmatrix} \overline{U}(z,\ k) \\ \overline{V}(z,\ k) \\ \overline{W}(z,\ k) \end{bmatrix} \mathrm{e}^{-ikx} \tag{B.14}$$

(2)柱坐标系下波质点位移响应可分解为周向对称及反对称项。位移随周向变化用宗量为 $n\theta$ 傅里叶级数表示，位移随径向变化可用与贝塞尔函数有关项表示，谐波在 z 方向传播项与直角坐标系下 z 方向传播项相同。

(3)在波数域，直角坐标下与柱坐标下谐波在 z 方向位移变化相同。

对式(B.11)波数积分，可以得到波数变化范围从零至无穷质点位移向量。将以上分析推广至一般情形，假设柱坐标系下波动参数向量用 $\boldsymbol{f}(r,\ \theta)$ 表示，其在波数域与宗量 $n\theta$ 对应向量用 $\overline{\boldsymbol{F}}_n(k)$ 表示，则有

$$\boldsymbol{f}(r,\ \theta) = \sum_{n=0}^{\infty} \left\{ \boldsymbol{D}(n\theta) \int_0^{\infty} k\,\boldsymbol{C}_n(kr)\,\overline{\boldsymbol{F}}_n(k)\,\mathrm{d}k \right\} \tag{B.15}$$

式中，

$$\overline{\boldsymbol{F}}_n(k) = \alpha_n \int_{r=0}^{\infty} r\,\boldsymbol{C}_n(kr) \int_0^{2\pi} \boldsymbol{D}(n\theta)\boldsymbol{f}(r,\ \theta)\,\mathrm{d}\theta\mathrm{d}r \tag{B.16}$$

式中，$\alpha_n = \begin{cases} \dfrac{1}{2\pi}, & n = 0, \\[2mm] \dfrac{1}{\pi}, & n \neq 0 \, . \end{cases}$

式(B.15)及(B.16)就是傅里叶-贝塞尔(Fourier-Bessel)积分变换对。

下面以作用于半径 R 圆形区域、幅值为 q 的竖向简谐荷载(见附图 B-4)为例说明傅里

叶-贝塞尔积分变换在位移响应计算中应用。荷载幅值向量为 $\boldsymbol{p}(r, \theta) = \begin{Bmatrix} p_r \\ p_\theta \\ p_z \end{Bmatrix} = q \begin{Bmatrix} 0 \\ 0 \\ 1 \end{Bmatrix}$，

$0 \leqslant r \leqslant R$。荷载是轴对称的，不需考虑反对称项，轴对称位移与 θ 无关。对荷载向量作
傅里叶-贝塞尔积分变换时，式(B.16)中 n 取零。

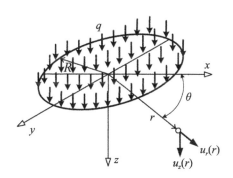

附图 B-4 竖直向均匀分布荷载

利用贝塞尔函数以下一些性质：

$$\left[x^n J_n(x) \right]_{,x} = x^n J_{n-1}(x), \quad \left[x^{-n} J_n(x) \right]_{,x} = - x^{-n} J_{n+1}(x)$$

$$\left[J_n(x) \right]_{,x} = J_{n-1}(x) - \frac{n}{x} J_n(x) = \frac{n}{x} J_n(x) - J_{n+1}(x) \tag{B.17}$$

由式(B.16)得到波数域荷载向量为

$$\overline{\boldsymbol{P}}(k) = \begin{bmatrix} \overline{P}_r \\ \overline{P}_\theta \\ \overline{P}_z \end{bmatrix} = \begin{bmatrix} 0 \\ 0 \\ -\dfrac{1}{2\pi} \displaystyle\int_0^R r J_0(kr) \int_0^{2\pi} q \, d\theta dr \end{bmatrix} = \begin{bmatrix} 0 \\ 0 \\ \dfrac{-qR}{k} J_1(kR) \end{bmatrix} \tag{B.18}$$

波数域位移向量为

$$\overline{\boldsymbol{U}}(k, n) = \boldsymbol{K}^{-1} \overline{\boldsymbol{P}}(k, n) = \boldsymbol{F} \overline{\boldsymbol{P}}(k, n) \tag{B.19}$$

式中，$\boldsymbol{F}$ 为柔度矩阵。对式(B.19)中 $\overline{\boldsymbol{U}}(k, n)$ 作傅里叶-贝塞尔积分变换($n=0$)，可得到

柱坐标系中位移向量为

$$
\begin{bmatrix} u_r(r) \\ u_z(r) \end{bmatrix} = \int_0^\infty \begin{bmatrix} J_0(kr) & \\ & -kJ_0(kr) \end{bmatrix} \begin{bmatrix} \overline{U}(k,\ n) \\ \mathrm{i}\overline{W}(k,\ n) \end{bmatrix} \mathrm{d}k \tag{B.20}
$$

附录 C 薄层法 MATLAB 代码

C1 层状半无限体中瑞利波频散、表面相对位移及位移分布

```
clc;      %清除命令窗口。
clear;     %清除计算内存。
nlayer=5;     %设置分层数量,下伏半无限体截断后作为底层。
```

% 预设各层薄层数量,设置物理分层泊松比、阻尼比(0~5%)、密度、剪切波速、厚度,其中底层厚度要至少大于两倍以上最大波长。

```
    nelement(1) = 50; nelement(2) = 100; nelement(3) = 100; nelement(4) = 100;
nelement(5) = 100;     %预设薄层划分数量。
    nuxy0(1) = 0.35; nuxy0(2) = 0.35; nuxy0(3) = 0.35; nuxy0(4) = 0.35; nuxy0(5) =
0.35;     %泊松比。
    damp0(1) = 0.0; damp0(2) = 0.0; damp0(3) = 0.0; damp0(4) = 0.0; damp0(5) =
0.;     %阻尼比,考虑阻尼影响。
    dens0(1) = 1800; dens0(2) = 1800; dens0(3) = 1800; dens0(4) = 1800; dens0(5) =
1800;     %密度(kg/m³)。
    vs0(1) = 80; vs0(2) = 120; vs0(3) = 180; vs0(4) = 360; vs0(5) = 360;     %剪切波速
(m/s),这里,将半无限体截断分成两层。为了设置不同薄层数量,一个物理分层可以
划分成材料力学参数相同但厚度不同多个子层。
    depth0(1) = 2; depth0(2) = 4; depth0(3) = 8; depth0(4) = 100; depth0(5) = 100;
    %层厚度。
%结束参数设置。
vmax = -1.e16; vmin = 1.e16;     %预设最小及最大值,用于参数最大值及最小值判断。
```

%计算剪切模量及拉梅常数 λ,按介质瑞利波速、剪切波速及泊松比回归式计算层介质瑞利波速。

% 回归关系:$c_R \approx \dfrac{0.87 + 1.12\nu}{1 + \nu} c_s$ 或 $c_R \approx \dfrac{0.864 + 1.14\nu}{1 + \nu} c_s$ 或 $\dfrac{c_R}{c_s} \approx \dfrac{256}{293} + \nu\left\{ \dfrac{60}{307} - \nu\left[\dfrac{4}{125} + \nu\left(\dfrac{5}{84} + \dfrac{4}{237}\nu \right) \right] \right\}$。

```
for i=1： nlayer
    gx0(i)=vs0(i)^2 * dens0(i)；lame0(i)=gx0(i) * 2 * nuxy0(i)/(1-2 * nuxy0(i))；
    v_cal_tep=vs0(i)  * (0.87+1.12 * nuxy0(i))/(1.+nuxy0(i))；
```

%确定最小及最大层介质瑞利波速,考虑回归及离散计算误差,将最小及最大分别乘以系数 0.95~0.98 及 1.02~1.05,这里分别取 0.98 及 1.02。vmax 会影响模态的截止频率,即各模态最低频率。

```
    if 0.98 * v_cal_tep<vmin
        vmin=0.98 * v_cal_tep；
    end
    if 1.02 * v_cal_tep>vmax
        vmax=1.02 * v_cal_tep；
    end
end
```

%采用变厚度薄层避免不同频率计算时重新划分分层,底层薄层厚度随深度递增。类似于有限元法,浅部薄层厚度 delt_h<λ_{min}/20。
% 分层采用等厚度薄层离散。

```
for i=1： nlayer-1
    h00(i)=depth0(i)/nelement(i)；
end
```

%底层采用渐变厚度薄层离散,h00(nlayer-1)是第 nlayer-1 层(即底层上一层)的薄层厚度。假设底层的薄层厚度逐层线性增加,底层第 j 薄层厚度取 $h(j)$ = h00(nlayer - 1) + $j*\Delta h$ (j = 1, 2, $\cdots$, nelement(nlayer)),这样,增量 Δh 按以下关系确定 depth0(nlayer) = nlayer * h00(nlayer - 1) + $\Delta h \sum\limits_{j=1}^{nlayer} j$, 或者说 depth0(nlayer) = nlayer * h00(nlayer - 1) + Δh(1 + nlayer) * nlayer/2。

```
h00(nlayer)=h00(nlayer-1)；
```

%计算底层薄层渐变厚度 delt_h。

```
    delt_h=(depth0(nlayer)/nelement(nlayer)-h00(nlayer)) * 2/(nelement(nlayer)+1)；
    total_element=0；
    for i=1： nlayer
        total_element=total_element+nelement(i)；
    end
    k=0；kk=0；h_total=0 ；
```

%薄层单元参数计算、薄层刚度矩阵计算及矩阵集成。

```
    for i=1： nlayer
        kk=k；
```

```
            for j=1: nelement(i)
                k=kk+j;
                nuxy(k)=nuxy0(i);
                dens(k)=dens0(i);
                lame(k)=lame0(i) * complex(1., damp0(i));
                gx(k)=gx0(i) * complex(1., damp0(i));
                nullmatrix(k, k)=0.;
                if i==nlayer
                 h(k)=h00(i)+delt_h*j;
                else
                    h(k)=h00(i);
                end
                h_total=h_total+h(k);
                hh(k)=h_total;
            if k==1
             ax(k, k)=(lame(k)+2.*gx(k))*h(k)/3.;
             az(k, k)=gx(k)*h(k)/3.;
             bxz(k, k)=-(lame(k)-gx(k))/2.;
        else
             ax(k, k)=(lame(k)+2.*gx(k))*h(k)/3.+(lame(k-1)+2.*gx(k-
1))*h(k-1)/3.;
             az(k, k)=gx(k)*h(k)/3.+gx(k-1)*h(k-1)/3.;
             bxz(k, k)=-(lame(k)-gx(k))/2.+(lame(k-1)-gx(k-1))/2.;
        end
            if k<total_element
             ax(k, k+1)=(lame(k)+2.*gx(k))*h(k)/6.;
             ax(k+1, k)=ax(k, k+1);
             az(k, k+1)=gx(k)*h(k)/6.;
             az(k+1, k)=az(k, k+1);
             bxz(k, k+1)=(lame(k)+gx(k))/2.;
             bxz(k+1, k)=-bxz(k, k+1);
        end
        end
        end
    end
%完成薄层刚度矩阵子矩阵计算及集成。
    omega0=4; beta=2.; m=100;
```

%设置初始频率、离散频率点间隔及计算离散点数量。由于高阶模态存在截止频率，在截止频率附近，频率间隔要较小。当 m=1，可计算频率(omega0+beta)处波相速度、水平向及竖直向特征位移随深度分布，譬如，omega0=2；beta=48；m=1，可计算瑞利波在 f=50Hz 处相速度、水平向及竖直向特征位移随深度分布。

```
        beta_temp=omega0;
    for n=1: m
        Ncount=n    %屏幕显示计算步数。
            beta_temp=beta_temp+beta;
        k=0; kk=0; f(n)=beta_temp; omega=f(n)*2*pi;
        for i=1: nlayer
        kk=k;
        for j=1: nelement(i)
        k=kk+j;
        if k==1
            cx(k, k)=gx(k)/h(k)-dens(k)*h(k)*omega^2/3. ;
            cz(k, k)=(lame(k)+2.*gx(k))/h(k)-dens(k)*h(k)*omega^2/3. ;
        else
            cx(k, k)=gx(k)/h(k)-dens(k)*h(k)*omega^2/3. +gx(k-1)/h
(k-1)-dens(k-1)*h(k-1)*omega^2/3. ;
            cz(k, k)=(lame(k)+2.*gx(k))/h(k)-dens(k)*h(k)*omega^2/
3. +(lame(k-1)+2.*gx(k-1))/h(k-1)-dens(k-1)*h(k-1)*omega^2/3. ;
        end
        if k<total_element
        cx(k, k+1)=-gx(k)/h(k)-dens(k)*h(k)*omega^2/6. ;
        cx(k+1, k)=cx(k, k+1);
        cz(k, k+1)=-(lame(k)+2.*gx(k))/h(k)-dens(k)*h(k)*omega^2/6. ;
        cz(k+1, k)=cz(k, k+1);
    end
    end
        end
```

%完成薄层刚度矩阵 C 计算及矩阵集成。
%构筑特征值计算矩阵。

```
N=2*total_element;
A=[ax, nullmatrix; bxz. ', az];
B=-[cx, bxz; nullmatrix, cz];
```

%利用 QZ 分解法求解一次特征值问题的特征值及特征向量。

```
[mode_vector wavenumber_k2] = eig(A, B,'qz');
```
%由特征值计算波数。
```
for ik = 1: N
    wavenumber_k(ik) = 1./sqrt(wavenumber_k2(ik, ik));
end
Nmode = 0;
```
%选取实部大于零，虚部等于或小于零，且实部绝对值远大于虚部复波数，这样，可保
证瑞利波相速度大于零，衰减缓慢。
```
for i = 1: N
    if real(wavenumber_k(i))>0. & imag(wavenumber_k(i))<=0 & real(wavenumber_
k(i))>10. * abs(imag(wavenumber_k(i)))
```
%计算相速度，对相速度进行筛选。筛选依据：瑞利波相速度一般不超过下伏半无限体
介质瑞利波相速度，大于最软层介质瑞利波相速度，不满足这些条件的模态为非瑞利波
模态。
```
        Vpcal = omega/real(wavenumber_k(i));
    if   Vpcal<vmax & Vpcal>vmin
        Nmode = Nmode+1;
            Vpp(n, Nmode) = Vpcal; R_k(n, Nmode) = wavenumber_k(i); R_
wavenumber(n, Nmode) = i;    % R_wavenumber: 标记与瑞利波对应的特征值在计算特
征值中位置。
    end
        end
end
```
%对计算值由小至大排序，依次对应不同模态。
```
Vp_temp(n, 1: Nmode) = Vpp(n, 1: Nmode);
    for ijk = 1: Nmode
        vp_max = 1. e16;
        for ijkl = 1: Nmode
    if Vp_temp(n, ijkl)<vp_max
        vp_max = Vp_temp(n, ijkl); mode_serial(ijk) = ijkl;
    end
  end
  Vp_temp(n, mode_serial(ijk)) = 2. e16;
End
```
%对计算的特征向量进行标准化处理，得到模态的特征位移随深度变化。
```
        for ij = 1: Nmode
```

```
            mn = R_wavenumber(n, ij);
            fxx(1: total_element, ij) = mode_vector(1: total_element, mn);
            fyy(1: total_element, ij) = mode_vector(total_element+1: N, mn)/R_k(n, ij);
            yz(1: total_element) = fxx(1: total_element, ij) * R_k(n, ij);
            yz(total_element+1: N) = fyy(1: total_element, ij);
            zy(1: N) = mode_vector(1: N, mn);
            kyz(ij) = yz * A * zy.';    % zy.' 表示复矩阵转折。
            k_beta = sqrt(kyz(ij)/R_k(n, ij));
            fx = mode_vector(1: 1, mn)/k_beta;
            fz = mode_vector(total_element+1: total_element+1, mn)/R_k(n, ij)/k_beta;
            Wdis(j, ij) = fz;
            fzz(1: total_element, ij) = mode_vector(total_element+1: N, mn)/R_k(n, ij)/k_beta;
            fxx(1: total_element, ij) = mode_vector(1: total_element, mn)/k_beta;
        end
    Vp_mode(n, 1: Nmode) = Vpp(n, mode_serial(1: Nmode));
        Z_mode(n, 1: Nmode) = Wdis(n, mode_serial(1: Nmode));
    End
fzh(1: total_element, 1: Nmode) = fzz(1: total_element, mode_serial(1: Nmode));
    fxh(1: total_element, 1: Nmode) = fxx(1: total_element, mode_serial(1: Nmode));
```

%计算的模态相速度存放于数组 Vp_mode。模态表面竖直向相对位移存放于数组 Z_mode。模态水平向及竖直向特征位移分量随深度分布分别存放于数组 fxh 及 fzh。由于高阶模态存在截止频率, 高阶模态频散数据绘制需从非零相速度对应频率开始。

% 绘制基阶模态相速度随频率变化, "…"为续行号。

```
plot(f(1: 100), Vp_mode(1: 100, 1: 1),'.k', ...
        'MarkerSize', 5)
hold on;
```

%譬如模态 4 非零相速度对应的最小频率为 f(6), 则模态 4 相速度随频率变化为

```
plot(f(6: 100), Vp_mode(6: 100, 4: 4),'.k', ...
        'MarkerSize', 5)
```

%画 z 方向表面相对位移。

```
plot(f(1: 100), abs(Z_mode(1: 100, 1: 2)),'.k', ...
        'MarkerSize', 5)
```

%画模态位移随深度变化。

```
plot((fzh(1: total_element, 2)) * 1. e4 * sign(fzh(1: 1, 2)), hh,'-k', 'LineWidth',
```

2） %比例系数 1. e4 及符号函数 sign 是为了竖向表面位移有合适坐标及显示范围。

注：（1）低频瑞利波波长较大，要求下伏半无限体截取厚度较大，频率初始值不能太小（>1Hz）；

（2）离散频率间距不易太大，否则，高阶模态截止频率误差较大。

C2 瑞利波有效相速度

```
clc;
clear;
nlayer=4; R=0.05;    % R 为振源作用面半径。
%预设分层薄层单元数量，设置分层材料力学参数。
  nelement(1)=50; nelement(2)=100; nelement(3)=100; nelement(4)=100;
  nuxy0(1)=0.35; nuxy0(2)=0.35; nuxy0(3)=0.35; nuxy0(4)=0.35;
  damp0(1)=0.0; damp0(2)=0.0; damp0(3)=0.0; damp0(4)=0.0;
  dens0(1)=1800; dens0(2)=1800; dens0(3)=1800; dens0(4)=1800
  vs0(1)=80; vs0(2)=250; vs0(3)=300; vs0(4)=360;
depth0(1)=2; depth0(2)=4; depth0(3)=8; depth0(4)=100;
  vmax=-1. e16; vmin=1. e16;
%%利用介质瑞利波速、剪切波速及泊松比回归关系计算层介质瑞利波速，将最小及最
大值分别乘系数 0.95~0.98 及 1.02~1.05。
  for i=1: nlayer
      v_cal_tep= vs0(i) * (0.87+1.12 * nuxy0(i))/(1. +nuxy0(i));
      if 0.98 * v_cal_tep<vmin
          vmin=0.98 * v_cal_tep;
      end
      if 1.02 * v_cal_tep>vmax
          vmax=1.02 * v_cal_tep;
      end
end
%构筑薄层刚度矩阵子矩阵，计算总刚度矩阵子矩阵。
  for i=1: nlayer
      if i==1
          h00(i)=0.005;
      else
          h00(i)=h00(i-1)+nelement(i-1) * delt_h(i-1);
      end
```

```
        while(h00(i) * nelement(i)) >= depth0(i)
            nelement(i) = nelement(i) - 1;
        end
            delt_h(i) = (depth0(i)/nelement(i) - h00(i)) * 2/(nelement(i) - 1);
    end
total_element = 0;
for i = 1: nlayer
        total_element = total_element + nelement(i);
    end
k = 0; kk = 0; h_total = 0;
for i = 1: nlayer
    kk = k;
        for j = 1: nelement(i)
            k = kk + j;
            nuxy(k) = nuxy0(i);
            dens(k) = dens0(i);
            h(k) = h00(i) + delt_h(i) * (j - 1);
            h_total = h_total + h(k);
            hh(k) = h_total;
            lame(k) = dens0(i) * vs0(i)^2 * 2. * nuxy0(i)/(1 - 2. * nuxy0(i)) *
complex(1., damp0(i));
            gx(k) = dens0(i) * vs0(i)^2 * complex(1., damp0(i));
            nullmatrix(k, k) = 0.;
        if k == 1
            ax(k, k) = (lame(k) + 2. * gx(k)) * h(k)/3.;
            az(k, k) = gx(k) * h(k)/3.;
            bxz(k, k) = (lame(k) - gx(k))/2.;
        else
            ax(k, k) = (lame(k) + 2. * gx(k)) * h(k)/3. + (lame(k - 1) + 2. * gx(k -
1)) * h(k - 1)/3.;
            az(k, k) = gx(k) * h(k)/3. + gx(k - 1) * h(k - 1)/3.;
            bxz(k, k) = (lame(k) - gx(k))/2. - (lame(k - 1) - gx(k - 1))/2.;
        end
            if k < total_element
            ax(k, k+1) = (lame(k) + 2. * gx(k)) * h(k)/6.;
            ax(k+1, k) = ax(k, k+1);
```

```
            az(k, k+1)=gx(k)*h(k)/6.;
            az(k+1, k)=az(k, k+1);
            bxz(k, k+1)=-(lame(k)+gx(k))/2.;
            bxz(k+1, k)=-bxz(k, k+1);
        end
    end
end
```

%设置初始频率、频率间隔及计算频率点数，计算与频率有关薄层刚度矩阵子矩阵。

```
    omega0=5; beta=1; m=50;
        beta_temp=omega0;
for n=1: m
%采用变频率间隔。
%          if n>17
%                  beta=2
%          end
        beta_temp=beta_temp+beta;
        Ncount=n
        k=0; kk=0; f(n)=beta_temp; omega=f(n)*2*pi;
        for i=1: nlayer
        kk=k;
            for j=1: nelement(i)
            k=kk+j;
            if k==1
                    cx(k, k)=gx(k)/h(k)-dens(k)*h(k)*omega^2/3.;
                    cz(k, k)=(lame(k)+2.*gx(k))/h(k)-dens(k)*h(k)*omega^2/3.;
            else
                    cx(k, k)=gx(k)/h(k)-dens(k)*h(k)*omega^2/3.+gx(k-1)/h(k-1)-dens(k-1)*h(k-1)*omega^2/3.;
cz(k, k)=(lame(k)+2.*gx(k))/h(k)-dens(k)*h(k)*omega^2/3.+(lame(k-1)+2.*gx(k-1))/h(k-1)-dens(k-1)*h(k-1)*omega^2/3.;
            end
            if k<total_element
            cx(k, k+1)=-gx(k)/h(k)-dens(k)*h(k)*omega^2/6.;
            cx(k+1, k)=cx(k, k+1);
            cz(k, k+1)=-(lame(k)+2.*gx(k))/h(k)-dens(k)*h(k)*omega^2/6.;
```

```
            cz(k+1, k) = cz(k, k+1);
        end
    end
end
```

%用 QZ 分解法计算一次特征值问题的特征值及特征向量。

```
B = [ax, nullmatrix; bxz.', az];
A = [-cx, -bxz; nullmatrix, -cz];
wavenumber_k = (sqrt(eig(B, A, 'qz')));
    phase_v = (omega * wavenumber_k);
            [mode_vector temp_wavenumber_k] = eig(B, A, 'qz');
```

%筛选与瑞利波有关的特征值及特征向量。

```
    Nmode = 0;
    for i = 1: 2 * total_element
        if imag(phase_v(i)) >= 0 & real(phase_v(i)) > imag(phase_v(i)) & real(phase_v
(i)) > vmin & real(phase_v(i)) < vmax
Nmode = Nmode + 1; Vpp(n, Nmode) = abs(phase_v(i))^2/real(phase_v(i)); R_k(n,
Nmode) = wavenumber_k(i);
            R_wavenumber(n, Nmode) = i;
end
    end
```

%对每个频率计算的相速度进行排序，得到不同模态相速度。

```
    Vp_temp(n, 1: Nmode) = Vpp(n, 1: Nmode);
        for ijk = 1: Nmode
            vp_max = 1. e16;
            for ijkl = 1: Nmode
        if Vp_temp(n, ijkl) < vp_max
            vp_max = Vp_temp(n, ijkl); mode_serial(ijk) = ijkl;
        end
    end
    Vp_temp(n, mode_serial(ijk)) = 1. e16;
end
```

%由特征向量得到标准化后特征位移。

```
        for ij = 1: Nmode
        mn = R_wavenumber(n, ij);
        fxx(1: total_element, ij) = mode_vector(1: total_element, mn);
        fyy(1: total_element, ij) = mode_vector(total_element + 1: 2 * total_element,
mn) * R_k(n, ij);
```

```
        yz(1: total_element)= fxx(1: total_element, ij)/R_k(n, ij);
        yz(total_element+1: 2 * total_element)= fyy(1: total_element, ij);
        zy(1: 2 * total_element)= mode_vector(1: 2 * total_element, mn);
        kyz(ij)= yz * B * zy. ';
        k_beta= sqrt(kyz(ij) * R_k(n, ij));
        fx= mode_vector(1: 1, mn)/k_beta;
        fz= mode_vector(total_element+1: total_element+1, mn) * R_k(n, ij)/k_beta;
        Wdis(n, ij)= fz;
        Udis(n, ij)= fx;
        fzz(1: total_element, ij)= mode_vector(total_element+1: 2 * total_element,
mn) * R_k(n, ij)/k_beta;
        end
    Vp_mode(n, 1: Nmode)= Vpp(n, mode_serial(1: Nmode)); k_mode(n, 1:
Nmode)= R_k(n, mode_serial(1: Nmode));
    Z_mode(n, 1: Nmode)= Wdis(n, mode_serial(1: Nmode)); X_mode(n, 1:
Nmode)= Udis(n, mode_serial(1: Nmode));
    fzh(1: total_element, 1: Nmode)= fzz(1: total_element, mode_serial(1: Nmode));
```

%参见有关文献,譬如《弹性介质中的表面波理论及其在岩土工程中的应用》及《岩土工程动测技术》。由特征位移计算不同位置表观相速度(也称有效相速度)随频率变化。
%设置位置参数,mm=1 表示只计算瑞利波在一个位置处表观相速度。

```
    r0=5; delt_r=14; mm=1;
    for kk=1: mm
        r=r0+(kk-1) * delt_r;
    Slm_Z=0; Sum0_Z=0; Sum1_Z=0; Slm_X=0; Sum0_X=0; Sum1_X=0;
    Slm_Z_far=0; Sum0_Z_far=0; Sum1_Z_far=0; Slm_X_far=0; Sum0_X_far=0;
Sum1_X_far=0;
    for i=1: Nmode
        for j=1: Nmode
Slm_Z=Z_mode(n, i)^2 * Z_mode(n, j)^2 * besselj(1, R/k_mode(n, i)) * besselj(1,
R/k_mode(n, j)) * k_mode(n, i) * k_mode(n, j);
Slm_X=X_mode(n, i) * Z_mode(n, i) * X_mode(n, j) * Z_mode(n, j) * besselj(1,
R/k_mode(n, i)) * besselj(1, R/k_mode(n, j)) * k_mode(n, i) * k_mode(n, j);
        alpha=r/k_mode(n, i); belta=r/k_mode(n, j);
        Sum0_Z=Sum0_Z+Slm_Z * (bessely(0, alpha) * bessely(0, belta)+besselj(0,
alpha) * besselj(0, belta));
```

```
Sum1_Z=Sum1_Z+Slm_Z*(bessely(0, alpha)*besselj(1, belta)-besselj(0, alpha)*
bessely(1, belta))/Vp_mode(n, j);
      Sum0_X=Sum0_X+Slm_X*(besselj(1, alpha)*besselj(1, belta)+bessely(1,
alpha)*bessely(1, belta));
bessel_cal=bessely(0, alpha)*besselj(1, belta)-bessely(1, alpha)*besselj(1, belta)/
alpha-besselj(0, alpha)*bessely(1, belta)+besselj(1, alpha)*bessely(1, belta)/
alpha;
      Sum1_X=Sum1_X+Slm_X*bessel_cal/Vp_mode(n, j);
%计算远场的表观相速度。
     Slm_Z_far=Slm_Z*k_mode(n, i)^0.5*k_mode(n, j)^0.5; Slm_X_far=Slm_X*k_
mode(n, i)^0.5*k_mode(n, j)^0.5;
     Sum0_Z_far=Sum0_Z_far+Slm_Z_far*cos((1/k_mode(n, i)-1/k_mode(n, j))*
r);
     Sum1_Z_far=Sum1_Z_far+Slm_Z_far*cos((1/k_mode(n, i)-1/k_mode(n, j))*
r)/Vp_mode(n, j);
     Sum0_X_far=Sum0_X_far+Slm_X_far*cos((1/k_mode(n, i)-1/k_mode(n, j))*
r);
     Sum1_X_far=Sum1_X_far+Slm_X_far*cos((1/k_mode(n, i)-1/k_mode(n, j))*
r)/Vp_mode(n, j);
end
end
    Vcal_Z(n, kk)=Sum0_Z/Sum1_Z;
     Vcal_X(n, kk)=Sum0_X/Sum1_X;
    Vcal_Z_far(n, kk)=Sum0_Z_far/Sum1_Z_far;
    Vcal_X_far(n, kk)=Sum0_X_far/Sum1_X_far;
end
end
```

%水平向及竖直向表观相速度分别用 Vcal_X 及 Vcal_Z 表示。远场水平向及竖直向表观相速度分别用 Vcal_X_far 及 Vcal_Z_far 表示。

C3 层传输瑞利波能量

```
clc;
clear;
```

%设置层数(含下覆半无限体截断层)、各层薄层数量、泊松比、阻尼比(0~5%)、密度(kg/m³)、剪切波速(m/s)及层厚(m),下伏半无限体截断厚度至少是最大波长两倍。

```
nlayer = 4;
nelement(1) = 50; nelement(2) = 100; nelement(3) = 100; nelement(4) = 100;    %预
```
设各层薄层数量。
```
nuxy0(1) = 0.35; nuxy0(2) = 0.35; nuxy0(3) = 0.35; nuxy0(4) = 0.35; %层泊松比。
damp0(1) = 0.0; damp0(2) = 0.0; damp0(3) = 0.0; damp0(4) = 0.0;; %层阻尼比。
dens0(1) = 1800; dens0(2) = 1800; dens0(3) = 1800; dens0(4) = 1800; %层密度
```
(kg/m^3)。
```
vs0(1) =  80; vs0(2) = 120; vs0(3) = 180; vs0(4) = 360;     %层剪切波速(m/s)。
depth0(1) = 2; depth0(2) = 4; depth0(3) = 8; depth0(4) = 100;    %分层及半无限体
```
截断厚度(m)。
```
vmax = -1.e16; vmin = 1.e16;
```
%计算剪切模量及拉梅常数λ，同时按介质瑞利波速、剪切波速及泊松比回归式计算层
介质瑞利波速。
```
for i = 1: nlayer
    gx0(i) = vs0(i)^2 * dens0(i); lame0(i) = gx0(i) * 2 * nuxy0(i)/(1-2 * nuxy0
(i));
    v_cal_tep = vs0(i)  * (0.87+1.12 * nuxy0(i))/(1.+nuxy0(i));
    if 0.98 * v_cal_tep<vmin
        vmin = 0.98 * v_cal_tep;
    end
    if 1.02 * v_cal_tep>vmax
        vmax = 1.02 * v_cal_tep;
    end
end
```
%分层离散采用等厚度薄层，底层采用厚度逐层递增薄层。
```
for i = 1: nlayer-1
    h00(i) = depth0(i)/nelement(i);
end
    h00(nlayer) = h00(nlayer-1);
    delt_h = (depth0(nlayer)/nelement(nlayer) -h00(nlayer)) * 2/(nelement(nlayer)+1);
    total_element = 0;
    for i = 1: nlayer
        total_element = total_element+nelement(i);
    end
    k = 0; kk = 0; h_total = 0 ;
```
%计算仅与分层材料力学参数有关的系数矩阵。

```
for i=1: nlayer
    kk=k;
            for j=1: nelement(i)
            k=kk+j;
            nuxy(k)=nuxy0(i);
            dens(k)=dens0(i);
            lame(k)=lame0(i) * complex(1. , damp0(i));
            gx(k)=gx0(i) * complex(1. , damp0(i));
            nullmatrix(k, k)=0. ;
            if i==nlayer
            h(k)=h00(i)+delt_h * j;
            else
                h(k)=h00(i);
            end
            h_total=h_total+h(k);
            hh(k)=h_total;
            if k==1
            ax(k, k)=(lame(k)+2. * gx(k)) * h(k)/3. ;
            az(k, k)=gx(k) * h(k)/3. ;
            bxz(k, k)=-(lame(k)-gx(k))/2. ;
        else
            ax(k, k)=(lame(k)+2. * gx(k)) * h(k)/3. +(lame(k-1)+2. * gx(k-
1)) * h(k-1)/3. ;
            az(k, k)=gx(k) * h(k)/3. +gx(k-1) * h(k-1)/3. ;
            bxz(k, k)=-(lame(k)-gx(k))/2. +(lame(k-1)-gx(k-1))/2. ;
        end
          if k<total_element
            ax(k, k+1)=(lame(k)+2. * gx(k)) * h(k)/6. ;
            ax(k+1, k)=ax(k, k+1);
            az(k, k+1)=gx(k) * h(k)/6. ;
            az(k+1, k)=az(k, k+1);
            bxz(k, k+1)=(lame(k)+gx(k))/2. ;
            bxz(k+1, k)=-bxz(k, k+1);
        end
    end
    end
    end
```

%设置初始频率、频率增量及频率离散点数。

```
omega0 = 2; beta = 2; m = 100;
    beta_temp = omega0;
for n = 1: m
    Ncount = n %屏幕显示计算步数。
        beta_temp = beta_temp+beta;
    k = 0; kk = 0; f(n) = beta_temp; omega = f(n) * 2 * pi;
```
%计算刚度矩阵中与频率有关的系数矩阵。
```
        for i = 1: nlayer
        kk = k;
            for j = 1: nelement(i)
            k = kk+j;
            if k == 1
                cx(k, k) = gx(k)/h(k)-dens(k) * h(k) * omega^2/3. ;
                    cz(k, k) = (lame(k)+2. * gx(k))/h(k)-dens(k) * h(k) * omega^2/3. ;
            else
cx(k, k) = gx(k)/h(k)-dens(k) * h(k) * omega^2/3. +gx(k-1)/h(k-1)-dens(k-1) *
h(k-1) * omega^2/3. ;
cz(k, k) = (lame(k)+2. * gx(k))/h(k)-dens(k) * h(k) * omega^2/3. +(lame(k-1)+
2. * gx(k-1))/h(k-1)-dens(k-1) * h(k-1) * omega^2/3. ;
            end
            if k<total_element
        cx(k, k+1) = -gx(k)/h(k)-dens(k) * h(k) * omega^2/6. ;
        cx(k+1, k) = cx(k, k+1);
        cz(k, k+1) = -(lame(k)+2. * gx(k))/h(k)-dens(k) * h(k) * omega^2/6. ;
        cz(k+1, k) = cz(k, k+1);
    end
    end
        end
N = 2 * total_element;
```
%利用矩阵 QZ 分解方法计算特征值及特征向量。
```
A = [ ax, nullmatrix; bxz. ', az] ;
B = -[ cx, bxz; nullmatrix, cz] ;
[ mode_vector wavenumber_k2] = eig( A, B,'qz') ;
```
%由特征值计算波数。
```
for ik = 1: N
```

```
        wavenumber_k(ik) = 1./sqrt(wavenumber_k2(ik, ik));
end
```

%筛选出与瑞利波对应的波数，并确定在计算特征数组中的位置。瑞利波波数实部大于零，虚部小于零，实部绝对值远大于虚部绝对值，此外，真实波速介于 vmin ~ vmax。

```
    Nmode = 0;
    for i = 1: N
            if  real(wavenumber_k(i)) > 0. & imag(wavenumber_k(i)) < = 0 & real
(wavenumber_k(i)) >10. * abs(imag(wavenumber_k(i)))
        Vpcal = omega/real(wavenumber_k(i));
    if  Vpcal<vmax & Vpcal>vmin
        Nmode = Nmode+1;
            Vpp(n, Nmode) = Vpcal; R_k(n, Nmode) = wavenumber_k(i); R_
wavenumber(n, Nmode) = i;
    end
        end
end
    Vp_temp(n, 1: Nmode) = Vpp(n, 1: Nmode);
```

%相同频率处高阶模态相速度大于低阶模态相速度，对相速度从小至大排序。

```
    for ijk = 1: Nmode
            vp_max = 1. e16;
            for ijkl = 1: Nmode
    if Vp_temp(n, ijkl)<vp_max
        vp_max = Vp_temp(n, ijkl); mode_serial(ijk) = ijkl;
    end
    end
    Vp_temp(n, mode_serial(ijk)) = 2. e16;
End
```

%由特征向量计算标准化后位移随深度变化。

```
        for ij = 1: Nmode
        mn = R_wavenumber(n, ij);
        Kr = wavenumber_k(mn);
        fxx(1: total_element, ij) = mode_vector(1: total_element, mn);
        fyy(1: total_element, ij) = mode_vector(total_element+1: N, mn)/R_k(n,
ij);
        yz(1: total_element) = fxx(1: total_element, ij) * R_k(n, ij);
        yz(total_element+1: N) = fyy(1: total_element, ij);
```

```
            zy(1: N)= mode_vector(1: N, mn);
            kyz(ij)= yz * A * zy. ';
            k_beta = sqrt(kyz(ij)/R_k(n, ij));
              fx = mode_vector(1: 1, mn)/k_beta;
              fz = mode_vector(total_element+1: total_element+1, mn)/R_k(n, ij)/k_beta;
              Wdis(n, ij)= fz;
              Udis(n, ij)= fx;
```
%与瑞利波有关的特征向量。
```
            fzz(1: total_element, ij)= mode_vector(total_element+1: N, mn)/R_k(n, ij)/k_beta;
            fxx(1: total_element, ij)= mode_vector(1: total_element, mn)/k_beta;
```
%利用差分方法计算 z(竖直)及 x(水平)方向位移对 z 导数。
```
             Wz(1: total_element−1, ij)= (fzz(2: total_element, ij)−fzz(1: total_element−1, ij))./h(1: total_element−1)';
             Uz(1: total_element−1, ij)= (fxx(2: total_element, ij)−fxx(1: total_element−1, ij))./h(1: total_element−1)';
             Wr(1: total_element, ij)= complex(0, −1) * Kr * fzz(1: total_element, ij);
             Ur(1: total_element, ij)= complex(0, −1) * Kr * fxx(1: total_element, ij);
```
%计算应力分量。
```
siga_stress(1: total_element−1, ij)= (Ur(1: total_element−1, ij)+Wz(1: total_element−1, ij)). * lame(1: total_element−1)'+2 * Ur(1: total_element−1, ij). * gx(1: total_element−1)';
shear_stress(1: total_element−1, ij)= (Uz(1: total_element−1, ij)+Wr(1: total_element−1, ij)). * gx(1: total_element−1)';
```
%计算能量随深度分布，"…"为续行号。
```
E0(1: total_element−1, ij)= real(siga_stress(1: total_element−1, ij)). * real(complex(0, 1) * fxx(1: total_element−1, ij))…
+imag(siga_stress(1: total_element−1, ij)). * imag(complex(0, 1) * fxx(1: total_element−1, ij))…
        +real(shear_stress(1: total_element−1, ij)). * real(complex(0, 1) * fzz(1: total_element−1, ij))…
+imag(shear_stress(1: total_element−1, ij)). * imag(complex(0, 1) * fzz(1: total_element−1, ij));
Er(1: total_element−2, ij)= omega * (E0(1: total_element−2, ij)+E0(2: total_element−1, ij)). * h(1: total_element−2)' /2;
```

%由能量随深度分布，计算各层传输能量。E1，E2，E3，E4 分别对应第一层、第二层、第三层及下伏半无限体能量，数组第一编号对应模态阶次，第二编号对应频率离散点。

```
    E1(ij, n)= 0; E2(ij, n)= 0; E3(ij, n)= 0; E4(ij, n)= 0;
        for im = 1: total_element-2
            if hh(im)<=depth0(1)
                E1(ij, n)= E1(ij, n)+Er(im, ij);
            end
            if hh(im)<=(depth0(2)+depth0(1)) & hh(im)>depth0(1)
                E2(ij, n)= E2(ij, n)+Er(im, ij);
            end
            if hh(im)<=(depth0(2)+depth0(1)+depth0(3)) & hh(im)>(depth0(2)+
depth0(1))
                E3(ij, n)= E3(ij, n)+Er(im, ij);
        end
        if    hh(im)>(depth0(2)+depth0(1)+depth0(3))
            E4(ij, n)= E4(ij, n)+Er(im, ij);
        end
      end
```

%对层传输能量归一化。

```
    E_total = E1(ij, n)+E2(ij, n)+E3(ij, n)+E4(ij, n);
    E1(ij, n)= E1(ij, n)/E_total; E2(ij, n)= E2(ij, n)/E_total;
    E3(ij, n)= E3(ij, n)/E_total; E4(ij, n)= E4(ij, n)/E_total;
  end
```

%按低阶至高阶顺序对模态相速度及层传输瑞利波能量排序。

```
 Vp_mode(n, 1: Nmode)= Vpp(n, mode_serial(1: Nmode));
E1(1: Nmode, n)= E1(mode_serial(1: Nmode), n); E2(1: Nmode, n)= E2(mode_
serial(1: Nmode), n);
E3(1: Nmode, n)= E3(mode_serial(1: Nmode), n); E4(1: Nmode, n)= E4(mode_
serial(1: Nmode), n);
end
fzh(1: total_element, 1: Nmode)= fzz(1: total_element, mode_serial(1: Nmode));
fxh(1: total_element, 1: Nmode)= fxx(1: total_element, mode_serial(1: Nmode));
plot(f(1: 100), E1(1: 1, 1: 100),'-k','LineWidth', 2)    %高阶模态存在截止频率，
从非零能量值对应离散点开始。
hold on;
```

```
plot(f(1: 100), E2(1: 1, 1: 100), '-r', 'LineWidth', 2)
plot(f(1: 100), E3(1: 1, 1: 100), '-b', 'LineWidth', 2)
plot(f(1: 100), E4(1: 1, 1: 100), '-g', 'LineWidth', 2)
set(gca, 'XLimMode', 'manual')
set(gca, 'XLim', [0 100])
set(gca, 'YLim', [0 1])
```

C4 自由层状板中波频散、表面相对位移及位移分布

空气密度很小，剪切波速趋于零，泊松比趋于 0.5。为了确保计算数值不溢出及数值损失，用虚拟介质代替自由层状板下空气，取虚拟介质剪切波速 $c_{bs} = 0.1$ m/s、泊松比 $\nu_{bs} = 0.45$、密度 $\rho_{bs} = 1.25$ kg/m³。虚拟介质厚度与层状板总厚度相同，在虚拟介质层下边界设置刚性基，见附图 C-1(a)。在实际岩土工程中，振源信号一般在数赫兹至数千赫兹范围内，只需关注有限频率范围而不是无限频率范围(低频极限趋于 0，高频极限趋于无穷)板中波传播特性。将层状板离散成厚度相对分析波长很小的薄层，见附图 C-1(b)。薄层刚度矩阵元素具有波数代数形式，利用刚性基，可将矩阵行列式根搜索问题简化成用矩阵分解方法求代数矩阵特征值问题。由特征值可计算层状板波波数，由特征向量可得对应波各模态振型位移。对以板中心面为对称的板，由模态特征位移可确定模态是对称还是反对称类型。

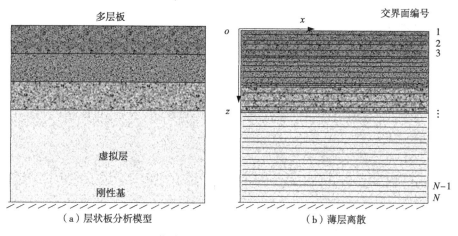

附图 C-1 层状板薄层分析法

人为施加刚性基以及对连续层状介质离散化会引入附加模态，需要对计算波数进行筛选。复波数实部与波相速度有关，实部应大于零，虚部代表波衰减，虚部应等于或小于零。由于板与虚拟层刚度差异很大，板波向虚拟层辐射波能量很小。为了确保波可以传播

较远，取 $\mathrm{Re}(k_m) > -100\mathrm{Im}(k_m)$ 对应的模态，这里，符号 $\mathrm{Re}(k_m)$ 表示波数实部，$\mathrm{Im}(k_m)$ 表示波数虚部。对弹性介质板，虚部趋于零。

双层板第一层厚 1m、剪切波速 130m/s、泊松比 0.3、密度 1800kg/m³、阻尼比为 0.0，第二层厚 1m、剪切波速 2500m/s、泊松比 0.25、密度 2500kg/m³、阻尼比为 0.0。采用渐变厚度薄层，为了确保薄层厚度较小，一个厚度较大物理层可分成材料力学参数相同多个子层，以下将第一层分成两个厚度 0.5m 材料力学参数相同层。层状板中波频散特性薄层刚度矩阵分析法 MATLAB 代码如下：

```matlab
clc;
clear;
    nlayer=4;%多层板分层数量，含自由板下方虚拟空气层。将自由板下方空气设置成
一个虚拟层，虚拟层泊松比设置为 0.45、密度 1.25g/m³ 及 剪切波速 0.1m/s。
    nelement(1)=50; nelement(2)=100; nelement(3)=100; nelement(4)=200; % 预设
层薄层数量。
    nuxy0(1)=0.3; nuxy0(2)=0.3; nuxy0(3)=0.25; nuxy0(4)=0.45; % 泊松比。
    damp0(1)=0.0; damp0(2)=0.0; damp0(3)=0.0; damp0(4)=0.0; % 阻尼比。
    dens0(1)=1800; dens0(2)=1800; dens0(3)=2500; dens0(4)=1.25; % 密度(kg/m³)。
    vs0(1)=130; vs0(2)=130; vs0(3)=2500; vs0(4)=0.10; % 剪切波速(m/s)。
    depth0(1)=0.5; depth0(2)=0.5; depth0(3)=1; depth0(4)=50;    %层厚度(m)。
    vmax=-1.e16; vmin=1.e16;
%变厚度设置、薄层划分及薄层参数赋值。
for i=1:nlayer-1
    h00(i)=depth0(i)/nelement(i);
end
    h00(nlayer)=h00(nlayer-1);
    delt_h=(depth0(nlayer)/nelement(nlayer)-h00(nlayer))*2/(nelement(nlayer)+1);
    total_element=0;
    for i=1:nlayer
        total_element=total_element+nelement(i);
    end
    k=0; kk=0; h_total=0;
%计算薄层刚度矩阵子矩阵及薄层矩阵集成。
    for i=1:nlayer
        kk=k;
            for j=1:nelement(i)
                k=kk+j;
```

```
                      nuxy(k) = nuxy0(i) ;
                      dens(k) = dens0(i) ;
                      lame(k) = lame0(i) * complex(1. , damp0(i) ) ;
                      gx(k) = gx0(i) * complex(1. , damp0(i) ) ;
                      nullmatrix(k, k) = 0. ;
%                      h(k) = h00(i) + delt_h(i) * (j−1) ;
                      if i = = nlayer
                       h(k) = h00(i) + delt_h * j ;
                      else
                           h(k) = h00(i) ;
                      end
                      h_total = h_total + h(k) ;
                      hh(k) = h_total ;
                  if k = = 1
                  ax(k, k) = (lame(k) + 2. * gx(k) ) * h(k)/3. ;
                  az(k, k) = gx(k) * h(k)/3. ;
                  bxz(k, k) = −(lame(k) − gx(k) )/2. ;
              else
                  ax(k, k) = (lame(k) + 2. * gx(k) ) * h(k)/3. + (lame(k−1) + 2. * gx(k−
1) ) * h(k−1)/3. ;
                  az(k, k) = gx(k) * h(k)/3. + gx(k−1) * h(k−1)/3. ;
                  bxz(k, k) = −(lame(k) − gx(k) )/2. + (lame(k−1) − gx(k−1) )/2. ;
              end
                  if k < total_element
                  ax(k, k+1) = (lame(k) + 2. * gx(k) ) * h(k)/6. ;
                  ax(k+1, k) = ax(k, k+1) ;
                  az(k, k+1) = gx(k) * h(k)/6. ;
                  az(k+1, k) = az(k, k+1) ;
                  bxz(k, k+1) = (lame(k) + gx(k) )/2. ;
                  bxz(k+1, k) = −bxz(k, k+1) ;
              end
          end
          end
      end
%计算频率范围设置包括起始频率、频率间隔及离散点数。在截止频率处，板波可能出
现陡变，频率间隔要小。
    omega0 = 3 ; beta = 2. 5 ; m = 100 ;
```

```
        beta_temp=omega0;
    for n=1: m
        Ncount=n
            beta_temp=beta_temp+beta;
        k=0; kk=0; f(n)=beta_temp; omega=f(n)*2*pi;
        for i=1: nlayer
        kk=k;
            for j=1: nelement(i)
            k=kk+j;
            if k==1
                cx(k, k)=gx(k)/h(k)-dens(k)*h(k)*omega^2/3.;
                cz(k, k)=(lame(k)+2.*gx(k))/h(k)-dens(k)*h(k)*omega^
2/3.;
                else
                cx(k, k)=gx(k)/h(k)-dens(k)*h(k)*omega^2/3.+gx(k-1)/
h(k-1)-dens(k-1)*h(k-1)*omega^2/3.;
                cz(k, k)=(lame(k)+2.*gx(k))/h(k)-dens(k)*h(k)*omega^2/
3.+(lame(k-1)+2.*gx(k-1))/h(k-1)-dens(k-1)*h(k-1)*omega^2/3.;
                end
                if k<total_element
        cx(k, k+1)=-gx(k)/h(k)-dens(k)*h(k)*omega^2/6.;
        cx(k+1, k)=cx(k, k+1);
        cz(k, k+1)=-(lame(k)+2.*gx(k))/h(k)-dens(k)*h(k)*omega^2/6.;
        cz(k+1, k)=cz(k, k+1);
    end
    end
        end
N=2*total_element;
A=[ax, nullmatrix; bxz.', az];
B=-[cx, bxz; nullmatrix, cz];
% wavenumber_k=(sqrt(eig(A, B,'qz')));
    [mode_vector wavenumber_k2]=eig(A, B,'qz');
for ik=1: N
    wavenumber_k(ik)=1./sqrt(wavenumber_k2(ik, ik));
end
    Nmode=0;
```

```
for i = 1: N
        if real( wavenumber _ k ( i ) ) > 0. & imag ( wavenumber _ k ( i ) ) < = 0 & real
( wavenumber_k(i) ) >10. * abs( imag( wavenumber_k(i) ) )
        Vpcal = omega/real( wavenumber_k(i) );
    if  Vpcal<vmax & Vpcal>vmin
        Nmode = Nmode+1;
            Vpp ( n, Nmode ) = Vpcal; R _ k ( n, Nmode ) = wavenumber _ k ( i ); R _
wavenumber( n, Nmode ) = i;
        end
        end
end
```

%筛选板波,由于板波在截止频率附近波速可能较大,这里仅设置相速度下限(>1m/s),
没有设置上限。

```
Vp_temp(n, 1: Nmode) = Vpp(n, 1: Nmode);
    for ijk = 1: Nmode
        vp_max = 1. e16;
        for ijkl = 1: Nmode
        if Vp_temp(n, ijkl) < = vp_max    && Vp_temp(n, ijkl)>1    %%%% Vp_temp
(n, ijkl)>1. for plates
            vp_max = Vp_temp(n, ijkl); mode_serial(ijk) = ijkl; N_mode = ijk;
        end
    end
    Vp_temp(n, mode_serial(N_mode)) = 2. e16;
end
        for ij = 1: Nmode
        mn = R_wavenumber(n, ij);
        fxx(1: total_element, ij) = mode_vector(1: total_element, mn);
        fyy(1: total_element, ij) = mode_vector(total_element+1: N, mn)/R_k(n,
ij);
        yz(1: total_element) = fxx(1: total_element, ij) * R_k(n, ij);
        yz(total_element+1: N) = fyy(1: total_element, ij);
        zy(1: N) = mode_vector(1: N, mn);
        kyz(ij) = yz * A * zy. ';
        k_beta = sqrt(kyz(ij)/R_k(n, ij));
        fx = mode_vector(1: 1, mn)/k_beta;
```

```
            fz = mode_vector(total_element+1: total_element+1, mn)/R_k(n, ij)/k_beta;
            fzz(1: total_element, ij) = mode_vector(total_element+1: N, mn)/R_k(n,
ij)/k_beta;
            fxx(1: total_element, ij) = mode_vector(1: total_element, mn)/k_beta;
        end
        Vp_mode(n, 1: N_mode) = Vpp(n, mode_serial(1: N_mode));
    end
    fzh(1: total_element, 1: N_mode) = fzz(1: total_element, mode_serial(1: N_mode));
    fxh(1: total_element, 1: N_mode) = fxx(1: total_element, mode_serial(1: N_mode));
    %频散曲线及位移曲线绘制代码参考 C1。
```

附录 D　表面波数值模拟及 ANSYS /LS-DYNA 代码

第 1 章给出了半无限体中表面竖直向荷载瑞利波位移响应计算方法，第 2 章给出了层状介质中瑞利波及全场波（包括体波）位移响应计算方法。另外一种有效手段就是利用 ANSYS/LS-DYNA 等软件模拟表面波测试及异质体对表面波场扰动，进而分析表面波测试有关影响因素及波场扰动特征。

均匀半无限体或层状半无限体在竖直向表面圆盘荷载作用下动力响应是轴对称问题，数值计算可采用轴对称有限元模型。相对于三维有限元模型，轴对称模型具有较高计算精度。半无限体尺寸无穷大，无法划分单元，需要将其截断。在侧面及底面形成了截断面，波在截断边界处会反射，寄生的反射波会影响研究区域波场。为降低人工边界影响，一种方法增大截取模型几何尺寸。当截取模型几何尺寸相对波长较大，截断边界距研究区域波场较远时，受几何衰减（见第 1 章半无限体各类波几何衰减规律）影响，激发波经几何衰减后到达截断边界非常微弱，边界反射能量也相应较小。此外，反射波到达研究区域波场走时较长，便于识别及切除截断边界反射波。但模型几何尺寸越大则离散单元越多，对计算机内存及硬盘存储要求越高，计算耗时。另一种方法就是适当减小模型尺寸，在人工截断处施加无反射边界。无反射边界顾名思义就是波在截断边界不会反射，类似于波在截断边界被吸收，这样，研究区域波场不受截断边界反射波影响。ANSYS/LS-DYNA 会根据线性材料力学特性参数，计算无反射边界阻抗匹配函数。对不同入射角波，无反射边界吸收效果不同，无反射边界只对某一范围入射角波有效。截断边界反射波有时也称寄生波（parasitic wave），它是因截断边界伴生的。若在截断边界邻近区域增加一些材料阻尼，波在这些区域会产生吸收衰减，与无反射边界结合可降低波在截断边界反射能量，如附图 D-1 中 A1 及 A2 区域所示。

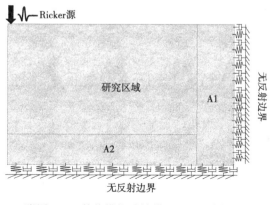

附图 D-1　数值模拟计算模型及无反射边界

半无限体剪切波速、泊松比及密度分别取为 130m/s、0.3 及 1800kg/m³。利用第 1 章回归关系式 (1.22)，由剪切波速可得半无限体介质瑞利波 $c_R \approx 120.6$m/s。数值模拟轴对称模型长 25m，厚(深)度 20m，在模型底部及侧边界加无反射边界。表面源可采用第 1 章描述的 Ricker 子波脉冲，Ricker 源中心频率 $f_M = 100$Hz (即 $t_M = 0.01$s)，作用半径 0.2m，面荷载幅值为 1N/m²。中心频率对应入射瑞利波波长 $\lambda_M = 120.6/100 \approx 1.2$m。由第 1 章图 1-24 可知，Ricker 源最大频率 $f_{max} \approx 3f_M = 300$Hz，由最大频率可得最小瑞利波长 $\lambda_{min} = c_R/f_{max} \approx 120/300 \approx 0.4$m。由于瑞利波主导近表面波场，确保瑞利波计算精度非常重要。均匀半无限体中瑞利波能量分布于一个波长深度，为了保证一个波长有足够单元网格，近表面一个最小波长深度内网格尺寸取 0.02m(最小波长 1/20)，然后网格尺寸随着深度递增。按第 1 章介绍方法可得到瑞利波表面竖直向位移理论曲线，将理论曲线与 ANSYS /LS-DYNA 数值模拟响应曲线比较可验证模型尺寸及划分单元合理性。附图 D-2 中实线为按第 1 章介绍方法计算的瑞利波位移理论曲线，虚线为数值模拟计算曲线。由附图 D-2 (a)距振源中心 4m 处竖向质点速度响应理论曲线与数值模拟曲线比较可以看出，数值模拟响应包含直达体波响应，其中瑞利波成分质点速度响应曲线与理论曲线吻合很好。附图 D-2(b)给出几个不同位置响应比较，随着传播距离增加，直达波衰减很快，表面波场以瑞利波成分为主。

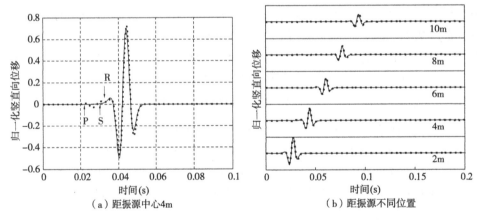

附图 D-2　数值计算位移响应与瑞利波理论位移响应比较

D1　ANSYS/LS-DYNA 数值模拟步骤

LS-DYNA 是 ANSYS 中一个模块，它是一种显式差分算法，具有计算快速特点，在动态模拟中应用广泛，LS-DYNA 模拟波场响应步骤如下：

(1)用记事本或写字板编写代码，构建实体模型，对材料力学性质参数赋值(对弹性材料，参数为剪切波速、密度、泊松比)，选择单元类型及单元尺寸对模型划分，给定初始条件以及边界条件，对动荷载，要给出荷载路径。代码要使用 ANSYS/LS-DYNA 提供一些指令，存储成扩展名为 txt 文件。

（2）运行 ANSYS Product Launcher，标题"Simulation Environment"下方选为"ANSYS"，设置工作目录（Working Directory）及工作名称（Job Name），见附图 D-3，计算结果将存入文件 Jobname. rst 和 Jobname. his（随时间变化的结果）。执行代码 SAVE 命令，把所有的模型信息都写入文件 Jobname. db。

附图 D-3 ANSYS/LS-DYNA 运行界面设置

（3）由图形界面 File→Read input from 选择代码所在硬盘、目录及代码文件，点击 OK，见附图 D-4。

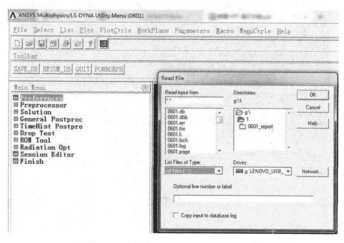

附图 D-4 读取 ANSYS/LS-DYNA 代码

（4）在网格划分结束之后，选择 GUI：Main Menu→Solution→Write Jobname. k，将网格参数存入 k 文件，见附图 D-5。

附图 D-5 生成 k 文件

（5）退出 ANSYS/LS-DYNA 程序，用记事本编辑 LS-DYNA 文件 Jobname. k，譬如，在第一行 ＊KEYWORD 后空格添加内存分配空间，增加边界无反射指令等。

（6）再次运行 ANSYS Product Launcher，标题"Simulation Environment"下方选为"LS-DYNA Solver"，"Analysis Type"选为"Typical LS-DYNA Analysis"。选择"File Management"设置工作目录，工作目录名与步骤(1)工作目录名一致，选择 k 文件所在目录及文件名，见附图 D-6。

附图 D-6 文件管理

选择"Customization Preferences"，分配内存（单位 word）及文件大小，见附图 D-7。也可打开 k 文件，在第一行 ＊KEYWORD 后空格加自己设定的内存分配，如 ＊KEYWORD 30000000。内存分配是以字为单位，对 32 位操作系统，单精度 1 个字为 4 字节（Bytes），双精度则为 8 字节，对 64 位操作系统，1 个字为 8 字节。64 位操作系统下，300M 字内存约为 2.34GB（1GB＝1024MB）。内存分配与模型单元及节点数量有关，数量越大则分配的内存就要越大，但分配的内存不能超过计算机物理内存。

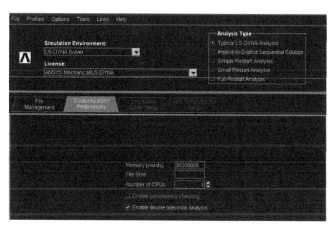

附图 D-7　内存分配设置

LS-DYNA 求解器运行的结果写入结果文件 Jobname.rst 和 Jobname.his。如果执行 SOLVE 命令前给定命令"EDOPT，ADD，，BOTH"，则可输出用于 LS-POST 后处理程序的结果文件（d3plot 和 d3thdt 文件）。

（7）当 LS-DYNA 程序运行完以后，进入 ANSYS/LS-DYNA 程序，标题"Simulation Environment"下方选为"ANSYS"，Jobname 必须与生成的 ＊.rst 文件名一致。运行 GUI：File>Resume Jobname.db，读取模型、网格及节点等信息。注意 Jobname.db 与 Jobname.rst 及 Jobname.his 需在相同工作目录。用 ANSYS 的两种后处理 POST1 和 POST26 查看 ANSYS/LS-DYNA 结果。结果包括节点位移、应变、应力等。用 POST1 观看整个模型在特定时刻点的结果或动画结果。用 POST26 观看模型中指定区域节点或单元结果随时间变化。后处理中所使用的结果取决于用 EDRST 和 EDHTIME 命令写入 Jobname.rst 和 Jobname.his 文件的信息。注意 Jobname.rst 和 Jobname.his 的区别：Jobname.rst 文件主要用于 POST1 后处理，包括整个模型的求解，但是捕捉的时间点相对较少。相对来说，在 POST26 中使用的 Jobname.his 文件包括较多时间步结果，但它仅限于模型的一部分（要得到整个模型在较多时间步结果将很快充满硬盘空间）。相比较而言，Jobname.rst 文件中时间步通常小于 100，Jobname.his 文件通常是大于 1000 或更多。存储在任何文件中的全部数据仅限于系统所允许的最大文件大小。对于大模型，存储在结果文件 Jobname.rst 和 Jobname.his 中的数据可能超过系统的限制。在这种情况下，ANSYS/LS-DYNA 将把数据写入每一个结果文件中直到限制的大小。剩余的数据将不再写入，而存储的最后一个载荷步数据可能是不完全的，如果试图用 SET 命令获得最后一次存储的载荷步数据，系统就会产生错误。为了防止结果文件超出系统限制，应该减少写入 Jobname. rst 和 Jobname. his 的输出量。

（8）分析结果预览命令 GUI：Main Menu→General Postproc→Results Viewer，结果浏览命令及浏览界面见附图 D-8。

(a) 命令菜单   (b) 结果预览界面

附图 D-8 分析结果预览

在"Choose a result item"下拉菜单中选择待预览项，譬如质点速度幅值"Velocity vector sum"，见附图 D-9。移动 Results Viewer 滑动块，可以得到不同时刻质点速度幅值等值线云图。用鼠标右击云图中颜色条（Color bar），在"Contour Properties"设置等值线云图等值线数量，最大可达 128，当网格较粗、较少时，无法取最大等值线数量 128。

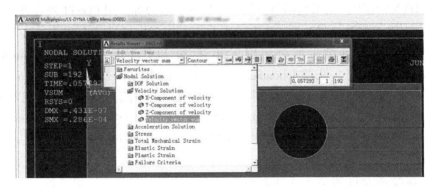

附图 D-9 预览结果选项

窗口背景色、坐标及曲线颜色可在 Window colors 及 Graph colors 中设置。分别执行命令 GUI：PlotCtrls→Style→Colors→Window colors 及 PlotCtrls→Style→Colors→Graph colors，见附图 D-10。

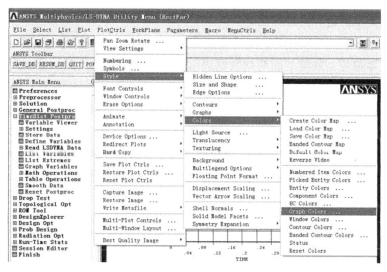

附图 D-10　窗口背景色、坐标及曲线颜色设置命令

（9）从 Jobname. his 读取待分析节点参数时程变化，将数据另存为一些文本文件，以便 MATLAB 等工具能读取这些数据，对响应信号作进一步分析、处理，譬如，读取表面一组节点质点速度响应便可模拟表面波测试，分析测点布置、体波、分层结构及层参数等对 SASW 或 MASW 分析方法影响。

D2　二维模型无反射边界

对三维模型，假定无反射边界节点集合名用 ground 表示，在 ANSYS/LS-DYNA 代码使用指令 ednb，add，ground，1，1（1 表示激活法向或剪切吸收选项，0 表示不激活）就可施加无反射边界。对于二维问题，则需在 k 文件中修改。通常的做法是将需要设置为无反射边界的边界上的节点全部选中，按逆时针对选中节点排序，见附图 D-11。

在 k 文件中 * SET_NODE_LIST 下方将顺时针排序的反射边界节点编号用逆时针排序节点编号代替，每行 8 列，列用逗号分开，最后一行数据小于或等于 8 列。删除 * LOAD_NODE_SET 内容，用指令 * BOUNDARY_NON_REFLECTING_2D 代替，在其下方输入边界编号及激活

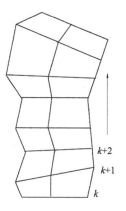

附图 D-11　边界节点逆时针排序

233

法向及剪切吸收选项(1 表示激活法向或剪切吸收选项,0 表示不激活)。为了便于识别无反射边界节点在 k 文件中位置,ANSYS/LS-DYNA 代码中在无反射边界预先设置荷载,这样,无反射边界就出现在 LOAD DEFINITIONS 区间,找到与无反射边界对应编号,删除其 * DEFINE_CURVE 中参数,将 * SET_NODE_LIST 下方用逆时针排序节点编号代替。下面说明平面问题无反射边界施加方法。

k 文件中 LOAD DEFINITIONS 区间命令 * DEFINE_CURVE 下面一行第 1 个数字 1 表示所施加荷载边界编号,紧接下面两列数据表示幅值随时间变化荷载,第 1 列表示荷载时间步,第 2 列表示荷载幅值。* SET_NODE_LIST 下面第 1 行第 1 个数字 1 仍表示所施加荷载边界编号,以下各行表示编号 1 边界所有节点。* LOAD_NODE_SET 参数与命令 EDLOAD 参数选项有关。假设无反射边界编号为 2,删除与编号 2 有关的 * DEFINE_CURVE 及 * LOAD_NODE_SET 数据,仅保留 * SET_NODE_LIST 数据,并将节点编号用逆时针排序代替,然后添加命令行 * BOUNDARY_NON_REFLECTING_2D 及参数行 2 1 1,说明代码如下:

```
$$$$$$$$$$$$$$$$$$$$$$$$$$$$$$$$$$$$$$$$$$$$$$$$$$$$$$$$$$$$$$$$$$$$$$$$$$$$$$$$$$$
$                          LOAD DEFINITIONS                                   $
$$$$$$$$$$$$$$$$$$$$$$$$$$$$$$$$$$$$$$$$$$$$$$$$$$$$$$$$$$$$$$$$$$$$$$$$$$$$$$$$$$$
* DEFINE_CURVE        $$$ Ricker 源时程曲线。
         1        0   1.000   1.000   0.000   0.000
  8.000000000000E-04   1.564344650402E+03
  1.600000000000E-03   3.090169943749E+03
  2.400000000000E-03   4.539904997394E+03
  3.200000000000E-03   5.877852522923E+03
  4.000000000000E-03   7.071067811864E+03
  4.800000000000E-03   8.090169943748E+03
  5.600000000000E-03   8.910065241882E+03
  6.400000000000E-03   9.510565162951E+03
  7.200000000000E-03   9.876883405951E+03
  8.000000000000E-03   1.000000000000E+04
  8.800000000000E-03   9.876883405952E+03
  9.600000000000E-03   9.510565162953E+03
  1.040000000000E-02   8.910065241886E+03
  1.120000000000E-02   8.090169943753E+03
  1.200000000000E-02   7.071067811870E+03
  1.280000000000E-02   5.877852522930E+03
```

```
    1.360000000000E-02    4.539904997401E+03
    1.440000000000E-02    3.090169943756E+03
    1.520000000000E-02    1.564344650410E+03
    1.600000000000E-02    7.932657894276E-09
    1.000000000000E+00    0.000000000000E+00
*SET_NODE_LIST
        1      0.000      0.000      0.000      0.000
        1          3          4          5          6
*LOAD_NODE_SET
        1          2          1      1.000          0          0          0          0
*SET_NODE_LIST
        2      0.000      0.000      0.000      0.000    $ 2表示边界编号。
    402, 601, 600, 599, 598, 597, 596, 595    $ 每行8列, 列用逗号或空格分
开。
    594, 593, 592, 591, 590, 589, 588, 587
    586, 585, 584, 583, 582, 581, 580, 579
    578, 577, 576, 575, 574, 573, 572, 571
    570, 569, 568, 567, 566, 565, 564, 563
    562, 561, 560, 559, 558, 557, 556, 555
    554, 553, 552, 551, 550, 549, 548, 547
    546, 545, 544, 543, 542, 541, 540, 539
    538, 537, 536, 535, 534, 533, 532, 531
    530, 529, 528, 527, 526, 525, 524, 523
    522, 521, 520, 519, 518, 517, 516, 515
    514, 513, 512, 511, 510, 509, 508, 507
    506, 505, 504, 503, 502, 501, 500, 499
    498, 497, 496, 495, 494, 493, 492, 491
    490, 489, 488, 487, 486, 485, 484, 483
    482, 481, 480, 479, 478, 477, 476, 475
    474, 473, 472, 471, 470, 469, 468, 467
    466, 465, 464, 463, 462, 461, 460, 459
    458, 457, 456, 455, 454, 453, 452, 451
    450, 449, 448, 447, 446, 445, 444, 443
    442, 441, 440, 439, 438, 437, 436, 435
    434, 433, 432, 431, 430, 429, 428, 427
    426, 425, 424, 423, 422, 421, 420, 419
```

```
            418, 417, 416, 415, 414, 413, 412, 411
            410, 409, 408, 407, 406, 405, 404, 403
            202
* BOUNDARY_NON_REFLECTING_2D    $ 二维无反射指令。
        2    1    1        $ 边界编号、法向及剪切吸收选项值。
```

D3 　 层状半无限体波场模拟代码

层状介质各层厚度及剪切波速见附图 D-12，各层泊松比 $\nu = 0.35$，密度 $\rho = 1800$ kg/m^3。Ricker 表面源主频 $f_M = 10Hz$，$t_M = 0.1s$，荷载幅值 $P = 1N/m^2$，作用半径 $R_a = 0.2m$。数值模拟模型长为 25m，厚度为 20m，右侧及底部施加无反射边界。

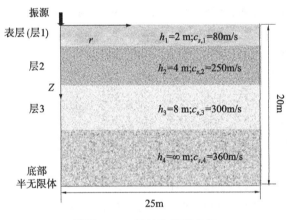

附图 D-12 　 层结构及层参数

采用记事本或写字板编写模拟响应 LS-DYNA 代码，代码文件名为 Layer. txt，代码如下：

```
Layer. txt
/units, si    ! 单位。
! /title, Response of  layered half space  surface to dynamic load acting on circular area of
the surface   ! 标题。
! ANSYS 分配内存，对 LS-DYNA 可在 *. k 文件中设置，也可在 ANSYS Product Launcher
中运行界面 "Simulation Environment" 选择 LS-DYNA Solver, 再选择 Customization
Preferences, 然后设置 Memory。
/config, nres, 333333
/fdele, emat, dele
/fdele, tri, dele
/fdele, esav, dele
```

/prep7！预处理。

Ntime=1000！设置 Layer. his 时间步。

Nrst=200！设置 Layer. rst 时间步。

Td=1.！计算时间长度。

＊dim，NodeNum_B1,，2000！设置用于存储截断边界节点数组长度。

＊dim，NodeNum_B2,，2000

Fc=10！Ricker 源峰值频率 $f_M=10\text{Hz}$，相应峰值时间 $t_M=1/f_M=0.1\text{s}$。

Tshift=200！起点与峰点时间离散点数量。

P0=1　！荷载幅值。

DeltT=5. e-4！荷载离散点时间间隔。

T0=Tshift＊DeltT！T0=0.1 注意取点数与间隔乘积要等于峰值对应时间 T0。

！以下采用轴对称模型，设置模型的几何参数。可在右侧及底边界处各加矩形区域，以便施加质量阻尼，见附图 D-1，本算例没有使用质量阻尼。

Total_Len=25！模型长度。

Total_Depth=-20！模型厚度。

depth_layer_1=-2！层 1 厚度。

depth_layer_2=-4！层 2 厚度。

depth_layer_3=-8！层 3 厚度。

Kp0=10！设置关键点水平坐标参数。

Hd=Total_Depth

Lx=Total_Len

！荷载作用半径。

load_R=0.2

！在荷载作用面至以下 1m 深度区域单元网格要加密。

load_H=-1

！设置层剪切波速、密度及泊松比并计算剪切模量。

vs1=80

dens1=1800

nuxy1=0. 35

vs2=250

dens2=1800

nuxy2=0. 35

vs3=300

dens3=1800

nuxy3=0. 35

vs4=360

```
dens4 = 1800
nuxy4 = 0. 35
ex1 = dens1 * vs1 * vs1 * 2 * (1+nuxy1)    ! 计算剪切模量。
ex2 = dens2 * vs2 * vs2 * 2 * (1+nuxy2)
ex3 = dens3 * vs3 * vs3 * 2 * (1+nuxy3)
ex4 = dens4 * vs4 * vs4 * 2 * (1+nuxy4)
pai = 3. 141592653589
/prep7
* dim, Tt,, Ntime ! 设置时间数组长度。
* dim, Vel,, Ntime, 100 ! 设置质点速度数组长度及数量。
* dim, Tx,, 10! 设置阻尼参数数组。
* dim, Da,, 10
csys, 0 ! 柱坐标。
! 设置关键点。
k, 1, 0, 0, 0
k, 2, Kp0, 0, 0
k, 3, Total_Len, 0, 0
k, 4, 0, depth_layer_1, 0
k, 5, Kp0, depth_layer_1, 0
k, 6, Total_Len, depth_layer_1, 0
k, 7, 0, depth_layer_1+depth_layer_2, 0
k, 8, Kp0, depth_layer_1+depth_layer_2, 0
k, 9, Total_Len, depth_layer_1+depth_layer_2, 0
k, 10, 0, depth_layer_1+depth_layer_2+depth_layer_3, 0
k, 11, Kp0, depth_layer_1+depth_layer_2+depth_layer_3, 0
k, 12, Total_Len, depth_layer_1+depth_layer_2+depth_layer_3, 0
k, 13, 0, Total_Depth, 0
k, 14, Kp0, Total_Depth, 0
k, 15, Total_Len, Total_Depth, 0
k, 16, load_R, 0, 0
k, 17, load_R, load_H, 0
k, 18, 0, load_H, 0
! 连接关键点，形成封闭面，对面编号，赋值材料力学参数及选择单元类型。
a, 1, 16, 17, 18, 1
mp, ex, 1, ex1
mp, dens, 1, dens1
```

```
mp, nuxy, 1, nuxy1
```

! 选择 plane162 单元，通过 keyopt 将单元设置为轴对称单元。

```
et, 1, plane162
keyopt, 1, 3, 1
a, 16, 2, 5, 4, 18, 17, 16 ! 构筑面。
mp, ex, 1, ex1   ! 剪切模量及泊松比赋值。
mp, dens, 1, dens1
mp, nuxy, 1, nuxy1
et, 1, plane162
keyopt, 1, 3, 1
! area 3
a, 2, 3, 6, 5, 2
mp, ex, 1, ex1
mp, dens, 1, dens1
mp, nuxy, 1, nuxy1
et, 1, plane162
keyopt, 1, 3, 1
!!! Mat 2
! Area 4
a, 4, 5, 8, 7, 4
mp, ex, 2, ex2
mp, dens, 2, dens2
mp, nuxy, 2, nuxy2
et, 2, plane162
keyopt, 2, 3, 1
! area 5
a, 5, 6, 9, 8, 5
mp, ex, 2, ex2
mp, dens, 2, dens2
mp, nuxy, 2, nuxy2
et, 2, plane162
keyopt, 2, 3, 1
!!! Mat3
! area 6
a, 7, 8, 11, 10, 7
mp, ex, 3, ex3
```

```
mp, dens, 3, dens3
mp, nuxy, 3, nuxy3
et, 3, plane162
keyopt, 3, 3, 1
! area 7
a, 8, 9, 12, 11, 8
mp, ex, 3, ex3
mp, dens, 3, dens3
mp, nuxy, 3, nuxy3
et, 3, plane162
keyopt, 3, 3, 1
!! Mat4
! area 8
a, 10, 11, 14, 13, 10
mp, ex, 4, ex4
mp, dens, 4, dens4
mp, nuxy, 4, nuxy4
et, 4, plane162
keyopt, 4, 3, 1
! area 9
a, 11, 12, 15, 14, 11
mp, ex, 4, ex4
mp, dens, 4, dens4
mp, nuxy, 4, nuxy4
et, 4, plane162
keyopt, 4, 3, 1
! 给各面元赋材料常数及网格划分尺寸。
mat, 1
type, 1
real, 1
aesize, 1, 0.02
amesh, 1
aesize, 2, 0.04
amesh, 2
aesize, 3, 0.04
amesh, 3
```

```
mat, 2
type, 2
real, 2
aesize, 4, 0.04
amesh, 4
aesize, 5, 0.04
amesh, 5
mat, 3
type, 3
real, 3
aesize, 6, 0.04
amesh, 6
aesize, 7, 0.04
amesh, 7
mat, 4
type, 4
real, 4
aesize, 8, 0.04
amesh, 8
aesize, 9, 0.04
amesh, 9
! 将单元节点粘结。
nummrg, node
nsel, s, loc, x, 0
! cm, axisy, node
! 将 x=0 边界设置为轴对称边界。
dsym, symm, x, 0
! aglue, 1, 2, 3
finish
/solu
! 显式算法。
edrst, Nrst   ! 写入结果文件 Layer. rst 时间步数。
edhtime, Ntime ! 写入时程文件 Layer. his 时间步数。
edcts,, 0.2 ! 指定显式动力分析计算时间步长质量缩放因子，见备注 1 说明。
Edpart, create,, Part0
nsel, s, loc, y, 0 ! 选择 y=0 面节点。
```

cm, rstfile, node! 节点集合取名 rstfile。

edhist, rstfile ! 记录这些节点时间历史。

! S---select a new set

! 选择节点，设定节点坐标的误差范围 0.001。

allsel

nsel, s, loc, y, 0

nsel, r, loc, x, -0.001, load_R, 0.001

! Specifies symmetry or antisymmetry DOF constraints on nodes.

! dsym, symm, x, 0

! 选择作用面节点，并取节点集合名 Loadarea。

CM, Loadarea, node

! 选择边界面节点，并取节点集合名 Boundary1 及 Boundary2，以便施加无反射边界。

nsel, s, loc, y, Hd+0.001, Hd, 0.001

! nsel, s, loc, x, 0.1-0.0001, 0.1, 0.0001, 0

! Nsel, r, loc, y, 0.0, 10.0, 0.0001, 1

! nsel, r, loc, x, 0, 10

cm, Boundary1, node

nsel, s, loc, x, Lx-0.001, Lx, 0.01

cm, Boundary2, node

! ednb, add, Boundary1, 0, 0

allsel

!!!! For Non_reflection boundary 1

! 以长度间距 1.e-2 逆时针方向搜索底部边界节点。

J1 = 1

DeltL = 1.e-2

X0 = 0.

BoundaryNode = Node(X0, Hd, 0)

NodeNum_B1(J1) = BoundaryNode

*do, I, 1, 3000, 1

Len = X0+I * DeltL

*If, Len, GT, Lx, Exit

TempNode = Node(Len, Hd, 0)

*If, TempNode, NE, NodeNum_B1(J1), Then

J1 = J1+1

NodeNum_B1(J1) = TempNode

*endif

```
* enddo
!!!!!! End Boundary 1
!!!! For Non_reflection boundary 2
! 以长度间距 1. e-2 搜索侧边界节点。
J2 = 1
DeltH = 1. e-2
y0 = Hd
BoundaryNode = Node( Lx, Hd, 0)
NodeNum_B2( J2) = BoundaryNode
* do, I, 1, 3000, 1
Hg = y0+I * DeltH
* If, Hg, GT, 0, Exit
TempNode = Node( Lx, Hg, 0)
* If, TempNode, NE, NodeNum_B2( J2), Then
J2 = J2+1
NodeNum_B2( J2) = TempNode
* endif
* enddo
! 计算 Ricker 源离散点值。
* dim, ty0, table, 200
* dim, fy0, table, 200
* dim, t, array, 200
* dim, F, array, 200
* do, I, 1, 199, 1
tx0 = DeltT * ( I-1)
tx1 = tx0-T0
tx2 = ( pai * Fc * tx1) * * 2
* if, tx2, le, 20, then
f1 = P0 * ( 1-2 * tx2) * exp( -tx2)
* else
f1 = 0
* endif
t( i) = tx0
f( i) = f1
ty0( i) = tx0
fy0( i) = f1
```

```
* enddo
t(200) = Td
f(200) = 0.
```
! 对侧边界及底边界面元设置随时间变化质量阻尼，本算例没使用。
```
! Tx(1) = 0. , 0.05, 0.1, 0.15, 0.2, 0.25, 0.3, 0.35, 0.4, 0.45
! Da(1) = 1. , 1. , 1. , 1. , 1. , 1. , 1. , 1. , 1. , 1.
! edcurve, add, 6, Tx, Da
! Eddamp, 3, 6, 10
! Eddamp, 4, 6, 10
! Eddamp, all, 0, 10
```
! 在加载面设置荷载。
! Boundary1 及 Boundary2 施加荷载是为了识别 Boundary1 及 Boundary2 节点在 k 文件 LOAD DEFINITIONS 中位置，然后，在 k 文件中将截断边界进行修改成无反射边界，见备注2。
```
edload, add, Fy,, Loadarea, t, f
edload, add, Fy,, Boundary1, t, f
edload, add, Fy,, Boundary2, t, f
delt, 0.02e-4, 0.02e-4, 0.02e-4    ! 设置时间步长
time, Td
save ! 执行 Save 命令，把所有的模型信息都写入文件 Layer.db。
! solve ! 为了形成 k 文件，关闭求解。
finish
/post26
```
! 形成 k 文件所需一行 8 列逆时针排列的边界节点文件。
! 文件名 BoundaryNodeData1.txt 及 BoundaryNodeData2.txt。
```
NDim = J1/8+1
* dim, NdNum1_B1,, NDim
* dim, NdNum2_B1,, NDim
* dim, NdNum3_B1,, NDim
* dim, NdNum4_B1,, NDim
* dim, NdNum5_B1,, NDim
* dim, NdNum6_B1,, NDim
* dim, NdNum7_B1,, NDim
* dim, NdNum8_B1,, NDim
NDim = J2/8+1
* dim, NdNum1_B2,, NDim
```

```
*dim, NdNum2_B2,, NDim
*dim, NdNum3_B2,, NDim
*dim, NdNum4_B2,, NDim
*dim, NdNum5_B2,, NDim
*dim, NdNum6_B2,, NDim
*dim, NdNum7_B2,, NDim
*dim, NdNum8_B2,, NDim
!!!!!!!! For Boundary 1
*do, m, 1, J1, 1
k=(m-1)*8
*if, k, le, J1, then
NdNum1_B1(m)=NodeNum_B1(1+k)
NdNum2_B1(m)=NodeNum_B1(2+k)
NdNum3_B1(m)=NodeNum_B1(3+k)
NdNum4_B1(m)=NodeNum_B1(4+k)
NdNum5_B1(m)=NodeNum_B1(5+k)
NdNum6_B1(m)=NodeNum_B1(6+k)
NdNum7_B1(m)=NodeNum_B1(7+k)
NdNum8_B1(m)=NodeNum_B1(8+k)
*else
*exit
*endif
*enddo
!!!!!!! For Boundary 2
*do, m, 1, J2, 1
k=(m-1)*8
*if, k, le, J2, then
NdNum1_B2(m)=NodeNum_B2(1+k)
NdNum2_B2(m)=NodeNum_B2(2+k)
NdNum3_B2(m)=NodeNum_B2(3+k)
NdNum4_B2(m)=NodeNum_B2(4+k)
NdNum5_B2(m)=NodeNum_B2(5+k)
NdNum6_B2(m)=NodeNum_B2(6+k)
NdNum7_B2(m)=NodeNum_B2(7+k)
NdNum8_B2(m)=NodeNum_B2(8+k)
*else
```

```
* exit
* endif
* enddo
/output, BoundaryNodeData1. txt
* VWRITE, NdNum1_B1(1), NdNum2_B1(1), NdNum3_B1(1), NdNum4_B1(1),
NdNum5_B1(1), NdNum6_B1(1), NdNum7_B1(1), NdNum8_B1(1)
(1X, 7(F8.1,',')F8.1)   ! 由于节点编号可能较大，采用浮点数据格式，见备注 3 说
明。
/out
/output, BoundaryNodeData2. txt
* VWRITE, NdNum1_B2(1), NdNum2_B2(1), NdNum3_B2(1), NdNum4_B2(1),
NdNum5_B2(1), NdNum6_B2(1), NdNum7_B2(1), NdNum8_B2(1)
(1X, 7(F8.1,',')F8.1)
! (1X, E15.5,',', E15.5)
/out
```

备注 1：

在 ANSYS/LS-DYNA 程序中，可以在分析中通过质量缩放来控制最小时间步长。如果程序计算出时间步太小，则须用质量缩放。当要求质量缩放时，就要调整单元密度以达到用户规定的时间步长。在 ANSYS/LS-DYNA 程序中用 EDCTS 命令定义质量缩放，使用该命令时，根据给定的 DTMS 值而决定施加质量缩放两种方法：DTMS>0，所有的单元采用同样的时间步长，质量缩放加到全部单元上；DTMS<0，质量缩放仅加到计算时间步长小于 DTMS 的单元上。在以上两种方法中，第二种方法更有效并建议使用。虽然质量缩放可能会轻微地增加模型质量和改变质心位置，然而，所节省的 CPU 时间足以让这些误差显得微不足道。必须注意，模型不能增加过多的质量，否则，对单元惯性运动影响显著。

备注 2：

在 k 文件 LOAD DEFINITIONS 部分删除与 Boundray1 及 Boundary2 编号对应的 * DEFINE_CURVE 及 *LOAD_NODE_SET 部分数据，将 *SET_NODE_LIST 里节点排列用逆时针排序节点代替，然后添加指令行 *BOUNDARY_NON_REFLECTING_2D 及参数行。

备注 3：

逆时针排序无反射边界节点编号以浮点数据格式存储，用记事本将边界节点数据中".0"用空格替换。

在 LS-DYNA 运行结束后，用 ANSYS/LS-DYNA 读取 Layer. db 文件得到模型、网格及节点等信息，然后读取以下文件代码，选择一些节点，将节点质点速度响应存储成文本文件，利用 MATLAB 对响应信号进行处理，譬如，对响应信号作傅里叶变换等。

```
/units, si
/prep7
Ntime = 1000
Nrst = 200
*dim, Tt,, Ntime
*dim, Vel,, Ntime, 100
*dim, SurfaceResFile, Char, 15    ! 15 个数据文件。
SurfaceResFile (1) = 'Surf1','Surf2','Surf3','Surf4','Surf5','Surf6', 'Surf7','Surf8','
Surf9','Surf10','Surf11','Surf12','Surf13','Surf14', 'Surf15'
/post26
/out
NUMVAR, 150    ! 设置变量数量 150。
file, Layer, his   ! 选择 *.his 文件。
! 取 60 个表面节点，节点水平间距 0.4m。
Kp = 60
*do, I, 1, Kp, 1
x0 = I * 0.4
J = I+1
top_node = node (x0, 0., 0.)    ! 由节点坐标得到节点编号。
nsol, J, top_node, V, y, Vy1
*enddo
*do, I, 1, Kp, 1
J = I+1
vget, VEL(1, I), J
*enddo
vget, Tt(1), 1
/output, TimeFile, txt
*VWRITE, Tt(1)
(1X, E12.5)
/out
N = Kp/5
*do, k, 1, N, 1
m = (k-1) * 5
/output, SurfaceResFile(k), txt
*VWRITE, VEL(1, 1+m), VEL(1, 2+m), VEL(1, 3+m), VEL(1, 4+m), VEL
(1, 5+m)
```

```
(1X, 4(E12.5,',')E12.5)
/out
*enddo
/out
```

D4　均匀半无限体埋入源波场模拟代码

均匀半无限体剪切波速 $c_S = 180$ m/s，泊松比 $\nu = 0.35$，密度 $\rho = 1800$ kg/m^3。球形膨胀 Ricker 源主频 $f_M = 100$ Hz，$t_M = 0.01$ s，荷载幅值 $P = 1$N/m^2，源埋深 $z_s = 1.5$m，球形半径 $R_a = 0.2$m。介质体内球形空腔面膨胀荷载见附图 D-13，图中符号 PP 及 PS 分别表示 P 波在自由表面反射的 P 波及转换 S 波。荷载施加步骤如下：

（1）用 ESEL 命令选择空腔内表面单元，并赋予单元集合名称；

（2）用 EDLOAD 命令在单元表面施加线（或面）荷载（Pressure）。平面或轴对称四边形单元有四个边（面），编号分别为 1、2、3、4，要指明荷载施加的单元边（面）；

（3）为了确保荷载施加方向正确，用 Plot 命令显示空腔单元、单元编号以及 Pressure 箭头方向，观察荷载是否加在空腔单元面上，否则，调整 EDLOAD 中 key 参数，直至满足要求。用埋入球形膨胀源代码代替第 D3 节荷载代码，将分层参数设置相同，便可模拟均匀半无限体埋入源波场响应。球形膨胀源代码如下：

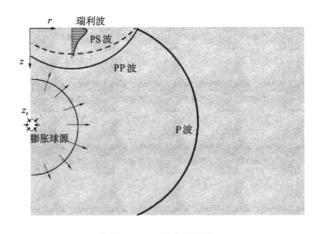

附图 D-13　埋入膨胀源

```
Fc=100    ! Ricker 主频。
Tshift=20
P0=1
DeltT=5.e-4
```

T0＝Tshift ∗ DeltT！Ricker 源主峰对应时间。

R＝0.8！球形源附近区域半径，在此区域网格加密。

load_R＝0.2！球形源半径。

load_H＝-1.5！球中心埋深。

！构建埋入球形膨胀模型。

cyl4, 0, load_H, 0, -90, R, 90, 0

Asba, 1, 2,, delete, keep　！生成半径为 R 半圆面。

cyl4, 0, load_H, 0, -90, load_R, 90, 0

Asba, 2, 1,, delete, delete！半径 load_R 空心半圆。

！选择空腔表面单元，并给单元集合赋予名称

ESEL, S, ELEM,, 5223, 5254, 1

！5223 至 5254 为本算例球腔面单元编号，不同算例，模型尺寸不同，单元编号也不同。

cm, PresEle, elem

allsel

！在球形空腔表面单元施加荷载，空腔表面单元边（面）编号为1。

edload, add, press, 1, PresEle, t, f

D5　半无限体含异质体波场模拟代码

将附录 D3 模型分层参数取相同，代码增加异质体部分，便可模拟表面源激发波场在异质体散射，半无限体异质体位置参数见附图 D-14。

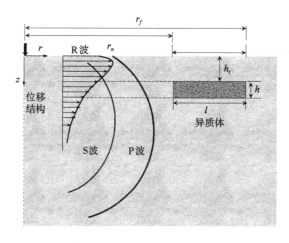

附图 D-14　半无限体中异质体

假设异质体为洞穴，位置参数 $r_n = 10\mathrm{m}$，$r_f = 20\mathrm{m}$，$h_t = 1\mathrm{m}$，$h = 1\mathrm{m}$。异质体部分代码如下：

```
XLoc0_Cavity = 10    ! 矩形洞穴角点坐标。
XLoc1_Cavity = 20
YLoc0_Cavity = -1
YLoc1_Cavity = -2
RECTNG, XLoc0_Cavity, XLoc1_Cavity, YLoc0_Cavity, YLoc1_Cavity ! 矩形面。
Asba, 3, 4,, delete, delete   ! 在编号为 3 面上去除矩形面(编号 4)。
mp, ex, 3, ex1   ! 设置材料参数及单元类型。
mp, dens, 3, dens1
mp, nuxy, 3, nuxy1
et, 3, plane162
keyopt, 3, 3, 1
```

异质体包括软质体及硬质体，假设异质体剪切模量、密度及泊松比用符号 ex3、dens3 及 nuxy3 表示，对矩形截面异质体模型，代码如下：

```
RECTNG, XLoc0_Cavity, XLoc1_Cavity, YLoc0_Cavity, YLoc1_Cavity! 矩形面。
mp, ex, 4, ex3 ! 矩形面剪切模量。
mp, dens, 4, dens3 ! 密度。
mp, nuxy, 4, nuxy3 ! 泊松比。
et, 4, plane162
keyopt, 4, 3, 1
```